珠宝鉴定专业
应试习题及解析：
宝玉石鉴定设备使用及宝石优化处理

艾　昊　张兴旺　刘云贵　◎　主编

西南交通大学出版社
·成　都·

图书在版编目（CIP）数据

珠宝鉴定专业应试习题及解析. 宝玉石鉴定设备使用及宝石优化处理 / 艾昊，张兴旺，刘云贵主编. —成都：西南交通大学出版社，2023.9
ISBN 978-7-5643-9462-2

Ⅰ. ①珠… Ⅱ. ①艾… ②张… ③刘… Ⅲ. ①宝石－鉴定－资格考试－题解 Ⅳ. ①TS933.21-44

中国国家版本馆 CIP 数据核字（2023）第 156787 号

Zhubao Jianding Zhuanye Yingshi Xiti ji Jiexi：Baoyushi Jianding Shebei Shiyong ji Baoshi Youhua Chuli
珠宝鉴定专业应试习题及解析：宝玉石鉴定设备使用及宝石优化处理

艾 昊 张兴旺 刘云贵 / 主 编

责任编辑 / 赵永铭
封面设计 / 原谋书装

西南交通大学出版社出版发行
（四川省成都市金牛区二环路北一段 111 号西南交通大学创新大厦 21 楼 610031）
发行部电话：028-87600564 028-87600533
网址：http://www.xnjdcbs.com
印刷：四川森林印务有限责任公司

成品尺寸 185 mm × 260 mm
印张 13 字数 320 千
版次 2023 年 9 月第 1 版 印次 2023 年 9 月第 1 次

书号 ISBN 978-7-5643-9462-2
定价 42.00 元

课件咨询电话：028-81435775

作者简介

艾昊，男，先后毕业于中国地质大学（武汉）、中国科学院地球化学研究所，陕西省地质调查实验中心珠宝鉴定实验室授权签字人，发表学术论文 11 篇，主持陕西自然科学基金 1 项，重点实验室开放课题 1 项，参与国家自然科学基金、社科基金 10 余项。

张兴旺，男，工学硕士，毕业于武汉科技大学，现任宁夏工商职业技术学院教师，一级建造师，入选第六批宁夏回族自治区青年科技人才托举工程，贺兰砚技艺制作非遗传承人（区级），发表论文 20 余篇，主持完成教育部高校党组织“对标争先”创建计划项目 1 项，厅级项目 4 项，授权实用新型专利 3 项，编写教材 4 部，其中入选首批“十四五”职业教育国家规划教材 1 部

刘云贵，男，理学博士，毕业于中国地质大学（武汉），现任河北地质大学教师，国家注册珠宝玉石质量检验师，发表学术论文 30 余篇，主持国家自然科学基金项目 1 项、省部级项目 1 项，参与国家自然科学基金重大科研仪器研制项目 1 项、省部级课题 3 项。

前言

《珠宝鉴定专业应试习题及解析：宝玉石鉴定设备使用及宝石优化处理》是《珠宝鉴定专业应试习题及解析》系列书的第三册。本册关注珠宝玉石鉴定常用仪器设备的原理、操作方法、用途及其局限性，关注不断发展的宝石优化处理技术、宝石合成技术以及两者的主要鉴定特征。科学技术的发展推动珠宝玉石的改善与合成技术持续改进和创新，进一步促进了宝石鉴定技术的提升。新技术、新方法在当下珠宝玉石鉴定过程愈发重要，常规珠宝玉石检测仪器结合大型分析测试设备正发挥着关键作用。本册总结了上述几方面的主要内容并编撰为习题，以期为珠宝玉石相关专业的学习人员提供参考和帮助，在问答的思考过程中读懂珠宝，收获学习珠带来的智慧与快乐。

本书由艾昊、张兴旺、刘云贵共同编写，共分四章，分别为宝石常规鉴定仪器、大型分析测试仪器、人工宝石和宝石的优化处理，其中，第一、二章由张兴旺编写，第三章由艾昊编写，第四章由刘云贵编写。最后全书由艾昊、张兴旺、刘云贵共同审校、修改并定稿。

本书具有如下特点：一是具有较强的适用性，适用于学生升学考试、参加职业教育考试、参加珠宝玉石鉴定技能大赛等，同时可作为珠宝相关专业学生日常学习的课后辅助教材，适用人群较广。二是具有较好的自学性，内容以习题的形式呈现，并附有详细的参考答案和习题解析，通过不断的巩固、联系，提升对理论知识的理解和掌握。三是内容设置由易到难，题目覆盖的知识点科学合理。

由于编者水平有限，书中难免存在疏漏之处，敬请读者批评指正。

作 者

2023 年 9 月

目录

第一章 宝石常规鉴定仪器

内容概述

作为一名宝石鉴定师，其三个最基本的任务为鉴定宝石的种属、区分天然宝石与合成宝石、鉴定宝石的优化处理，此外还包括宝石的质量分级、宝石产地鉴别、颜色成因分析等。为了完成上述任务，常需借助宝石鉴定仪器，其基本的原理就是测定宝石的宝石学性质。

宝石常规鉴定仪器所应用的宝石学特征主要包括折射率、双折射率、光性特征、发光性、多色性、光谱特征等。宝石常规仪器主要包括放大镜、显微镜、折射仪、偏光镜、分光镜、紫外荧光灯、电子天平等。在学习过程需重点掌握鉴定仪器的基本原理、基本组成、现象解释、操作方法、应用及局限性等。

1. 显微镜：主要用于观察宝石的内外部特征，是区分天然宝石与合成宝石、鉴定宝石优化处理最重要的仪器之一，此外，根据宝石中的特征包体，可辅助鉴定宝石的种属，区分宝石的产地特征等。

2. 折射仪：主要用于测定宝石的折射率、双折射率和光性特征，是鉴定宝石种属重要的仪器之一，此外，可辅助鉴定某些合成宝石和某些宝石的优化处理等。

3. 其他仪器：多为辅助性仪器，例如紫外荧光灯，须结合其他仪器特征才可获得准确的结论，仅部分特征可作为鉴定宝石的诊断性证据，如宝石的可见光吸收光谱特征等。

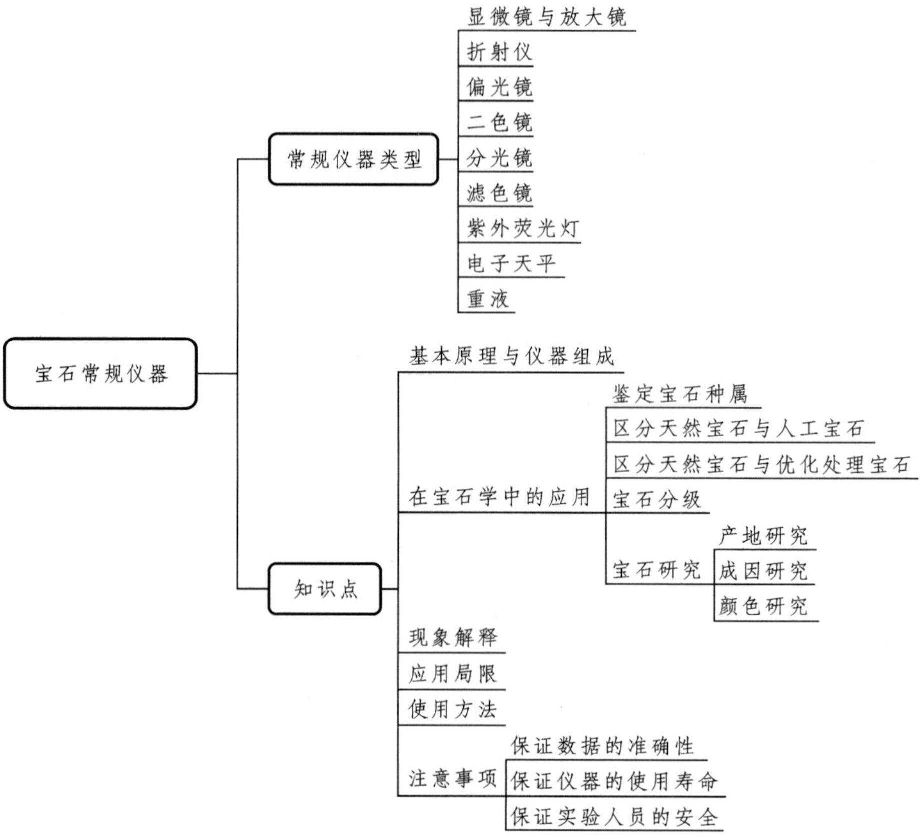
宝石常规仪器
常规仪器类型
显微镜与放大镜
折射仪
偏光镜
二色镜
分光镜
滤色镜
紫外荧光灯
电子天平
重液
知识点
基本原理与仪器组成
在宝石学中的应用
鉴定宝石种属
区分天然宝石与人工宝石
区分天然宝石与优化处理宝石
宝石分级
宝石研究
产地研究
成因研究
颜色研究
现象解释
应用局限
使用方法
注意事项
保证数据的准确性
保证仪器的使用寿命
保证实验人员的安全

图 1-1　第一章内容概述

第一节　重点例题讲解

【例题 1】显微镜的用途包括（　　　）。

A. 鉴定宝石种属　　B. 区分天然宝石与合成宝石

C. 鉴定宝石的优化处理　　D. 测定宝石的近似折射率

E. 测定宝石的光性特征　　F. 宝石评价

G. 宝石的产地判别

【参考答案】ABCDEFG

【答案解析】显微镜最主要的用途是在放大条件下观察宝石的内部特征和外部特征，通过显微观察，可辅助鉴定宝石的种属、区分相似宝石、鉴定人工宝石以及宝石的优化处理、宝石评价、判断宝石的产地等，此外，显微镜还可用于测定宝石的近似折射率值，判断宝石的光性特征等：

（1）鉴定宝石种属：对于具有典型包体的宝石，显微镜可辅助鉴定宝石的种属，例如橄榄石具有典型的睡莲叶状包体，月光石具有典型的蜈蚣状包体等。

（2）区分外观相似的宝石：例如钻石为均质体宝石，而合成碳硅石为非均质体，且具有较大的双折射率值，显微镜下可见明显的刻面棱重影；再如钻石的硬度为 10，具有八面体中等-完全解理，显微镜下可见锋利的刻面棱，腰棱破损处显示为须状腰棱，而合成立方氧化锆硬度为 8，无解理，显微镜下显示刻面棱较为圆滑，破口处为贝壳状断口。

（3）鉴定合成宝石和人造宝石，并确定其生长方法：不同生长方法结晶的人工宝石常具有典型的内外部特征，借此可鉴定合成宝石和人造宝石，并确定其生长方法。例如焰熔法红宝石具有典型的弯曲生长纹，助熔剂法合成祖母绿具有助熔剂残余、铂金片等鉴定特征；水热法合成绿柱石具有锯齿状生长纹理、金属片等内含物特征。

（4）鉴定拼合石：组成拼合宝石的不同部分可具有不同的宝石学性质，外观上可能具有不同的光泽、颜色等特征，并可见拼合层，拼合层内部可见闪光现象、压扁的气泡、颜色呈单一层状分布等现象；不同部分可具有不同的内含物特征。

（5）鉴定再造宝石：由碎块组成的再造宝石可见碎块边界，部分碎块间结构不一致、无连续性，例如绿松石碎块胶结而成的再造绿松石；由粉末组成的再造宝石可见粒状结构，例如由琥珀粉末制作的再造琥珀。

（6）鉴定宝石的优化处理：宝石经过优化处理后，可产生特征的内部及外部特征，借此可鉴定宝石的优化处理方法，例如染色处理宝石具有颜色沿裂隙、矿物颗粒间隙分布的特征；充填处理宝石可见充填物特征，例如玻璃或树脂的流动状构造、气泡、闪光现象等，且充填处光泽与寄主宝石具有一定的差异等。

（7）宝石评价：宝石的内外部特征是宝石评价的重要依据，包括宝石的净度等级、切工等级等；例如在确定钻石的 LC 和 VVS 等级时，当使用 10 倍放大镜未见钻石具内部特征时，还需使用视域较宽，景深较深的显微镜进行观察，在 10 倍放大条件下仍未见该钻石具有任何内部特征时，才可以定为 LC 级。

（8）区分宝石的产地：由于不同产地宝石产出的矿床类型、地质与地球化学背景等因素的差异，导致不同产地宝石具有各自的产地特征，例如缅甸抹谷红宝石具有典型的搅动状构造、补丁状金红石针等；哥伦比亚祖母绿具有锯齿状三相包体、氟碳钙铈矿、黄铁矿等典型包体组合。

（9）测量宝石近似折射率值：在显微镜下测量宝石的真实厚度与视厚度，借此可计算宝石的近似折射率值，其计算公式：近似折射率=真实厚度/视厚度。

（10）观察宝石的多色性：若在宝石下方放置一偏光片，可以观察到宝石的多色性。

（11）测定宝石的光性特征：在宝石上下分别放置正交偏光镜，可用于判断宝石的光性特征，在不同方向上观察，旋转宝石 360°，若为全暗现象，则宝石为均质体宝石，若为四明四暗现象，则宝石为非均质体宝石，若为全亮现象，则为非均质体宝石，且为集合体。

（12）判断宝石的轴性：在正交偏光镜下，借助锥光镜，通过观察宝石的干涉图判断宝石的轴性，若为黑十字干涉图，且旋转宝石 360°，干涉图形态保持不变，则为一轴晶宝石；若为黑十字干涉图，两条黑带宽度不等，旋转宝石 360°，黑十字干涉图有规律地分裂合并，则为二轴晶宝石。

【例题 2】宝石折射仪可用于测定宝石的__________、__________、__________等宝石学性质。

【参考答案】折射率　双折射率　光性特征

【答案解析】1. 宝石折射仪直接用途为测定宝石的折射率、双折射率和光性特征等：

（1）测定宝石的折射率：在视域中读数可直接读取宝石的折射率值，使用刻面法可精确至小数点第三位；需要注意的是，对于非均质体宝石，不同的测试方向所得到的折射率值可能不相同，具有鉴定意义的折射率值为光率体各主轴对应的折射率值，即对于一轴晶宝石，需测定 Ne 和 No，对于二轴晶宝石，需测定 Ng、Nm 和 Np，因此在测定宝石折射率时需通过旋转宝石以及更换测试方位达到精确测定的目的。

（2）测定宝石的双折射率：对于非均质体宝石，可见两条阴影边界，在测定宝石折射率时，通过旋转宝石以及变换宝石的测试方位，可读取宝石的最小折射率值与最大折射率值，两者之差即为宝石的双折射率，一轴晶宝石的双折射率为｜Ne−No｜，二轴晶宝石的双折射率为 Ng−Np。

（3）判断宝石的光性特征：在旋转宝石的过程中，非均质体宝石的阴影边界会发生移动，对于一轴晶宝石，一条阴影边界移动，其对应的折射率为 Ne 或 Ne’，一条阴影边界不动，对应的折射率值为 No，若 Ne 或 Ne’>No，则宝石为一轴晶正光性，反之为一轴晶负光性；对于二轴晶宝石，两条阴影边界移动，测得折射率的最大值、中间值和最小值分别对应 Ng、Nm 和 Np，若 Ng−Nm>Nm−Np，则宝石为二轴晶正光性，反之为二轴晶负光性。

2. 通过上述宝石学性质的测定，在宝石鉴定中具有如下用途：

（1）鉴定宝石种属：由于确定宝石种属的两个基本的条件为宝石矿物的化学组成与晶体结构，而宝石的折射率、双折射率、光性特征等同样与上述两个基本条件有关，因此，宝石的折射率、双折射率、光性特征等是鉴定宝石种属重要的诊断特征，鉴定宝石种属便是折射仪最重要的用途之一，例如水晶的折射率为 1.544 ~ 1.553，双折射率为 0.009，一轴晶正光性；刚玉的折射率为 1.762 ~ 1.770，双折射率 0.008 ~ 0.010，一轴晶负光性。

（2）区分相似宝石：外观相似的宝石可通过宝石的折射率、双折射率、光性特征进行区分，例如紫水晶和紫色堇青石在外观上相似，但紫水晶的折射率为 1.544 ~ 1.553，双折射率为

0.009，一轴晶正光性，堇青石的折射率为 1.542～1.551，双折射率为 0.008～0.012，二轴晶正光性。

（3）区分部分天然宝石与合成宝石：天然宝石与合成宝石由于生长环境的不同，可导致折射率值具有一定的差异，例如焰熔法合成尖晶石的折射率为 1.728，而天然尖晶石折射率多为 1.718，合成祖母绿的折射率和双折射率多小于天然祖母绿，其中助熔剂法合成祖母绿 Ne=1.560～1.563、No=1.563～1.566，DR=0.003～0.005，水热法合成祖母绿 Ne=1.566～1.576、No=1.571～1.578，DR=0.005～0.006；天然祖母绿 Ne=1.565～1.586、No=1.570～1.593，DR=0.005～0.009。

（4）区分某些经过优化处理的宝石：经过优化处理的宝石折射率可产生一定的变化，例如经表面扩散处理的红宝石和 Co 扩散处理的尖晶石折射率可高达 1.80；漂白充填翡翠的折射率可低至 1.65；热处理琥珀的折射率可高达 1.57；覆膜宝石所测折射率与宝石本身的折射率值不一致，例如覆膜翡翠的折射率可低至 1.56（为膜本身的折射率值）。

（5）鉴定拼合宝石：组成拼合宝石的部分可具有不同的折射率、双折射率、光性及轴性特征，例如祖母绿与玻璃组成的拼合石，分别显示各自的折射率、双折射率等特征。

【例题 3】下列优化处理方法中，折射仪可（辅助）鉴定的包括（　　）；分光镜可（辅助）鉴定的包括（　　）；二色镜（辅助）可鉴定的包括（　　）；紫外荧光灯可（辅助）鉴定的包括（　　）；显微镜可（辅助）鉴定的包括（　　）。

A. 热处理　　B. 扩散处理　　C. 辐照处理　　D. 充填处理

E. 染色处理　　F. 漂白处理　　G. 覆膜处理　　H. 高温高压处理

I. 激光处理　　J. 漂白、充填处理

【参考答案】ABGJ　ABCEG　BEG　ABCDEGJ　ABCDEFGHIJ

【答案解析】几乎所有的珠宝仪器均可对宝石的优化处理进行（辅助）鉴定，不同的珠宝鉴定仪器在优化处理中的应用分述如下：

1. 折射仪：宝石在优化处理过程中可改变其折射率值，成为折射率能够（辅助）鉴定宝石的优化处理的理论基础。

（1）热处理：例如经热处理的琥珀折射率可升至 1.57。

（2）扩散处理：例如经过扩散处理的红宝石、Co 扩散处理尖晶石等，折射率可高达 1.80。

（3）漂白、充填处理：例如经漂白、充填处理的翡翠折射率为 1.65，天然翡翠多表现为 1.66，但该现象仅为辅助性鉴定。

（4）覆膜处理：常表现为与宝石不相符的折射率特征，例如覆膜翡翠的折射率常为 1.56，该折射率的本质为“膜”的折射率值。

2. 分光镜：主要用于检测宝石的光谱特征，若宝石在优化处理过程中颜色发生一定的变化，导致宝石对光的选择性吸收发生变化，从而产生光谱特征的变化；此外，外来的有色物质虽不能改变宝石本身的光谱特征，但该有色物质常具有自己的光谱特征，叠加在宝石本身的光谱特征之上，该现象成为使用分光镜鉴定宝石优化处理的理论基础。

（1）热处理：例如热处理的黄色和蓝色蓝宝石缺失 450 nm 吸收带。

（2）扩散处理：例如 Fe、Ti 扩散处理的蓝宝石缺失 450 nm 吸收带；Co 扩散处理蓝宝石、尖晶石、托帕石等可见橙、黄、绿区三条吸收带，即 Co 的吸收光谱特征。

（3）辐照处理：例如辐照处理的黄色钻石由 H_3（503.2 nm）和 H_4（496 nm）色心引起，

且以 H_4 色心占优势，还可存在 595 nm 色心引起的吸收线；Ib 型钻石辐照后 700 ~ 800 °C 退火形成带负电的 N-V（空穴）心，导致粉红、红色，特征吸收在 637 nm，有时还会产生不带电的 N-V 心，吸收线在 575 nm。

（4）染色处理：常表现为与寄主宝石不同的光谱特征，而呈现染剂本身或染剂与寄主宝石组合光谱特征，例如 Cr 元素致色的翡翠在红区表现为 630 nm、660 nm、690 nm 三条吸收线，但铬盐染色翡翠表现为 650 nm 宽吸收带；染色祖母绿或绿柱石可有 630 ~ 660 nm 吸收带。

（5）覆膜处理：原理同染色处理，常表现为与寄主宝石不同的光谱特征，常呈现膜本身的光谱特征，或为不特征的光谱。

3. 二色镜：主要用于观察宝石的多色性，宝石在优化处理过程中，颜色发生一定程度的变化，则有可能伴随多色性的变化。

（1）扩散处理：例如扩散处理的红宝石会出现模糊的二色性，有时表现出一种特殊的黄-棕黄色的二色性；

（2）染色处理：经染色处理的彩色宝石可出现异常的多色性，常表现为颜色浓艳，但多色性不明显；

（3）覆膜处理：原理同染色处理，表现为颜色浓郁均匀，但多色性较弱的鉴定特征。

4. 紫外荧光灯：宝石本身的荧光一般与晶格缺陷有关，宝石在优化处理过程中可改变宝石的晶格缺陷，例如辐照处理常产生晶格缺陷，热处理为修复宝石的晶格缺陷，导致宝石的荧光特征发生一定程度的变化；此外，外来物质也可能具有荧光特征，叠加在宝石本身的荧光特征之上，成为重要的鉴定特征之一。

（1）热处理：例如某些热处理的蓝色蓝宝石在短波紫外光下显示弱的淡绿色或淡蓝色荧光。

（2）扩散处理：例如某些表面扩散处理的蓝宝石在短波紫外光下可有白垩状蓝色或绿色荧光，某些样品在长波下有蓝色、绿色甚至橙色荧光。

（3）充填处理：常表现为充填物的荧光，例如充填处理南红玛瑙表现为沿着裂隙分布的荧光特征。

（4）染色处理：常表现为染色物质的荧光，例如染色红宝石可有橙黄-橙红色荧光。

（5）覆膜处理：表现为“膜”本身的荧光特征，例如覆膜翡翠具有均匀的荧光。由于膜的刻面常常沿宝石的“棱”处发生破损，因此常显示出与宝石琢型一致的荧光图案。

（6）辐照处理：经辐照处理的部位色心浓度偏高，与其他部位呈现的荧光不同。

（7）漂白充填处理：可见充填物质的荧光。例如经漂白充填处理翡翠常表现为荧光分布均匀或呈斑杂状。

5. 显微镜：宝石在优化处理过程中，常伴随着宝石内外部特征的变化，成为鉴定宝石优化处理的重要依据。

（1）热处理：宝石中的包裹体由于受到高温的作用，常常发生变化，例如包裹体发生熔融（如自形程度较高、且熔点较低的磷灰石包裹体晶棱变得圆滑，金红石针等包裹体变得断续，甚至消失，形成一条白色的线条）、内部扩散（金红石原所在位置出现蓝色）、气液包裹体发生爆炸，晶体周围出现应力晕（盘状裂隙，如锆石晕）等；宝石表面由于熔融作用形成凹凸不平的小坑，重新抛光后可形成双面棱、双面腰棱等现象。

（2）扩散处理：扩散处理的宝石常常出现颜色沿刻面棱、裂隙等位置分布，呈“蛛网状”的特点；刚玉的 Be 扩散处理由于其处理温度高于热处理，因此相对于宝石的热处理，包裹体的变化程度更大，例如经过扩散处理的刚玉锆石包裹体可发生熔融及重结晶现象。

（3）辐照处理：经辐照处理宝石有时表现为颜色仅分布在宝石表面，或沿刻面分布，其色带分布位置及形状与琢型及辐照方向有关。例如，沿亭部辐照处理的圆明亮琢型钻石颜色呈伞状；轰击冠部时，则钻石的腰棱处显示一深色色环；轰击侧面时，则靠近轰击源一侧颜色明显加深。经辐照处理的珍珠，可见辐照晕斑。

（4）充填处理：镜下可观察充填物质的特征，例如，流动状构造、气泡等，同时可见由充填物质引起的闪光效应，充填处的光泽一般弱于寄主宝石。

（5）染色处理：镜下可观察染色物质的特征，例如，颜色沿着矿物颗粒、裂隙、空隙等位置分布。

（6）漂白处理：漂白属于优化，一般不需要鉴定，并且经过漂白处理的宝石一般不易鉴定。例如，过度漂白的珍珠光泽较差，在放大镜下观察，阶梯状珍珠层的层间间隙十分明显；黑珊瑚经过漂白可以变成金珊瑚，但只是外层为金黄色。

（7）覆膜处理：由于膜的硬度相对较低，可见膜表面的划痕、破损等现象，也可见由薄膜干涉引起的干涉色。

（8）高温高压处理：例如 GE 钻石在高倍放大镜下可见内部纹理、常见羽毛状裂隙、并伴有反光，裂隙常出露到钻石表面、部分愈合的裂隙、解理以及形状异常的包体。整体上高温高压处理的宝石通过显微镜较难鉴定。

（9）激光处理：经激光打孔处理的钻石可见激光孔眼；KM 处理法可见蜈蚣状包体出露到钻石表面，呈不自然状弯曲的裂隙，在垂直包体两侧伸出很多裂隙；在激光处理的连续裂隙中有未被完全处理掉的零星黑色残留物。

（10）漂白、充填处理：例如 B 货翡翠，反射光下，常见分布较均匀的酸蚀坑和“蛛网”状或“沟渠”状龟裂纹，即酸蚀网纹。由于充填物硬度低于翡翠，原裂隙及凹坑处常明显低于周围且光泽暗淡。透射光下，可见翡翠内部结构松散，晶体破碎、错开，解理不连贯，晶体颗粒沿解理、裂隙及边缘碎粒化，排列杂乱，边界模糊不清。

第二节　课后练习

一、名词解释

球面像差和色像差　消光和消光位　全消光　四次消光　全暗假象　干涉图　一轴晶干涉图　二轴晶干涉图　牛眼状干涉图和螺旋桨式干涉图　异常双折射和异常消光　假均质体　假一轴晶　折射率和反射率　密度与相对密度　重液和浸液　阿基米德定律

二、填空题

1. 最简单的放大镜是一个__________，宝石学中常用的放大镜为__________，它最大程度消除了__________和__________。

2. 放大镜的放大倍数计算公式为__________；显微镜的放大倍数等于__________倍数乘以__________倍数。

3. 宝石显微镜的照明方式包括__________、__________、__________、__________、__________等，其中最常用的照明方式是__________，可以使宝石的内部特征在__________背景上显示出来。

4. 亮域照明法有利于观察__________、__________、__________等；观察宝石表面特征的常用__________照明法；散射照明法有助于观察__________、__________等。

5. 关于宝石的照明方式，观察不透明包体可用______照明法等，观察色带可用______照明法等；观察结构特征可用__________照明法等。

6. 显微镜在高倍放大条件下的局限性包括__________、__________、__________。

7. 宝石显微镜的结构包括__________系统、__________系统和__________系统。

8. 宝石显微镜可观察宝石的__________特征和__________特征。

9. 宝石显微镜相对常规显微镜的优点是__________、__________、__________。

10. 浸油观察可减少__________、__________。

11. 宝石折射仪应用的原理是__________；可用于测定宝石的__________、__________、__________等宝石学性质。

12. 宝石折射仪常见的类型包括__________和__________两种。

13. 宝石折射仪主要由__________、__________、__________和__________等组成。

14. 折射仪高折射率棱镜需满足三个条件：__________、__________和__________；常见的棱镜材料包括__________、__________、__________、__________等，其中最为理想的棱镜材料是__________。

15. 折射仪使用的最理想的光源是__________，主要原因是宝石对光的__________作用。

16. 接触液的作用是__________，偏光片的作用是__________；旋转宝石的目的是__________。

17. 折射率值为 1.81 的折射油是由__________、__________和__________等配制而成。

18. 折射仪的测试方法包括__________、__________、__________等，其中，能够测试宝石双折射率的方法是__________、__________。

19. 点测法（远视法）适用于__________、__________宝石的折射率的测定，可精确至小数点第__________位。刻面法（近视法）适用于__________宝石的折射率的测定，可精确至小数点第__________位。

20. 反射率与折射率之间的计算公式为__________。

21. 紫外光的波长范围是________nm；根据波长，紫外光可分为_________、_________、__________三部分，对应的波长范围分别是__________、__________、__________；宝石鉴定仪器中紫外灯常用光源的波长分别是__________、__________。

22. 紫外荧光灯的组成部分包括__________、__________、__________。

23. 宝石的荧光强度分为__________、__________、__________、__________四个等级。

24. 描述宝石荧光的内容通常包括__________、__________、__________等。

25. 影响宝石紫外荧光特征的因素包括__________、__________等。

26. 对钻石进行荧光分级时所用的紫外线的波长为__________，对红宝石进行荧光分级时所用的紫外光波长为__________。

27. 偏光镜主要由__________、__________和__________组成。

28. 宝石偏光镜可用于测定宝石的__________、__________和__________等特征。

29. 水晶由于具有__________性，其干涉图呈__________，称为__________。

30. 玻璃的异常消光是由于__________造成的，呈__________状；合成尖晶石的异常消光是由于__________造成的，呈__________状、__________状；石榴石的异常消光是由于__________造成的，呈__________现象。

31. 偏光镜不适用于__________、__________、__________宝石的测定。

32. 冰洲石二色镜由__________、__________、__________、__________和__________等部分组成。

33. 二色镜的振动方向与通过宝石的两束偏振光振动方向成__________时，无多色性，__________时多色性最强。

34. 根据多色性的强弱，通常可分为________、________、________、________四级。

35. 分光镜的常见类型有__________和__________两种；色散元件分别是__________、__________；其中波长等间距的是__________，非等间距的是__________；需使用强光照明的是__________。

36. 棱镜式分光镜中的棱镜应具有__________、__________、__________三个特点，适合观察__________区的吸收光谱。

37. 观察光谱时所采用的光源必须是__________。常用的光源一般为__________。

38. 分光镜的操作方法包括__________法、__________法、__________法。其中，半透明-透明，颗粒较大的宝石选用__________法；颜色浅且颗粒小的宝石适用__________法；微透明-不透明的宝石选用__________法。

39. 台式分光仪的组成部分包括__________、__________、__________等。

40. 血液的吸收线位于__________。

41. 影响宝石吸收光谱清晰度的因素包括__________、__________、__________等。

42. 查尔斯滤色镜是由仅允许__________和__________通过的滤色片组成。

43. 交叉滤色镜实际上是一种检验宝石__________的仪器，其中由一片__________和一片__________组成。

44. 在查尔斯滤色镜下变红的宝石包括__________、__________、__________等。

45. 电子天平的用途包括__________、__________等。

46. 对于宝石质量（重量）的称量，当样品质量≤1 g 时，其分度值的要求为__________。

47. 宝石的密度是与宝石的__________和__________有关；宝石的折射率值与宝石的__________和__________有关。

48. 宝石的相对密度等于__________与__________比值。

49. 理想重液（浸液）的要求包括__________、__________、__________等。

50. 为了防止重液（浸液）与光和空气作用，防止挥发，必须将重液（浸液）储存在________瓶中，同时放入__________。浸液的用途包括__________、__________、__________。

51. 配置相对密度为 3.05 的重液时，通常用__________与__________混合配置而成，并常用__________做指示物，一直到指标物__________为止。

52. 静水称重法的缺点是__________、__________。

53. 使用硬度笔时总是从__________到__________依次使用，原因是__________。

54. 珠宝鉴定的特殊在于必须是__________检测，绝对禁止__________、__________及__________。

55. 钻石确认仪的英文名称是____________，可以检测质量在___________克拉范围内的__________色抛光钻石。

56. 与钻石有关的鉴定仪器包括__________、__________、__________等。

57. 能够测定宝石折射率的仪器包括__________、__________、__________等。

58. 能够测定宝石光性特征的仪器包括__________、__________、__________等。

59. 能够研究宝石颜色成因的仪器包括__________、__________等。

60. 能够研究宝石内含物的仪器包括__________、__________、__________等。

61. 能够用于观察宝石多色性的仪器包括__________、__________等。

62. 能够用于观察宝石荧光特征的仪器包括__________、__________等。

63. 能够用于测定宝石相对密度的仪器包括__________、__________等。

64. 仅适用于具有一定透明度宝石的仪器包括__________、__________等。

65. 只能测定抛光宝石的仪器包括__________、__________等。

三、是非题

1. 利用宝石显微镜时，放大倍数越大，现象观察得越清晰。（ ）

2. 显微观察时，光源的亮度越大，观察到的现象越清晰。（ ）

3. 仅用 10×放大镜就能区分透明无色合成碳硅石与钻石。（ ）

4. 10 倍放大镜是钻石分级的指定仪器，不可使用其他放大倍数的放大镜和其他放大仪器。（ ）

5. 10×放大镜是将宝石的面积放大 10×。（ ）

6. 经过校准的显微镜，无需调试即可直接使用。（ ）

7. 放大倍数越高，分辨率越高。（ ）

8. 用折射仪可以在宝石的任一刻面上同时测得 No 和 Ne 或 Ng、Nm 和 Np。（ ）

9. 折射仪不可能在一个刻面上测得二轴晶宝石的最大双折射率。（ ）

10. 点测法的测定值仅为近似折射率，因此无鉴定意义。（ ）

11. 在折射仪上，当所测的抛光平面垂直二轴晶的一条光轴时，可见两条不随宝石转动而变化的阴影边界。（ ）

12. 对于具有高双折射率且抛光不良的宝石或一些弧面宝石，常用闪烁法来确定宝石的双折射率。（ ）

13. 当一轴晶宝石取向正确时，在一个刻面上可同时获得宝石的最高与最低折射率值。（ ）

14. 非均质体宝石中两个折射率的差值为双折射率。（ ）

15. 宝石的折射率通常是指在 589.5 nm 黄光下测出的折射率。（ ）

16. 由于类质同象的影响，同种宝石的折射率可能会在一定范围内变化，甚至改变宝石的光性特征。（ ）

17. 在测定宝石折射率时，只有宝石必须为光密介质时才能测定折射率值。（ ）

18. 在使用折射仪测定宝石折射率时，必须使用折射油和偏光片。（ ）

19. 折射油的用量越多，阴影边界越清楚。（ ）

20. 当一轴晶宝石的光轴方向垂直于宝石台面时，仅能观察到一条阴影边界。（ ）

21. 近视法和远视法均能测定宝石的双折射率值。（ ）

22. 反射仪与折射仪的用途相同，均能测定宝石的折射率、双折射率、光性特征等。（ ）

23. 折射油的折射率值不影响折射仪的测试范围。（ ）

24. 测定宝石折射率值，旋转宝石有可能出现两条阴影边界均不动的情况。（ ）

25. 测定宝石折射率值时，旋转宝石有可能仅出现一条移动的阴影边界。（ ）

26. 均质体宝石仅具有一个折射率，在折射仪中可出现一条阴影边界；一轴晶宝石具有两个折射率，可出现两条阴影边界；二轴晶宝石具有三个折射率，可同时出现三条阴影边界。（ ）

27. 异常双折射是宝石在测试折射率时常出现的现象之一。（ ）

28. 宝石的紫外荧光可作为鉴定宝石的诊断性证据。（ ）

29. 紫外荧光灯常用白色背景。（ ）

30. 可利用紫外荧光特征区分红宝石和红色尖晶石。（ ）

31. 紫外荧光灯可用于区分外观相似的宝石。（ ）

32. 无荧光的黑珍珠即为染色黑珍珠。（ ）

33. 紫外荧光可用于辅助鉴定天然钻石与合成钻石。（ ）

34. 宝石在长波下的荧光强度一定大于短波下的荧光强度。（ ）

35. Cr 元素致色的宝石在紫外荧光灯下均具有较强的荧光，如红宝石、金绿宝石等。（ ）

36. 紫外荧光强度可影响宝石的透明度，从而降低宝石的价值。（ ）

37. 钻石荧光分级选用的是长波与短波下的综合现象对比。（ ）

38. 宝石的荧光与体色有关，例如红宝石的一般为红色。（ ）

39. 在偏光镜下全暗的宝石，则说明宝石为均质体。（ ）

40. 在正交偏光下，出现异常干涉色一定是无机宝石。（ ）

41. 任何宝石都可以使用偏光镜确定宝石的光性特征。（ ）

42. 平行连生的两个晶体在正交偏光下具有相同的消光位。（ ）

43. 均质体宝石，在正交偏光下一定全暗。（ ）

44. 单晶石英类宝石干涉图为中空的黑十字。（ ）

45. 偏光镜测试时，必须具有一定的透明度。（ ）

46. 无螺旋桨式干涉图的水晶，一定是合成水晶。（ ）

47. 具有消光反应的宝石，一定是非均质体。（ ）

48. 偏光镜所使用的光源必须是光谱连续的光源。（ ）

49. 只有当光轴方向与光的传播方向相互垂直或近于垂直时，才能观察到干涉图。（ ）

50. 偏光镜下全亮的宝石，一定是非均质集合体宝石。（ ）

51. 偏光镜下显示黑十字，则表明宝石为一轴晶。（ ）

52. 二色镜一定能区分均质体和非均质体。（ ）

53. 宝石的颜色越深，多色性越明显。（ ）

54. 一轴晶宝石戒面台面常常与 C 轴垂直，沿 C 轴方向观察二色性最清楚。（ ）

55. 用二色镜看不到宝石具有多色性，则该宝石一定为均质体。（ ）

56. 多色性的强弱与双折射率有关，双折射率越大，多色性越明显。（ ）

57. 非均质体有色宝石的光轴垂直于二色镜长轴时，看不到多色性。（ ）

58. 用任何光源都可以利用二色镜观察宝石的多色性。（ ）

59. 二色性宝石在二色镜下可同时显示两种颜色，三色性宝石在二色镜下可同时观察三种颜色。（ ）

60. 由于宝石对不同传播方向的光的选择吸收不同，导致宝石具有多色性。（ ）

61. 一轴晶宝石只有一个光轴，因此仅有一种颜色，二轴晶宝石有两个光轴，因此具有两种颜色。（ ）

62. 观察宝石多色性时，转动二色镜可替代转动宝石。（ ）

63. 具有变色效应的宝石一定为非均质体宝石。（ ）

64. 常规宝石鉴定仪器中，分光镜是鉴别宝石颜色成因最有效的仪器。（ ）

65. 分光镜有时可以用来鉴定宝石的种属。（ ）

66. 具有颜色的宝石均具有各自特征的吸收光谱。（ ）

67. 光栅式分光镜比镜棱镜式的用途更大。（ ）

68. 观察可见光吸收光谱的光源必须是连续的白光。（ ）

69. 宝石的吸收光谱可具有异向性。（ ）

70. 相对于棱镜式分光镜，光栅式分光镜视域较暗。（ ）

71. 染色翡翠在查尔斯滤色镜下都会变红。（ ）

72. 祖母绿的仿制品在查尔斯滤色镜下都不会变红。（ ）

73. 滤色镜观察可作为鉴定祖母绿与合成祖母绿的诊断性证据。（ ）

74. 钴元素致色的玻璃、尖晶石和蓝宝石在查尔斯滤色镜下均变红。（ ）

75. 质量是重量的一种表达方式，密度是相对密度的一种表达方式。（ ）

76. 折射仪无法测定的宝石，可利用反射仪精确确定其折射率值。（ ）

77. 钻石与合成碳硅石可以用热导仪区分开。（ ）

78. 在测定宝石学参数时，必须清理宝石。 （ ）

79. 钻石确认仪和钻石观测仪相结合可用于区分天然钻石与合成钻石。 （ ）

四、单项选择题

1. 10×放大镜下可见明显刻面棱重影的宝石为（ ）。

A. 合成碳化硅 B. 人造钛酸锶 C. 合成立方氧化锆 D. 人造钇铝榴石

2. 用白光测量宝石冠部的折射率时，去掉目镜后，在折射率刻度尺上宝石影像底部出现红光反射的现象称为（ ）。

A. 红圈效应 B. 红旗效应 C. 红光效应 D. 彩光效应

3. 折射油的作用是（ ）。

A. 保护棱镜 B. 排除样品与棱镜间的空气

C. 使光线容易折射 D. 减少宝石的临界角

4. 宝石折射仪使用单色光的原因是（ ）。

A. 光的干涉 B. 光的衍射 C. 光的色散 D. 光的散射

5. 宝石折射仪所使用的光源为（ ）。

A. 钠黄灯 B. 光纤灯 C. 日光灯 D. 白炽灯

6. 钻石荧光分级所选用的紫外光是（ ）

A. 长波 B. 中波 C. 短波 D. 长波与短波综合判断

7. 下列宝石中，可具有红色荧光的是（ ）

A. 尖晶石 B. 镁铝榴石 C. 红色碧玺 D. 蔷薇辉石

8. 单晶石英在正交偏光镜下可出现牛眼状干涉图，这是由于石英的（ ）造成的。

A. 压电性 B. 正光性 C. 旋光性 D. 类质同象替代

9. 多色性明显，具有直单臂干涉图且旋转过程中不发生弯曲，最可能的是（ ）。

A. 紫锂辉石 B. 碧玺 C. 塔菲石 D. 赛黄晶

10. 在对宝石进行转动时，一轴晶宝石的干涉图（ ）。

A. 转动 360°保持不变 B. 转动 360°仅部分位置显示交叉黑臂

C. 转动过程中变成弯臂 D. 转动过程中只断续可见

11. 用二色镜观察二轴晶宝石，能观察到真正多色性颜色的方向是（ ）。

A. 垂直光轴方向 B. 斜交光轴方向

C. 平行光轴方向 D. 垂直主轴面方向

12. 下列哪种宝石具有多色性和消光反应？（ ）。

A. 翡翠 B. 石榴石 C. 合成尖晶石 D. 锆石

13. 一粒绿色玉石在二色镜下表现为（ ）。

A. 多色性明显 B. 多色性不明显 C. 有多色性 D. 无多色性

14. 冰洲石二色镜两个方块中看到的颜色是（ ）。

A. 宝石不同方向的颜色 B. 不同振动方向的偏振光的颜色

C. 不同传播方向的偏振光的颜色 D. 选择性吸收的颜色

15. 只有蓝区有吸收线的宝石可能是（ ）。

A. 铁铝榴石　　B. 镁铝榴石　　C. 红宝石　　D. 蓝宝石

16. 三溴甲烷的相对密度是（　　）；二碘甲烷的相对密度为（　　）。

A. 2.65　　B. 2.89　　C. 3.05　　D. 3.32

17. 静水称重法测量宝石相对密度时，在蒸馏水中加几滴洗涤剂的目的是（　　）。

A. 清洗溶剂　　B. 让宝石更清洁　　C. 避免污染　　D. 减小表面张力

18. 下列宝石中，在相对密度为 3.32 重液中下沉的是（　　）。

A. 磷灰石　　B. 海蓝宝石　　C. 黄玉　　D. 赛黄晶

19. 热导仪是根据钻石的（　　）设计制造的。

A. 高硬度　　B. 极低的热膨胀性　　C. 极高的导热性　　D. 化学稳定性

20. 钻石观测仪的原理是观察合成钻石在以下哪种光源呈现的荧光图谱？（　　）

A. 长波紫外线　　B. 短波紫外线　　C. X 射线　　D. 阴极射线

五、多项选择题

1. 折射仪可用于测定宝石的（　　）等宝石学性质。

A. 折射率　　B. 双折射率　　C. 光性特征

D. 反射率　　E. 轴性

2. 折射仪可用于（辅助）鉴定（　　）。

A. 宝石的种属　　B. 区分天然宝石与合成宝石　　C. 鉴定经优化处理的宝石

D. 宝石的品质分级　　E. 拼合宝石

3. 闪烁法常用于测定（　　），点测法常用于测定（　　），刻面法常用于测定（　　），反射仪常用于测定（　　）。

A. 双折射率大的宝石　　B. 抛光不良的宝石　　C. 弧面型宝石

D. 折射率很高的宝石　　E. 小刻面宝石　　F. 大刻面宝石

4. 常见的假均质体宝石有（　　），常见的假一轴晶现象的宝石包括（　　）。

A. 磷灰石　　B. 金绿宝石　　C. 柱晶石

D. 托帕石　　E. 符山石

5. 关于宝石折射仪，下列说法正确的是（　　）。

A. 测定时必须用接触液

B. 测定时必须使用偏光镜

C. 测定时必须旋转宝石

D. 一定能测定宝石的折射率

E. 一定能测定宝石的光性和轴性

F. 棱镜的折射率决定折射仪测试范围的上限

G. 折射油的折射率决定折射仪测试范围的下限

6. 测定宝石折射率时，折射仪中可能出现的现象包括（　　）。

A. 出现两条阴影边界，且均不移动

B. 出现两条阴影边界，且均移动

C. 出现两条阴影边界，一条移动，一条不移动

D. 仅出现一条阴影边界，且不移动

E. 仅出现一条阴影边界，且移动

7. 下列宝石中折射率不可测的是（　　）。

A. 磨损严重的宝石　B. 星光红宝石　C. 辐照处理钻石

D. 水晶原石　E. 泡松

8. 在测定折射率时，旋转宝石的目的是（　　）。

A. 测定真正的折射率　B. 测定真正的双折射率　C. 判断宝石的光性特征

D. 判断宝石的轴性特征　E. 以上说法均不对

9. 下列选项中，紫外荧光灯可能提供鉴定依据的是（　　）。

A. 天然钻石与合成钻石　B. 红宝石与红色尖晶石　C. 祖母绿与翠榴石

D. 蓝色蓝宝石与合成蓝色蓝宝石E. 红宝石与表面扩散处理红宝石

10. 测量宝石荧光时，可观察到的现象包括（　　）。

A. 荧光发自宝石内部　B. 荧光发自宝石表面

C. 荧光均匀　D. 荧光不均匀

E. 长波下荧光强于短波　F. 长波下荧光弱于短波

11. 关于紫外荧光灯的用途，下列说法正确的是（　　）。

A. 可作为鉴定宝石种属的诊断性证据

B. 可用于鉴定部分天然宝石与合成宝石的诊断性证据

C. 可作为鉴定部分宝石经优化处理的诊断性证据

D. 可作为部分宝石产地区分的辅助性证据

E. 可用于宝石质量评价

12. 偏光镜可用于观察宝石的（　　）。

A. 光性　B. 轴性　C. 多色性

D. 发光性　E. 脆性

13. 使用偏光镜时可观察到的现象包括（　　）。

A. 均匀消光　B. 不均匀消光　C. 四明四暗

D. 干涉色　E. 多色性

14. 下列宝石中，利用偏光镜时不可测光性特征的是（　　）。

A. 不透明的宝石　B. 抛光不良的宝石　C. 宝石原石

D. 裂隙多的宝石　E. 包裹体多的宝石

15. 下列方向中可见干涉图的是（　　）。

A. 光轴平行于观察方向　B. 光轴垂直于观察方向　C. Exo 平行于观察方向

D. Exa 平行于观察方向　E. 以上说法均不对

16. 下列宝石中，在正交偏光镜下可出现全亮现象的是（　　）。

A. 均质集合体　B. 非均质集合体　C. 裂隙发育的宝石

D. 包体发育的宝石　E. 非晶体

17. 下列宝石中，可观察到三色性的是（　　）。

A. 三色碧玺　B. 紫色方柱石　C. 堇青石

D. 橄榄石　E. 坦桑石

18. 用二色镜观察具有多色性的宝石时，可能观察到多色性的包括（　　）。

A. 沿 Ng 主轴方向　B. 沿光轴方向　C. 沿 Ne 方向

D. 沿 C 轴方向　E. 宝石光率体切片与冰洲石光率体切片垂直

19. 观察宝石多色性时，可观察到的现象包括（　　）。

A. 仅出现一种颜色　B. 同时出现两种颜色　C. 同时出现三种颜色

D. 旋转宝石时颜色渐变　E. 旋转宝石时颜色突变

20. 下列宝石中，可出现多色性异常的是（　　）。

A. 扩散处理宝石　B. 染色宝石　C. 覆膜宝石

D. 拼合宝石　E. 充填处理宝石

21. 下列方向中，可见宝石真正多色性的是（　　）。

A. 光轴方向平行于观察方向　B. 光轴方向垂直于观察方向

C. 光轴面垂直于观察方向　D. 光轴面平行于观察方向

E. 宝石光率体主轴与冰洲石光率体主轴平行

F. 宝石光率体主轴与冰洲石光率体主轴斜交

22. 与光栅式分光镜相比，棱镜式分光镜在观察下面哪些宝石时更为有效（　　）。

A. 硼铝镁石　B. 橄榄石　C. 钻石

D. 蓝宝石　E. 变石

23. 下列宝石中，可出现吸收光谱异常的是（　　）。

A. 扩散处理宝石　B. 染色宝石　C. 覆膜宝石

D. 拼合宝石　E. 充填处理宝石

24. 下列宝石的吸收光谱中，与 Fe 元素有关的是（　　）。

A. 翡翠的 437 nm 吸收线　B. 合成祖母绿 427 nm 吸收线

C. 绿松石 432 nm 吸收线　D. 橄榄石的 453 nm 吸收带

E. 石榴石的 505 nm 吸收线

25. 下列宝石中，在查尔斯滤色镜下显示红色色调的是（　　）。

A. 合成蓝色尖晶石　B. 海蓝宝石　C. 翡翠

D. 津巴布韦祖母绿　E. 青金石　F. 方钠石

G. 绿色东陵石　H. 红宝石

26. 查尔斯滤色镜可通过的光包括（　　）。

A. 红色光　B. 橙色光　C. 黄绿色光

D. 蓝色光　E. 紫色光

27. 下列宝石鉴定仪器中，可用于（辅助）区分天然与合成宝石的是（　　），可用于（辅助）区分经优化处理宝石的是（　　）。

A. 放大镜　B. 分光镜　C. 偏光镜

D. 热导仪　E. 二色镜　F. 显微镜

28. 为鉴定一颗宝石是否经过表面扩散，可选用的宝石鉴定仪器包括（　　）。

A. 显微镜　B. 分光镜　C. 偏光镜

D. 二色镜　E. 折射仪　F. 紫外荧光灯

29. 下列宝石仪器，可用于（辅助）鉴定宝石品种或区分相似宝石的是（　　）；可用于（辅助）区分天然宝石与合成宝石的是（　　　　）；可用于（辅助）区分宝石鉴定宝石优化处理的是（　　　　）；可用于（辅助）判别宝石产地的是（　　　　）；可用于（辅助）宝石质量评价的是（　　　　）。

A. 宝石显微镜　　B. 偏光镜　　C. 分光镜　　D. 二色镜

E. 滤色镜　　F. 电子天平　　G. 紫外荧光灯

六、问答题

1. 关于宝石显微镜，请回答如下问题：

（1）举例说明宝石显微镜的用途。

（2）简述宝石显微镜中常用的照明方式。

（3）简述宝石显微镜的使用注意事项。

（4）为了达到最好观察效果，在使用前应如何调节宝石显微镜？

（5）如何观察宝石的刻面棱重影？

（6）如何利用宝石显微镜测试宝石的近似折射率值？

2. 关于宝石折射仪，请回答如下问题：

（1）简述折射仪的工作原理。

（2）利用近视法测定宝石折射率时可观察到哪些现象？如何解释这些现象？

（3）简述折射仪的使用注意事项。

（4）举例说明宝石折射仪的用途。

（5）简述宝石折射仪的局限性。

（6）宝石折射仪在使用过程中存在哪些特殊的现象？

3. 关于紫外荧光灯，请回答如下问题：

（1）举例说明紫外荧光灯的用途。

（2）简述紫外荧光灯的使用注意事项。

4. 关于偏光镜，请回答如下问题：

（1）简述偏光镜的基本原理。

（2）简述偏光镜的用途及局限性。

（3）简述偏光镜的使用注意事项。

（4）解释非均质体宝石在偏光镜下四明四暗的原因。

（5）解释非均质集合体在偏光镜下呈现全亮的原因。

（6）举例说明均质体宝石在偏光镜下呈现异常消光的原因。

（7）什么是全暗假象？造成全暗假象的原因是什么？

（8）简述一轴晶与二轴晶干涉图的特点。

5. 关于二色镜，请回答如下问题：

（1）简述二色镜的原理。

（2）制作二色镜时，为何选用冰洲石？

（3）简述二色镜的用途及局限性。

（4）简述二色镜的使用注意事项。

（5）宝石的多色性如何划分级别？各级别的特征是什么？

（6）在观察宝石二色镜时，为何需旋转宝石？

6. 关于分光镜，请回答如下问题：

（1）简述分光镜的基本原理。

（2）分光镜包括哪几种类型？其各自的特点是什么？

（3）如何选择棱镜式分光镜的棱镜材料？

（4）简述如何使用分光镜。

（5）简述分光镜的用途及局限性。

（6）简述分光镜的使用注意事项。

（7）简述 Cr、Fe 两个元素的光谱特征。

（8）分别画出五种宝石的典型吸收光谱图，并指出它们的致色元素。

7. 简述重液（浸油）的用途及使用注意事项。

第三节　参考答案

一、名词解释

1. 球面像差和色像差

答：球面像差也叫球像差，由于通过单透镜中心和边缘的光线不聚焦于一点，导致物体的成像模糊或变形。色像差是单透镜色散的结果，由于不同色光的传播光路不同，导致所观察物体的像出现彩色边缘。为消除球面像差和色像差，宝石放大镜由一个无铅玻璃做成的凸透镜和两个由铅玻璃制成的凹凸透镜黏合而成，即三组合镜。

2. 消光和消光位

答：消光是指宝石在正交偏光镜的上下偏光片之间呈现黑暗的现象，常出现的消光现象包括全消光和四次消光。非均质体宝石的非垂直光轴的其他方向切片，在正交偏光镜间处于消光时的位置称消光位。

3. 全消光

答：在正交偏光镜间，放置均质体宝石或光波沿着非均质体宝石的光轴传播时，此时光率体切面均为圆切面，光波射入宝石后，不发生双折射，也不改变入射光波的振动方向，由下偏光镜透出平面偏振光通过宝石后，其振动方向未发生改变，仍然与上偏光镜振动方向垂直，不能透出上偏光镜，故矿片变黑暗而消光。转动宝石或物台 360°，宝石的消光现象不改变，该现象称之为全消光。

4. 四次消光

答：在正交偏光镜间，放置非均质体宝石，若光波的入射方向与宝石的光轴方向斜交，此时对应的光率体切片为椭圆切片，由下偏光镜透出平面偏振光射入宝石后，若宝石的光率体椭圆半径与下偏光镜平行时，在宝石中沿该半径方向振动通过，透出矿片后，没有改变其振动方向，仍然与上偏光镜允许通过的振动方向垂直，不能透出上偏光镜，故矿片消光。转动物台 360°，宝石光率体椭圆长短半径与上、下偏光镜振动方向有四次平行的机会，产生四次消光现象。

5. 全暗假象

答：在正交偏光镜间，放置高折射率且切工良好的宝石（如合成碳化硅），当台面向下放置时导致几乎没有光线通过从而导致全暗的假象。为避免全暗假象的出现，在测试这类宝石时，需避免台面向下放置，并多测试几个刻面。

6. 干涉图

答：干涉图是指双折射宝石在上下偏光和锥形偏光共同作用下，由消光与干涉效应综合作用而产生的特殊图案。宝石的干涉图可用于区分宝石的光性特征。

7. **一轴晶干涉图**

答：一轴晶干涉图为一个黑十字加上围绕十字的多圈干涉色色圈，黑十字由两个相互垂直的黑带组成，两黑带中心部分往往较窄，边缘部分较宽。干涉色色圈以黑十字交点为中心，呈同心环状，色圈越往外越密，转动宝石，图形不变。

8. **二轴晶干涉图**

答：根据观察方向的不同，二轴晶干涉图分为双光轴干涉图和单光轴干涉图两种。其中双光轴干涉图由一个黑十字及“∞”字形干涉色圈组成，黑十字的两个黑带粗细不等。“∞”字形干涉色圈的中心为两个光轴出露点，越往外色圈越密。转动宝石，黑十字从中心分裂成两个弯曲黑带，继续转动，弯曲黑带又合成黑十字。单光轴干涉图由一个直的黑带及卵形干涉色圈组成，转动宝石，黑带弯曲，继续转动，黑带又变直。

9. **牛眼状干涉图和螺旋桨式干涉图**

答：水晶由于内部结构可使偏振光发生规律旋转（即旋光性），干涉图呈中空黑十字，称为“牛眼状干涉图”。某些水晶（如紫水晶）双晶的干涉图在中心位置呈现似螺旋桨状的黑带，称之为“螺旋状式干涉图”。

10. **异常双折射和异常消光**

答：异常双折射又称异常消光，是指部分均质体宝石在正交偏光下并不出现全暗的现象，而是随着宝石的转动，宝石在视域内出现不规则明暗变化的现象。其原因是晶格畸变导致了异常双折射，不同宝石晶格畸变的具体原因各不相同，例如石榴子石常见的异常消光是由于其广泛的类质同象导致的晶格不均匀；焰熔法合成尖晶石的栅格状或斑纹状异常消光是因为合成过程中加入了过量的铝，使晶格产生一定程度的扭曲。

11. **假均质体**

答：假均质体是指双折射率很小的宝石，在测试折射率时，两条阴影边界距离很小，肉眼难以分辨，旋转宝石 360°，好像只有一条阴影边界不动的现象，类似于均质体宝石。快速转动偏光片，阴影边界上下跳动，常见假均质体的宝石包括磷灰石、符山石、鱼眼石等，双折射率分别为 0.002 ~ 0.008、0.001 ~ 0.012、0.002 ~ 0.008。

12. **假一轴晶**

答：假一轴晶是指部分二轴晶宝石中，Ng 与 Nm 或 Nm 与 Np 差值很小，在测定宝石折射率值时，旋转宝石 360°，好像其中一条阴影边界不动的现象，出现类似一轴晶宝石的只有一条阴影边界有变动而另一条不动的假象，常见假一轴晶现象的宝石包括金绿宝石（Nm 接近 Np，Np=1.740 ~ 1.759、Nm=1.747 ~ 1.764、Ng=1.745 ~ 1.770）、托帕石（Nm 接近 Np，Nm=1.609、Ng=1.616、Np=1.606）等。

13. **折射率和反射率**

答：折射率是指对于任意两种相接触的介质及给定波长的光束，入射角（α）正弦与折射角（γ）正弦之比值，用于测定宝石折射率的仪器主要为折射仪；反射率是指单位时间内从界面单位面积上反射光的强度与入射光的强度之比，用于测定宝石反射率的仪器为反射仪。反射率和折射率之间的关系为：

$$反射率=反射光线的强度/入射光线的强度=(n_1-n_2)^2/(n_1+n_2)^2。$$

式中：n_1——宝石的折射率；

n_2——周围介质的折射率，空气的折射率为 1。

14. 密度和相对密度

答：密度是物质单位体积的质量，单位是克/立方厘米（g/cm^3）；相对密度是指在 4 °C 及 1 个标准大气压的条件下，单位体积的宝石质量与同体积水质量的比值，无量纲，其数值与密度相同。影响密度和相对密度的因素包括成分中元素原子量的大小及晶体结构中原子排列的紧密程度，即晶体结构，因此是鉴定宝石种属的重要参数之一。

15. 重液和浸液

答：重液是用来测试宝石相对密度的油质液体；浸液是用来测定宝石近似折射率或用于观察宝石的油质液体。重液和浸液是对同一种物质，不同用途时的不同称呼。理想的重液（浸油），要求挥发性尽可能小，透明度好，化学性质稳定，黏度适宜，尽可能无毒无臭。常用的重液（浸液）包括三溴甲烷、二碘甲烷等，其相对密度值分别为 2.89 和 3.32。

16. 阿基米德定律

答：阿基米德定律是指当物体完全浸入液体中时所受到的上浮力相当于所排开液体的质量。该定律是测定宝石相对密度的理论基础。宝石的相对密度值=宝石在空气中的质量/宝石在空气中的质量-宝石在水中的质量）=宝石在空气中的质量/同体积水的质量。若使用其他液体测定宝石的相对密度，则乘以该液体的相对密度值即可。

二、填空题

1. 凸透镜　三组合镜　球面相差　色像差

【答案解析】（1）最简单的放大镜为一个双凸透镜，但该放大镜的缺点是，放大倍数一般小于 3，且具有明显的球面相差和色像差，球面相差和色像差的概念详见名词解释。

（2）宝石放大镜通常为三组合镜，为由一个无铅玻璃做成的凸透镜和两个铅玻璃制成的凹凸透镜黏合而成；其优点是视域宽，能够最大程度地消除球面相差和色像差。

（3）利用方格纸，可判断宝石放大镜的质量。

① 视域中所有线条应平直，若线条弯曲或在视域边缘处线条宽窄不一，则质量不好。

② 视域中线条应清晰、“干净”，若带有色边则质量不好。

③ 视域中所有线条应同时保持准焦状态，若不能保持同时聚焦，则质量不好。

2. 清晰影像的最小距离（明视距离）/放大镜的焦距　目镜　物镜

【答案解析】略。

3. 暗域照明　亮域照明　顶部照明　散射照明　点光照明　暗域照明　暗色

【**答案解析**】宝石显微镜具有多种照明方式，包括暗域照明、亮域照明、顶部照明、散射照明、点光照明、斜向照明、水平照明、偏光照明、遮掩照明等。

（1）暗域照明：是观察宝石最为常见的一种照明方式。该照明方式利用挡板遮住底光源，此时来自底光源的光不直接射向宝石，而是经光源内半球状反射器的反射后再射向宝石，使得宝石内部特征在暗色背景下清晰显示；由于大部分光被阻挡，视域内亮度相对较低，有利于长时间观察；宝石中一些极细微的纤维、尘粒及微小气泡等包裹体适于在这种照明方式下观察，就如同在有空气粉尘的地方，透过一束阳光对着暗色背景时，粉尘更容易被看清一样。

（2）亮域照明法：撤掉挡光板，来自底光源的光线直接射向宝石，光线穿过宝石后进入镜筒，由于不加挡光部件，视域很明亮。亮域照明适用于观察透明和半透明宝石的内部特征，尤其利于观察色带、生长纹和低突起包体；当与分光镜等其他光学仪器联用检测时，必须使用亮域照明。由于挡光板可以随时旋进旋出，方便亮域照明与暗域照明的转换，交替使用常能揭示某些单一照明方式下被忽略的细节。

（3）顶部照明法：利用顶光源照射宝石，光线经宝石表面反射后进入镜筒，适合观察宝石表面及近表面特征；进入物镜的光线来自宝石表面和近表面的反射光，属于反射照明，各种透明度的宝石均适用。

（4）散射照明：在亮域照明条件下，在光源与宝石之间放置一层半透明材料（面巾纸或毛玻璃等），该方法可使光线变得更为柔和，有助于观察色域和色带，尤其有利于观察扩散处理的宝石。

（5）点光照明：在亮域照明条件下，将锁光圈缩小呈点状，光线呈点光源直接从宝石底部照明，使色带和宝石结构更易于观察。

（6）斜向照明：该方法属于反射照明，与顶部照明不同的是，光线不是垂直于宝石台面，而是斜交台面照射宝石，可观察固-液态包体、解理面产生的薄膜效应。

（7）水平照明：关闭底光源，调整顶光源，或使用光纤灯、手执聚光手电筒，使光线从侧面水平方向照射宝石，从宝石上方进行观察，使点状包体和气液包体呈明亮的影像。

（8）偏光照明：在目镜和物镜上添加偏光片，即可实现偏光照明，可观察宝石的光性特征、干涉图、多色性等。

（9）遮掩照明：亮域照明条件下，利用挡光板屏蔽一部分直射光线，形成遮掩照明，可增加包体的三度空间感，有助于观察宝石的生长结构，例如弯曲生长纹、双晶纹等。

4. 色带　生长纹　低突起包体　顶部照明法　色带　色域

5. 暗域　亮域　遮掩

【**答案解析**】4 ~ 5 题解析详见填空题 3 题。

6. 工作距离短　视域小　亮度不够

【**答案解析**】（1）放大倍数越大，工作距离越短，视域越小，不利于观察尺寸相对较大的包体的整体外观特征。

（2）放大倍数越大，进入镜筒中的光线越少，导致亮度不够，因此在高倍放大观察时，常需调整合适的亮度。

7. 光学　照明　机械

【**答案解析**】（1）光学系统：也称透镜系统，包括目镜、物镜、变焦系统。

（2）照明系统：包括底光源、顶光源、电源开关、光亮强度调节旋钮等。

（3）机械系统：包括支架、焦距调节旋钮、锁光圈、弹簧夹等。

8. 内部　外部

【答案解析】详见例题 1。

9. 工作距离较大　立体成像　连续变焦

【答案解析】宝石显微镜具有工作距离大、立体成像、连续变焦等优点：

（1）工作距离大：能观察足够大的宝石，不会因调焦不当而对宝石和显微镜造成损害。

（2）立体成像：宝石显微镜具有足够大的景深，能够立体成像，对于观察宝石的内含物特征有巨大的帮助。

（3）连续变焦：对于观察宝石重点内含物具有巨大的帮助。

10. 表面反射光　漫反射光

【答案解析】根据反射率与折射率之间的数学关系（详见名词解释），由于浸液与宝石之间的折射率差值小于空气与宝石之间的折射率差值，因此可减少宝石对光的表面反射和漫反射，在相同的照明强度下，有更多的光线通过宝石，使得宝石的内部特征更加明显，适宜于观察宝石的内部特征，尤其有利于观察经扩散处理的宝石。

11. 全反射　折射率　双折射率　光性特征

【答案解析】（1）宝石折射仪应用原理为光的全反射，光线从光密介质进入光疏介质时，折射角一般大于入射角，当入射角继续增大，折射角也随之增大，当折射角等于 90°时，所对应的入射角为临界角，当入射角大于临界角时，入射光不再发生折射，而是全部反射回到入射介质中，且遵循反射定律。这一现象称为光的全反射。

（2）在测试宝石折射率时，当光波经过棱镜射向宝石时，若宝石折射率低于棱镜，此时宝石为光疏介质，棱镜为光密介质，当入射角小于临界角时，部分光线通过宝石发生折射作用，部分光线发生反射，由于有光强度的损失，在视域中呈现暗区；当入射角大于临界角时，发生全反射，因此无光线损失，在视域中呈现亮区，暗区与亮区的交界处，即为发生全反射的临界位置，在经过校正的折射率中，其所对应的读数即为宝石的折射率。

（3）宝石折射仪的用途详见例题 2。

12. 内标尺读数　外标尺读数

【答案解析】宝石折射仪的类型有内标尺读数和外标尺读数两种类型：

（1）内标尺折射仪：最常见的一类宝石折射仪，折射率数值通过目镜内的标尺直接读出。

（2）外标尺折射仪：经过改进，取消了内标尺，取而代之的是一种刻有折射率值的外度盘，外部盘可旋转，操纵一条视域内的黑带，使黑带的下边界与宝石折射产生的阴影边界重合，通过外度盘上的标尺提供了折射率的读数。

13. 棱镜　棱镜反射镜　透镜　偏光片

【答案解析】宝石折射仪主要由高折射率棱镜、棱镜反射镜、透镜、标尺、偏光片、光源等部件组成。

（1）高折射率棱镜：与宝石通过折射油接触，起到物台和光密介质的作用，需具备单折射、高硬度、高折射率的特点，常见的折射仪棱镜材料为合成立方氧化锆。

（2）棱镜反射镜：将宝石折射仪内的光线反射入视域内。

（3）透镜：聚焦作用，通过目镜可清晰观察视域内的阴影边界即标尺读数。

（4）标尺：刻有宝石折射率值，通过阴影边界直接读取宝石的折射率值。

（5）偏光片：可通过旋转偏光片，屏蔽掉其中一条阴影边界，从而使另一条阴影边界不受影响，进而精确读数，在判断假一轴晶宝石时尤为有效，迅速旋转偏光片可观察到阴影边界反复跳动。

（6）光源：照明作用，主要为钠黄灯，光源波长为 589.5 nm；由于介质对光的色散作用，导致宝石对不同波长的光的折射率不同，因此通常所说的折射率值均指对波长 589.5 nm 黄光的折射率。因此所选择的光源一般为钠黄灯，或使用黄色滤色片所得到的波长为 589.5 nm 的单色光。

14. 高折射率　单折射　高硬度　合成立方氧化锆　尖晶石　闪锌矿　玻璃　合成立方氧化锆

【答案解析】（1）折射仪棱镜需满足以下三个条件：

① 高折射率：为了能够测定宝石的折射率值，棱镜相对宝石需为光密介质，因此棱镜需有相对较高的折射率。

② 单折射：若棱镜为双折射，则会出现较为复杂的阴影边界，不易读数。

③ 高硬度：棱镜同时起到了载物台的作用，与宝石相接触，若硬度较低，则宝石折射仪的使用寿命相对较低。

（2）可用于棱镜的材料包括合成立方氧化锆、尖晶石、闪锌矿、钻石、玻璃等。

① 合成立方氧化锆：硬度较高，摩氏硬度为 8；折射率较高，为 2.17，能够满足大多数宝石的测试需求，且成本相对较低，是棱镜最理想的材料。

② 尖晶石：优点为硬度较高，摩氏硬度为 8；缺点为折射率相对较低，无法满足折射率大于 1.71 宝石的折射率测定。

③ 闪锌矿：优点为折射率较高，为 2.37，能够满足绝大多数宝石折射率的测定；缺点为硬度较低，摩氏硬度为 3 ~ 4.5，耐久性不够。

④ 钻石：优点为折射率较高，为 2.417，硬度大，摩氏硬度为 10，从物理性质来讲，是最为理想的材料；缺点为成本较高，因此不常用。

⑤ 铅玻璃：优点为折射率较高为 1.86 ~ 1.96；缺点为相对硬度随 Pb 含量的增高而降低，易磨损，耐久性不够，因此不常使用。

15. 钠黄光　色散

【答案解析】详见填空题 13 题。

16. 使宝石与棱镜形成良好的光学接触　屏蔽其中一条阴影边界　观察阴影边界的移动规律

【答案解析】（1）折射油：其目的是保证宝石与棱镜之间形成良好的光学接触，从而满足全反射发生的条件；若无折射油，宝石与棱镜之间存在一层空气薄膜，由于空气的折射率低于宝石，无法满足全反射发生的条件，进而无法测定宝石的折射率值。

（2）偏光片：通过旋转偏光片，可屏蔽掉其中一条阴影边界，从而使另外一条阴影边界在读数时不受影响，读数更加准确，尤其对于双折射率较小的宝石，具有重要的意义，如假均质体宝石，通过快速旋转偏光片，可观察到阴影边界“跳跃”现象，从而排除其为均质体宝石。

（3）旋转宝石的目的是观察阴影边界的移动规律，其最终的目的有两个，其一为通过测定最大折射率与最小折射率，进而获得宝石的双折射率；其二是通过阴影边界的移动规律，判断宝石的光性和轴性特征，详见例题 2。

17. 二碘甲烷　四碘乙烯　硫

【答案解析】(1) 二碘甲烷的折射率为 1.742，溶解硫达饱和后，可升至 1.78，再加入 18% 的四碘乙烯，折射率可升至 1.81，能够满足绝大多数宝石折射率的测试，且在正常情况下使用是安全的；

(2) 折射率大于 1.81 的折射油均具有极强的腐蚀性和剧毒，对于测试者、仪器以及所需鉴定的样品均是不利的。

18. 近视法（或刻面法）　远视法（或点测法）　闪烁法　近视法（或刻面法）　闪烁法（或点测法）

【答案解析】(1) 近视法（或刻面法）：主要用于具有较大抛光平面的宝石，可以精确测定宝石的折射率、双折射率、光性及轴性特征；可精确至小数点第三位；具体操作方法如下：

① 用酒精棉球清洗折射仪工作台面和宝石。防止宝石和折射仪上的杂质影响宝石与棱镜之间形成良好的光学接触。

② 在折射仪的半圆柱台面上滴一小滴接触液。接触液滴加要适量，过多过少都不利于测试，通常以液滴直径约 2 mm 为宜。过多宝石浮在接触液之上，过少不能形成良好的光学接触。

③ 将宝石轻推至工作台中央，并通过接触液使宝石与工作台面达到良好的光学接触，盖上样品盖。

④ 打开电源，眼睛靠近目镜观察视域内标尺的明暗分界，并读数。若仅观察到一条明暗分界线，则宝石可能是光性均质体或者是处于特殊方位的非均质体。转动宝石，或更换其他刻面测试，若仍是一条分界线，可确定宝石是光性均质体，分界线对应的刻度即宝石的折射率值。

⑤ 若出现两条明暗分界线，表明宝石为非均质体，轻轻转动宝石 360°，观察阴影边界的变化情况，判断宝石的光性特征、计算宝石的双折射率值，详见例题 2。刻面法测试的折射率值、双折射率值应精确到小数点后第 3 位。

⑥ 当宝石折射率高于接触液折射率时，转动宝石，视域内一直是暗的，标尺上只能看到代表接触液折射率的阴影边界。

(2) 远视法（或点测法）：主要适用于弧面型及小刻面宝石折射率的测定，获得的为宝石的近似折射率值，可精确到小数点第二位；无法测定宝石的双折射率、光性及轴性特征；具体的操作方法如下：

① 清洗宝石和折射仪工作台。

② 滴一滴接触液在折射仪工作平台的金属板上。

③ 用宝石抛光的弧形面或小刻面接触该液点，并马上提起，这时弧形面或小刻面上有极小的一滴接触液，其目的是确保宝石与工作台接触的液滴很小（一般液滴直径约 0.2 mm 较适宜）。液滴尺寸过大，不易得到准确清晰的读数。

④ 将宝石沾有接触液的点处放在折射仪半圆柱工作台面中央，使宝石通过液滴与工作台面形成良好的光学接触。

⑤ 取下折射仪目镜上的偏光镜，眼睛离目镜约 20 ~ 30 cm，上下移动观察。首先在视域内看到液滴的椭圆轮廓，然后上下移动头部（眼睛），可观察到椭圆液滴随眼睛移动在标尺上移动，同时椭圆内的明暗随之变化，或全暗，或全亮，或半明半暗。对于表面抛光良好的宝

石，找到椭圆液滴内明暗各一半的位置，此时明暗分界线对应的刻度即为宝石的点测平均折射率。若宝石表面抛光不好或接触液过多，通常观察不到椭圆液滴内的明暗界线，仅可观察到整个椭圆或全亮，或全暗。此时移动眼睛，在椭圆全暗时对应椭圆下边界读数，椭圆刚刚全亮时对应椭圆上边界读数，两数的平均值即为宝石折射率的近似值。点测法读数精确到小数点后2位即可。

（3）闪烁法：有高双折射率且抛光不良或一些弧面宝石，可使用闪烁法测定宝石双折射率的估计值，具体操作方法如下：

① 用酒精棉球清洗折射仪工作台面和宝石。

② 取下折射仪的偏光片和放大镜。

③ 按点测法放置宝石，观察其在折射仪上的液滴影像。

④ 将偏光片在目镜上方来回90°转动（但勿将偏光片直接放在镜片上），同时按点测法的观察方法上下移动视线，注意液滴影像明暗或颜色的变化。双折射率大的宝石，例如菱锰矿、孔雀石等，在此观察过程中，液滴影像会由亮变暗，或由浅绿变成浅红、粉红闪动。

若液滴影像无闪动，转动宝石90°，再度观察。若仍无闪动，可推断宝石无高双折射率。

若液滴影像闪动，则记录液滴影像在标尺上部开始闪烁的位置和标尺下部停止闪烁的位置的两个数值，两者之差，即为双折射率的估计值。

注：此差值并非宝石的双折射率的准确数值。

19. 弧面型　小刻面　2　较大抛光平面　3

【答案解析】详见填空题18题。

20. R=反射光线的强度/入射光线的强度$=(n_1-n_2)^2/(n_1+n_2)^2$。

【答案解析】详见名词解释。

21. 200～400　短波　中波　长波　200～280 nm　280～315 nm　315～400 nm　365 nm　253.7 nm

【答案解析】略。

22. 紫外光源　暗箱　观察窗口

【答案解析】略。

23. 强　中　弱　无

【答案解析】略。

24. 颜色　强度　发光位置

【答案解析】荧光的描述通常需描述出宝石在不同条件下（长波、短波紫外光下）的颜色、强度，对于具有不均匀发光特征的宝石（如青金石），需描述其发光位置。

25. 杂质离子　晶格缺陷

【答案解析】宝石矿物的发光性与晶格中微量杂质元素和某些晶体缺陷的存在密切相关。能引起宝石发光的杂质元素（多为过渡金属元素、某些稀土和锕系元素）通常称为激活剂。宝石的发光性可用能带理论进行解释。

26. 365 nm　365 nm

【答案解析】宝石的荧光分级所选用的紫外线波长均为365 nm。

27. 上偏光片　下偏光片　光源

【答案解析】偏光镜的组成部分包括上、下偏光片、玻璃载物台、干涉球、光源等。

（1）上偏光片：也称上偏光镜，置于镜架顶端，可 360°旋转。

（2）下偏光片：即下偏光镜，固定于基座上不可转动（一般振动方向为左右）。

（3）玻璃载物台：下偏光镜之上，装有一块可以旋转 360°的圆玻璃片，作为物台放置待测宝石。

（4）光源：置于下偏光镜下的基座内。

（5）干涉球：为一凸透镜，可用于观察宝石的干涉图。

28. 光性　轴性　多色性

【答案解析】（1）宝石光性特征的测定：将宝石放在物台（圆玻璃）上，旋转物台（即旋转宝石）一周（360°），观察宝石的明暗变化。

① 旋转一周，视域中宝石出现四明四暗现象，则宝石为单晶非均质体，例如红宝石、祖母绿等。若视域全暗，则宝石可能为 a. 均质体宝石：包括等轴晶系宝石、非晶质体（玻璃态）宝石，例如尖晶石、萤石、天然玻璃等；b. 处于特殊方位的光性非均质体：即光轴垂直于物台方向；c. 全暗假象（详见名词解释）。

为避免误判，应变换两次宝石摆放角度，因为二轴晶宝石有两个光轴。经过两次变换方位，如果宝石旋转一周仍然全暗，则可确定其为均质体；反之，出现四明四暗现象，则该宝石为单晶非均质体。

② 旋转一周，视域中宝石不消光，全亮，则宝石为非均质集合体（玉石）。

注：有些宝石内部含大量包裹体或较多裂隙，有时裂隙里还附着一些杂质，这些裂隙、包裹体、杂质等会影响光线在宝石中的传播，造成偏离正常状态的异常消光现象。例如有的均质体宝石本应在正交偏光下全暗，但因大量包裹体或裂隙的存在，显示全亮，这时需要借助放大镜或显微镜等仔细检查，帮助判断。

③ 旋转一周，若为不均匀异常消光，则宝石为均质体宝石。例如玻璃常见蛇形带状异常消光，焰熔法合成尖晶石常见栅格状或斑纹状异常消光，石榴石可出现类似四明四暗的异常消光现象。

（2）宝石轴性特征的测定：需配合锥光镜（干涉小球）在正交偏光镜下完成，即观察宝石的干涉图，一轴晶干涉图与二轴晶干涉图的性质统计如下：

① 一轴晶干涉图在宝石旋转 360°时不发生变化，均保持黑十字干涉图；干涉图由一个黑十字和同心圆干涉色色圈组成。黑十字由两个互相垂直的黑带组成。两个黑带分别与上、下偏光镜振动方向平行，两个黑带中心部分较细，边缘较粗，黑十字中心（为光轴出露点）。干涉色色圈围绕黑十字中心，呈同心环状，干涉色由中心向外逐渐升高，干涉色色圈愈外愈密。转动宝石 360°，干涉图不发生变化。

注：需注意一轴晶黑十字干涉图需与二轴晶黑十字干涉图（即双光轴干涉图）和均质体宝石十字异常消光相区别。

② 二轴晶宝石双光轴干涉图的特点：由一个黑十字及“∞”字形干涉色圈组成，十字形干涉色圈的中心为二个光轴出露点，黑十字的两个黑带粗细不等，沿光轴面方向的黑带较细，两个光轴出露点上更细，垂直光轴面方向的黑带较宽，干涉色由内向外逐渐升高，越往外色圈越密。转动宝石，黑十字从中心分裂成两个弯曲黑带，当光轴面与上、下偏光镜振动方向成 45°夹角时，两个弯曲黑带顶点间的距离最远，呈对称的双曲线继续转动，弯曲黑带又合成黑十字，继续再转动宝石，黑十字又从中心分裂。在转动物台过程中，“∞”字形干涉色色圈

随光轴出露点移动，其形状不变。

③ 二轴晶宝石单光轴干涉图的特点：干涉图由一个直的黑带及椭圆形干涉色圈组成，当光轴面与上、下偏光镜振动方向之一平行时，为一条直的黑带及卵形干涉色色圈组成。转动宝石，黑带弯曲，当光轴面与上、下偏光镜振动方向成45°夹角时，黑带弯曲度最大；继续转动宝石，弯曲黑带逐渐变直，转至90°时，又为一条直的黑带，但其方向已改变。再继续转动宝石，黑带再度弯曲，至135°时弯曲度最大，但弯曲黑带顶点凸出方向已改变。

（3）观察宝石干涉图的步骤如下：

① 将偏光镜调到正交偏光状态，把宝石置于正交的上下偏光镜之间，转动宝石寻找彩色干涉色；

② 当干涉色出现后，在颜色最密集处加上干涉球，手执凸透镜（或干涉球），使之处于宝石与上偏光镜之间；

③ 从上偏光镜中看宝石干涉图，并转动宝石观察宝石干涉图变化。

（4）观察宝石的多色性：在平行偏光镜下完成，具体操作步骤及现象解释如下。

① 转动上偏光镜使其上下偏光成正交，并把有色宝石转至消光位。

② 将上偏光镜转动90°，使上下偏光的振动方向一致，形成平行偏光，此时视域中全亮。然后从上偏光镜向下观察宝石，并记录颜色。

③ 转动宝石90°，再从上偏光镜中观察宝石，并记录颜色。

④ 两次测出的颜色不同，说明宝石有多色性。如果没有区别，还可再转一角度观察，如果有变化，则宝石有多色性，如果仍无变化说明宝石无多色性或不显多色性。

29. 旋光性　中空黑十字　牛眼状干涉图

【答案解析】详见名词解释。

30. 内部应力聚集　蛇形带状　过量的铝　栅格状　斑纹状　复杂的类质同象替代　类似四明四暗

【答案解析】（1）玻璃在生产过程中，由于快速冷却，致使内部应力聚集，形成异常双折射，造成常见的“蛇形带状”异常消光现象。

（2）焰熔法合成尖晶石由于生产过程中加入了过量的铝，使晶格有一定程度的扭曲，形成异常双折射，从而在正交偏光下出现栅格状或斑纹状异常消光。

（3）石榴石则是由于类质同象替换，致使晶格产生了不均匀性，从而出现异常消光，甚至出现类似四明四暗的消光现象。

31. 不透明　多包裹体　多裂隙

【答案解析】偏光镜不适用于不透明、裂隙和包裹体较多的宝石以及小尺寸宝石测定：

（1）由于偏光镜使用透射光观察宝石，因此不透明宝石不适用。如某些透光性不好的弧面型宝石，由于边部较薄，可呈半透明，仍可进行测试。

（2）由于裂隙、解理、瑕疵、包裹体丰富的宝石，使得光波在宝石内发生折射、反射、干涉、衍射等现象，进而产生异常的干涉和消光现象，影响测试结果，例如具有马尾丝状包裹体的翠榴石在偏光镜下可出现全亮现象。

（3）宝石太小难以观察，易出现难以解释的现象。

（4）无法确定光性的正负，若使用偏光显微镜，可结合石英试板确定宝石的正负光性，普通的宝石偏光镜则无法确定。

（5）对于非均质集合体，由于多晶集合体中大量的晶体杂乱无亲地排列，不同晶体将光分解后所产生的偏振光振动方向也杂乱无章，各个振动方向都有，总体效果近似自然光，在正交偏光镜下全亮，无法测定轴性特征。

32. 玻璃棱镜　冰洲石菱面体　透镜　通光窗口　目镜

【答案解析】 常用冰洲石二色镜由玻璃棱镜、冰洲石棱镜、放大透镜、目镜、物镜（进光）窗口等组成。

（1）冰洲石棱镜：是二色镜核心部件。冰洲石无色透明，双折射率高达 0.172，能将一束光分解成振动方向互相垂直的两束偏振光，且两束光分开的距离较大，是制作二色镜的理想材料。

（2）由冰洲石棱镜分解的两束偏振光经过玻璃棱镜及长度设计适宜的镜筒，并排成像于目镜中。

（3）物镜（进光）窗口：是 1 mm×1 mm 的方孔或 1 mm 直径的圆孔，中间分隔成两半。通过宝石的光进入该窗口，再进入冰洲石棱镜分解成两束振动方向互相垂直的偏振光。

33. 45°　平行或垂直

【答案解析】（1）对于一轴晶宝石，通常具有两个颜色，分别与 Ne 和 No 对应，因此只有当观测方向垂直于 Ne-No 面时，且冰洲石的光率体主轴与宝石的光率体主轴相互平行或垂直时，观测到的为宝石真正的多色性，其余方向为两种颜色混合的过渡色。

（2）对于二轴晶宝石，通常具有三个颜色，分别与 Ng、Nm 和 Np 相对应，因此，只有当观测方向垂直于主轴面（Ng-Nm 面、Ng-Np 面和 Nm-Np 面）时，且冰洲石的光率体主轴与宝石的光率体主轴相互平行或垂直时，观测到的为宝石真正的多色性，其余方向为三种颜色混合的过渡色。

（3）若宝石中的光率体主轴与冰洲石的光率体主轴之间的角度呈 45°时，通过宝石之后形成的两束偏振光在透过冰洲石之后，会沿着冰洲石的光率体主轴再次发生分解，且每个方向的分量相同，其所组成的颜色相同，因此无法观察到多色性。

34. 强　中　弱　无

【答案解析】 根据宝石多色性强弱，通常分为强、中、弱、无四个级别：

（1）强：肉眼即可观察到不同方向颜色的差别，例如堇青石、坦桑石、红柱石、蓝碧玺等。

（2）中：肉眼难以观察到多色性，但二色镜下观察明显，例如红宝石、蓝宝石等。

（3）弱：二色镜下能观察到多色性，但多色性不明显，例如紫晶、橄榄石等。

（4）无：二色镜下不能观察到多色性，例如石榴石、尖晶石等均质体宝石以及无色或白色的非均质体宝石。

35. 棱镜式分光镜　光栅式分光镜　棱镜　光栅　光栅式分光镜　棱镜式分光镜　光栅式分光镜

【答案解析】 根据分光元件的不同，分光镜可分为棱镜式分光镜和光栅式分光镜：

（1）棱镜式分光镜：分光的原理是应用了介质对光的色散作用。分光元件为三棱镜，由于单一的三棱镜，光的偏折角较大，可能超出镜筒范围而无法观察，因此一般采用 3 个或 5 个三棱镜组成的棱镜组来分光，光线通过多次的折射达到分光目的；棱镜组内相邻棱镜彼此反向排列，使分散的光谱以镜筒中轴线为中心对称呈现于目镜视域中，同时使入射光的传播方向近于不变。该类分光镜的特点为，形成的光谱波长间距不等，红区相对收敛，紫区相对发散，有利于观察短波长色区的光谱特征。

（2）光栅式分光镜：分光元件为光栅，分光原理应用的是光的衍射；其特点为，产生波长等间距的连续光谱，有利于观察长波长色区的光谱特征；视域不如棱镜式分光镜明亮，不利于观察，因此，光栅式分光镜应使用强度大的光源照明。

36. 均质体　对可见光无吸收　色散值适当　蓝紫区

【答案解析】棱镜式分光镜中，棱镜须具有如下特点：

（1）在可见光的 400 ~ 700 nm 波长范围内无吸收带与吸收线，避免与测定宝石的谱线混淆，影响测试结果。

（2）必须是单折射且折射率均一，以使光谱连续；否则会由于双折射作用产生两个光谱，影响观察。

（3）材料的色散要均匀，制成的棱镜色散角要适宜，不应太大或太小，使色散后的光谱带既有足够的宽度，便于观察确定吸收线位置，又不过宽而超出分光镜的视域。

（4）对于有标尺的分光镜，各波长光谱线与相应刻度要一致。

37. 光谱连续的白光源　光纤灯

【答案解析】光源必须是可形成 400 ~ 700 nm 连续光谱的白光源，且不能有可见光区的发射谱线和吸收谱线。若光源具有光谱特征，则与宝石的光谱相互混淆，影响宝石光谱的观察。在实践中，所使用的光源一般为光纤灯。

38. 直接透射　内反射　表面反射　直接透射　内反射　表面反射

【答案解析】分光镜的使用方法包括直接透射法、内反射法和表面反射法：

（1）直接透射法：主要适用于透明到半透明、颗粒较大的宝石，可保证透过宝石进入分光镜的光足够强，且能覆盖光源的光线，避免未经过宝石的光进入分光镜。在使用此方法时，常采用挡光板或锁光圈挡住未经宝石的光线，并尽可能地缩短眼睛、分光镜、宝石、光源间的距离，避免干扰，得到清晰的光谱。

（2）内反射法：主要适用于颜色较浅或小颗粒的宝石，将宝石台面朝下置于暗背景下，光线从宝石斜上方射入，经台面反射，从宝石另一侧射出。由于宝石的颜色与宝石对光的选择性吸收程度有关，光在宝石中的传播路径越长，对光的选择性吸收程度越强，因此选用使用内反射法，可增加光线在宝石中传播的路程，使光谱更加明显。

（3）表面反射法：适用于透明度较差的宝石；将宝石平放于一平面（桌面或锁光圈）上。光源照射方式以及分光镜与入射光线的角度调节与内反射法相同。该方法分光镜接收的是来自宝石表面反射的光线。

39. 分光镜　照明系统　机械系统

【答案解析】（1）分光镜：为带波长标尺的双筒棱镜式分光镜，固定于位置可调节的支架上。

（2）照明系统：包括白炽灯、电源变压器、光纤灯及电源开关和光强调节旋钮等。

（3）机械系统：包括基座机箱和固定并调节分光镜位置的支架，有的还配有宝石夹。

40. 592 nm

【答案解析】在观察宝石可见光光谱时，尽量避免手持宝石样品观察，因为人的血液会产生波长 592 nm 的吸收线，与宝石的光谱叠加，影响宝石光谱的观察和确认，例如 Ia 型钻石经辐照及加热形成的黄色或绿色钻石可产生 595 nm 特征吸收，与血液所产生的光谱位置相近。

41. 宝石的大小　透明度　颜色

【答案解析】影响宝石吸收光谱的清晰度包括内因和外因：

（1）内因：主要为宝石本身的性质，包括宝石的大小、透明度、颜色以及本身的吸收光谱特征等。

① 宝石的尺寸：宝石过小，光波在宝石内部传播距离较短，光谱一般不清晰，则影响宝石的光谱观察，需使用内反射法增加光线在宝石中的路程；对于颗粒较大的宝石通常可使用直接透射法，详见填空题38题。

② 宝石的透明度：合适的透明度常常有利于光谱的观察，不透明的宝石需采用表面反射发进行观察，详见填空题38题。

③ 宝石的颜色：对于同一类宝石，颜色越深，对光波的选择性吸收越强，越有利于光谱的观察，例如颜色较深的红宝石光谱的清晰度一般高于颜色较浅的红宝石。

④ 宝石的光谱特征：不同宝石的光谱清晰度会存在一定的差异，例如红宝石、橄榄石等宝石常见清晰的吸收光谱，而紫晶、黄晶等宝石则光谱特征不明显。

（2）外因：主要为照明强度、照射方式、光线射入宝石的方向、锁光圈开口大小、分光镜狭缝宽度：

① 照明强度：在观察光谱时需选择合适的照明强度，过强和过低均不适于光谱的观察。

② 照射方式：为观察到清晰的光谱特征，不同类型的宝石需选择不同的照明方式，包括直接透射法、内反射法和表面反射法，尤其在使用内反射法和表面反射法时需注意调整光线入射宝石的方向以及分光镜接收光线的方向（详见填空题38题）。

③ 滑管焦距：由于棱镜式分光镜镜筒内使用了具有色像差的单凸透镜，调整滑管的目的是清晰地观察不同波长的光谱特征，缩短滑管，紫端清晰，拉长滑管，红端清晰。

④ 狭缝尺寸：调节狭缝的目的是控制进光量。狭缝过窄，进光量少，视域亮度不足，不利于观察；狭缝过宽，进光量增加，但狭缝的像宽同时也增加，会引起不同颜色的像之间产生叠加，光谱不清晰。只有滑管焦距和狭缝都应调至最佳位置，才能获得清晰的光谱；一般情况下，宝石透明度越好，狭缝应越窄；相对来说，观察红区光谱时，狭缝宜调窄；观察紫区光谱时，狭缝应适当调宽，光谱通常在狭缝即将完全关闭的瞬间，光谱最清晰。

42. 深红色光　黄绿色光

【答案解析】查尔斯滤色镜由仅允许深红色光和黄绿色光通过的滤色片组成，通过滤色镜直接观察物体，多数情况下观察宝石在滤色镜下是否变红，达到鉴定宝石的目的，其基本的原理是，当宝石对黄绿色光有强烈的吸收，且残余的光谱中含有红色光时，剩余的光波中只有深红色的光能够透过滤色镜，使得宝石颜色“变红”。

43. 红色荧光　蓝色滤光片　红色滤光片

【答案解析】（1）交叉滤色镜实际上是一种检验宝石荧光性的仪器，由一片蓝色滤光片和一片红色滤光片组成，蓝色滤光片常用硫酸铜溶液代替。

（2）基本原理：白光穿过硫酸铜溶液时，除了蓝光外，其余色光全部被吸收，红色滤光片则吸收所有非红光。因此，若一束白光依次穿过硫酸铜溶液和红色滤光片后，将被全部吸收。若在红色滤光片前放置宝石，若宝石发出红色荧光，可通过滤光片，宝石看上去显红色。

44. 合成蓝色尖晶石　青金石　方钠石

【答案解析】在查尔斯滤色镜下变红的宝石包括合成蓝色尖晶石、青金石、方钠石、绿色东陵石、部分产地祖母绿（如切沃尔亮红色、津巴布韦暗红色、赞比亚红色、挪威亮红色、云南微红或无反应、新疆弱红色）及合成祖母绿、铬碧玺、铬盐染色的宝石（如石英岩、翡翠、玉髓等）、铬透辉石、铬钒钙铝榴石、翠榴石、水钙铝榴石、人造钇铝榴石、钴扩散处理蓝宝石、钴扩散处理托帕石、绿色独山玉、染色菱镁矿、染色羟硅硼钙石、染色方解石。

此外，部分红色宝石在查尔斯滤色镜下显（亮）红色，例如红宝石、尖晶石等。

45. 称重　测量相对密度

【答案解析】略。

46. 0.001 g

【答案解析】根据国家标准《珠宝玉石 鉴定》（GB/T 16553—2017）对电子天平的要求如下：

（1）当样品质量 $m \leqslant 1$ g 时，分度值不大于 0.001 g。

（2）当样品质量在 1 g $< m \leqslant$ 10 g 时，分度值不大于 0.01 g。

（3）当样品质量在 10 g $< m \leqslant$ 100 g 时，分度值不大于 0.1 g。

（4）当样品质量在 100 g $< m \leqslant$ 1 000 g 时，分度值不大于 1 g。

（5）当样品质量 $m \geqslant$ 1 000 g 时，分度值不大于 10 g。

47. 化学组成　晶体结构　化学组成　晶体结构

【答案解析】宝石的相对密度值和折射率值均与宝石的化学组成和晶体结构有关，这两个因素恰好是确定宝石种属的两个基本条件，正因为如此，宝石的相对密度值和折射率是鉴定宝石种属的重要性质之一，但由于宝石的相对密度值测定的误差相对较大，因此相较于折射率的测定，应用相对较少。

48. 宝石在空气中的质量　宝石在空气中的质量-宝石在水中的质量

【答案解析】略。

49. 化学性质稳定　黏度小　透明度好

【答案解析】理想重液的要求包括：

（1）化学性质稳定（不易发生变质，可长时间保存），与宝石不发生化学反应（可避免的对宝石的腐蚀），且利于保存。

（2）透明度好（易于观察宝石的内部特征）、黏度适宜（易于观察宝石在其中的运动状态）、不易挥发（易于保存）。

（3）无毒或毒性小（对实验员友好），不污染环境（对环境友好）。

（4）易清洗、无残留（对宝石友好）。

（5）不同试剂相混时能无限混溶，且不产生第三种物质（方便制备各种性质的重液或浸液）；相混的重液挥发性尽可能相近，以免混合后重液的密度随时间变化（性质稳定）。

50. 棕色瓶　纯铜片　测量宝石近似折射率值　测量宝石近似相对密度　观察宝石

【答案解析】（1）重液（浸液）见光易分解，且易氧化，因此需保存在棕色瓶中，并放置纯铜片。

（2）重液（浸液）的用途主要包括测量宝石近似折射率值、测量宝石近似相对密度、观察宝石：

① 折射率：当宝石浸入重液（浸油）中时，若宝石与重液之间的折射率差值越大，在重液（浸液）中的突起等级越高，轮廓越明显，折射率差值越小，突起等级越低，轮廓越不明显，当两者折射率相等时，则轮廓基本消失。

② 相对密度：通过重液比较法，观察宝石在重液中的运动状态，若宝石的相对密度等于

重液，则在重液中悬浮；若宝石的相对密度小于重液，则在重液中漂浮，两者相差越大，则运动速度越快；若宝石的相对密度大于重液，则在重液中下沉。宝石与重液（浸液）的相对密度值相差越大，则运动速度越快。

③ 观察宝石：将宝石浸于重液（浸液）中，可减少宝石表面反射光和漫反射光，从而有利于宝石的内部包体、生长纹、色带等的观察和研究，尤其对于扩散处理宝石的鉴定，具有重要意义。

51. 二碘甲烷　三溴甲烷　粉红色碧玺　悬浮

【答案解析】实验室中常使用的重液如下：

重液名称	相对密度	指示矿物
甲苯+三溴甲烷	2.65	水晶
三溴甲烷	2.89	绿柱石
三溴甲烷+二碘甲烷	3.05	粉红色碧玺
二碘甲烷	3.32	翡翠

52. 耗时长　误差大

【答案解析】利用静水称重法测试宝石的相对密度的缺点是耗时长、不适用多孔宝石、不适用小宝石。

（1）宝石尺寸越小，误差越大，根据统计，3 ~ 4 ct 的宝石，误差小于 0.10；2 ~ 3 ct，误差为±0.15；1.25 ~ 2 ct，误差为±0.20；0.75 ~ 1.25 ct，误差为±0.25。

（2）多孔宝石的孔洞中充填有不易排出的空气，在水中称量的质量值较小，计算出的相对密度值就会较实际小。

（3）耗时长，需要几分钟的时间才能完成。

53. 低　高　仅在宝石上留下一条痕迹

【答案解析】略。

54. 无损　切片　碎样　刻划

【答案解析】（1）由于宝石具有相对较高的价值，因此在鉴定宝石时，首选无损检测手段。

（2）切片：主要用于岩石薄片的观察，将岩石切磨呈 0.03 mm 厚度的岩石薄片，在偏光显微镜下观察，可得到岩石的结构、构造、矿物组成等，是岩石学的基础研究方法之一。

（3）碎样：部分测试方法需将样品碾磨至粉末，如 X 射线粉晶衍射等。

（4）刻划：属于有损测试，在宝石鉴定中不常用，主要用于测定样品的相对硬度。

55. Diamond Sure　0.1 ~ 10　无色 ~ 浅黄

【答案解析】钻石确认仪（Diamond Sure）是戴比尔斯集团旗下的国际钻石商贸公司（DTC）推出的一种天然钻石快速筛选仪，主要用于检测质量在 0.10 ~ 10 ct 范围内的无色-浅黄色（Cape 系列）抛光钻石。其原理是通过检测样品的可见光吸收光谱是否具备 415 nm 吸收线，达到筛选钻石的目的。

56. 热导仪　反射仪　钻石确认仪

【答案解析】与钻石有关的鉴定仪器还包括钻石观测仪、590 型无色合成碳硅石/钻石测试仪、钻石光致发光仪等。

（1）热导仪：主要应用钻石的高热导率区分钻石与仿钻，但无法区分钻石与合成碳化硅。

（2）反射仪：主要用于测定具有抛光平面，且折射率超过折射仪的高折射率宝石，可通过反射率与折射率之间的数学关系，将反射率换算为折射率，但其精度较低，仅可精确至 0.05，且无法测定宝石的双折射率、光性特征等。

（3）钻石观测仪（Diamond View）：也称钻石紫外荧光仪，主要用于观察宝石在紫外线下的荧光图像特征，可用于区分天然钻石与合成钻石。

（4）590 型无色合成碳硅石/钻石测试仪：主要用于区分合成碳化硅与钻石，其原理是测定样品对紫外光的透过率，其中，钻石可透过长波紫外光，而合成碳化硅则对紫外线具有较强的吸收。

（5）钻石光致发光仪（Diamond Plus）：主要用于鉴别经高温高压处理的钻石，因此又称为钻石高温高压处理鉴别仪。该仪器的原理为通过在液氮环境中检测钻石的阴极发光强度来鉴别其是否经过 HPHT 处理。其中，HPHT 处理的Ⅱ型钻石在 575 nm、637 nm 处出现光致发光（PL）强峰，而未经处理的Ⅱ型钻石无 637 nm 处 PL 峰。

57. 折射仪　反射仪　显微镜

【答案解析】可用于测定宝石折射率的仪器包括折射仪、反射仪、宝石显微镜、重液（浸液）等。

（1）折射仪：是测定宝石折射率的主要仪器，其应用原理是光的全反射，精度较高，利用刻面法可精确到小数点第三位，利用点测法，可精确到小数点第二位，详见例题 2。

（2）反射仪：反射仪主要通过测定宝石的反射率，然后通过反射率与折射率之间的数学关系式计算宝石的折射率，详见填空题 56 题。

（3）宝石显微镜：可通过测定宝石的视厚度和真实厚度计算宝石的折射率，其原理为光的折射，详见例题 1。

（4）重液（浸液）：主要通过观察宝石在重液（浸液）中的突起，近似判断宝石的折射率值，详见填空题 50 题。

58. 偏光镜　偏光显微镜　二色镜

【答案解析】能够测定宝石光性特征的仪器包括偏光镜（偏光显微镜）、二色镜、折射仪等。

（1）偏光镜：偏光镜是快速测定宝石光性特征的仪器，详见填空题 28 题。

（2）偏光显微镜：判断宝石光性特征的原理与偏光镜相同。

（3）二色镜：是通过观察宝石的多色性快速判断宝石的光性特征，即一轴晶宝石可见两种颜色，二轴晶宝石可见三种颜色，但缺点是不适用于无色宝石、不透明宝石、多晶质宝石。

（4）宝石折射仪：是通过观察宝石在折射仪下旋转 360°过程中阴影边界的变化过程来判断宝石的光性特征，相对于偏光镜，折射仪可判断宝石的正负光性特征，详见例题 2。

59.（手持）分光镜　紫外-可见光分光光度计（电子探针、离子探针）

【答案解析】可用于研究宝石成因的仪器包括分光镜、紫外-可见光分光光度计、电子探针、离子探针、LIBS 等。

（1）（手持）分光镜：主要用于观察宝石的光谱特征，由于不同的致色元素所形成的光谱在一定程度上具有共性，可用于判断宝石的颜色成因，缺点是精度不够。

（2）紫外-可见光分光光度计：是测定宝石光谱的大型仪器，能够测定的范围在 200 ~ 1 100 nm 之间，精度较高，是用于分析宝石颜色成因的重要大型仪器之一（详见第二章）。

（3）电子探针、离子探针、LIBS 等测定成分的仪器，可配合紫外-可见光分光光度计综合分析宝石的颜色成因（详见第二章）。

60. 放大镜　显微镜　激光拉曼光谱仪

【答案解析】可用于研究宝石内含物的仪器包括放大镜、显微镜、激光拉曼光谱仪、成分测试相关仪器、测温台等。

（1）放大镜、显微镜是观察宝石内含物的重要常规仪器，通过观察可用于判定宝石的成因，例如鉴定宝石种属、区分天然宝石与合成宝石、鉴定宝石的优化处理等（详见例题 1）。

（2）激光拉曼光谱仪主要用于测定内含物的拉曼光谱特征，从而确定内含物的物相特征，目前已经发展成为研究宝石内含物的常用仪器之一（详见第二章）。

（3）电子探针、离子探针等用于测定成分的仪器，主要用于测定抛光至宝石表面的内含物，通过成分的测定，可用于研究内含物的成因，进而研究宝石的成因等一系列科学问题（详见第二章）。

（4）测温台，主要用于测定宝石中的气液包裹体，可用于测定宝石的均一温度等，判断宝石形成的物理化学条件；测定流体包裹体的盐度，可用于研究宝石形成时的物理化学条件等。

61. 二色镜　偏光镜

【答案解析】用于观察宝石多色性的仪器主要为二色镜，其次为偏光镜（或偏光显微镜）。

（1）二色镜是用于观察宝石多色性最重要的常规仪器，分为冰洲石二色镜和伦敦二色镜。

（2）偏光镜和偏光显微镜通常使用单偏光进行观察，但缺点是无法同时观察宝石的两个颜色，详见填空题 28 题。

62. 紫外荧光灯　X 射线荧光仪

【答案解析】宝石的发光性主要为紫外发光，其次为 X 射线发光、阴极发光等，可用于研究宝石发光性仪器包括紫外荧光灯、X 射线荧光仪、阴极发光仪、钻石观测仪、交叉滤色镜等。

（1）紫外荧光灯：是观察宝石荧光最重要的常规仪器，通过观察宝石在长波（365 nm）和短波（253.7 nm）下的荧光特征达到鉴定的目的。

（2）X 射线荧光仪：主要观察宝石在 X 射线下的荧光特征，例如，钻石在 X 射线的作用下大多数呈现颜色一致的蓝白色荧光，极少数无荧光，可用于选矿和鉴定宝石。

（3）阴极发光仪：用于观察宝石在高速电子束下的发光特征，可用于解析宝石的结构特征，达到鉴定宝石，研究宝石成因的目的，例如锆石的环带结构（详见第二章）。

（4）钻石观测仪：该仪器的本质是观察钻石在短波下的荧光特征，通过观察荧光图谱从而达到鉴定钻石的目的。

（5）交叉滤色镜：其本质是观察宝石在蓝色光下是否具有红色荧光的仪器。

63. 电子天平　重液

【答案解析】（1）电子天平测定宝石的相对密度，其基本原理是阿基米德定律。

（2）重液测定宝石的相对密度，其基本原理是观察宝石在重液中的运动状态，详见填空题 50 题。

64. 二色镜　偏光镜

【答案解析】由于二色镜和偏光镜在观察宝石特征时，使用方式均为直接透射法，因此需保证宝石具有一定的透明度。

65. 折射仪　反射仪

【答案解析】（1）对于折射仪，若宝石抛光较差，则宝石无法与棱镜形成良好的光学接触，从而无法测定宝石的折射率值；

（2）对于反射仪，若宝石抛光较差，无法达到镜面反射，则无法精确测定宝石的反射率。

三、是非题

1. N

【答案解析】详见填空题6题。

2. N

【答案解析】利用显微镜观察以及其他需要光源的仪器时，均需要光源具有合适的亮度，亮度过高或过低均不适合观察宝石。

3. Y

【答案解析】合成碳化硅为非均质体宝石，且具有较大的双折射率（0.043），因此在十倍放大镜下可见后刻面棱重影，而钻石为均质体宝石，无双折射现象，常见针尖状包体、矿物包体、云雾状包体、须状腰棱等鉴定特征。

4. N

【答案解析】在进行钻石分级时，需要使用的放大倍数为 10×放大镜，但同时也需要 10倍放大条件下的显微镜，例如在确定 LC 和 VVS 等级时，当使用 10 倍放大镜未见钻石具内部特征时，还需使用视域较宽，景深较深的显微镜进行观察，在 10 倍放大条件下仍未见该钻石具有任何内部特征时，才可以定为 LC 级。

5. N

【答案解析】放大倍数指的是长度的放大倍数。

6. N

【答案解析】显微镜在使用之前均需要进行初步调节，例如每个人之间瞳孔距离、视力等均存在一定的差异，即使同一人双眼的视力也存在一定的差异，因此在使用之前应调节目镜间距以及目镜的聚焦。

7. N

【答案解析】放大倍数大，不等于分辨率高。分辨率是指分辨两个接近点的能力；而放大倍数是指把一个点放大的倍率，它等于人眼的明视距离（宝石放大镜下人眼的明视距离约为 25 cm），即看到清晰影像的最小距离除以放大镜的焦距。两个非常接近的点可以放大很多倍，但不一定能分开来。

8. N

【答案解析】为精确测定宝石的折射率、双折射率以及光性特征，测试时常需旋转宝石、变换宝石的测试方位：

（1）对于一轴晶宝石，只有当光波的入射方向垂直于光轴面（即垂直于光轴）时，所测定的折射率才是 Ne 和 No。

（2）对于二轴晶宝石，只有当光波的入射方向垂直于主轴面时，所测定的折射率为真实的折射率值，即当光波的入射方向垂直于 Ng-Nm 面时，所测定的折射率分别为 Ng 和 Nm；当光波的入射方向垂直 Nm-Np 面时，测定的折射率分别为 Nm 和 Np；当光波的入射方向垂直 Ng-Np 面时，测定的折射率分别为 Ng 和 Np。

9. N

【答案解析】详见是非题 8 题。

10. N

【答案解析】点测法所测定的折射率为折射率的估计值，仅可精确到小数点第二位，但具有非常重要的鉴定意义，例如翡翠的折射率为 1.66，但与之外观相似的玉髓折射率点测值为 1.53 ~ 1.54。

11. N

【答案解析】需要注意的是，宝石折射仪中的光波是斜向射入棱镜和宝石的。

（1）对于二轴晶宝石，由于二轴晶宝石的光率体为三轴椭球体，在该刻面上测定折射率时，随着宝石的旋转，入射光与光率体之间的方位发生变化，导致所对应的光率体切面形态发生改变，因此，在旋转宝石时，仍能够观察到两条移动的阴影边界。

（2）对于一轴晶宝石，由于一轴晶宝石的光率体为旋转椭球体，当抛光平面垂直于光轴时，此时光的入射方向与光轴之间的夹角保持不变，进而光率体切面的形态不变，此时旋转宝石时，仅可观察到两条不动的阴影边界。

12. Y

【答案解析】详见填空题 18 题。

13. Y

【答案解析】详见是非题 8 题。

14. N

【答案解析】对于一轴晶宝石，双折射率为｜Ne-No｜，对于二轴晶宝石，双折射率为｜Ng-Np｜。

15. Y

【答案解析】介质对不同波长的光具有不同的折射率值，即色散，通常情况下所指的宝石折射率值是宝石在 589.5 nm 黄光下测出的折射率。

16. Y

【答案解析】（1）类质同象可引起宝石折射率的变化，例如镁铝榴石与铁铝榴石，随 Fe 含量的增加，折射率值逐渐升高，从 1.714 逐渐升高至 1.82。

（2）橄榄石中，当铁橄榄石分子大于 12%时，光性特征由正光性变为负光性。

（3）类质同象对其他宝石学性质的影响包括颜色、相对密度、吸收光谱、色散等。

17. N

【答案解析】折射仪应用的是全反射的原理，光线需从光密介质射向光疏介质，因此，棱镜相对于宝石，应为光密介质，宝石为光疏介质，才能达到全反射发生的条件，折射率高于折射油的宝石，超出了折射仪的测试范围。

18. N

【答案解析】（1）在使用宝石折射仪测定折射率时，必须使用折射油，使用折射油的目的是使宝石与棱镜之间形成良好的光学接触，达到全反射发生的条件。

（2）折射仪中的偏光片的用途是通过“屏蔽”掉其中一条阴影边界，使另一条阴影边界更加清晰，方便读数，因此在测定折射率时不一定使用偏光片，尤其是对于具有较大双折射率宝石测定时，一般无需使用偏光片。在测定具有假均质体现象宝石的折射率中常使用偏光片，转动偏光片可观察到阴影边界在“跳动”，并可通过屏蔽其中一条阴影边界，使得读数更加精确；此外，在使用闪烁法时，需使用偏光镜（详见填空题18题）。

19. N

【答案解析】当折射油过多时，宝石浮在折射油之上，此时宝石与棱镜之间不能直接接触，达不到测试宝石折射率的目的，因此在测定折射率时，折射油需适量。

20. N

【答案解析】折射仪中可观察到的特殊现象包括如下几类：

（1）假均质体现象，详见名词解释。

（2）假一轴晶现象，详见名词解释。

（3）两条阴影边界不动：当一轴晶宝石光轴方向垂直于待测刻面（一般为台面），由于光波的传播方向与光轴之间存在一定的夹角，对应的光率体切面为椭圆，此时可观察到两条阴影边界，由于一轴晶宝石的光率体形态为旋转椭球体，因此在旋转宝石时，光波传播方向与光轴方向之间的夹角不变，光率体切面的形态保持不变，两条阴影边界不随宝石的转动而发生移动。

（4）一条移动的阴影边界：对于一轴晶负光性，且双折射率较大的宝石，可能出现该种情况，其中一个折射率在测试范围之内，另一个在测试范围之外，例如菱锰矿的折射率为No=1.84，Ne=1.58，由于 No＞1.81，超过了折射仪的测试范围，而 Ne 处于折射仪的测试范围内，因此在测定时，仅出现一条阴影边界，且随着宝石的转动而发生移动，菱锌矿也可观察到类似的现象。

21. N

【答案解析】详见填空题18题。

22. N

【答案解析】反射仪仅能测定宝石的折射率，且分辨率较差，仅能精确至0.05，不能测定宝石的双折射率以及光性特征。因此，对于折射率在宝石折射仪测试范围内的宝石，应首选折射仪进行测定。

23. N

【答案解析】折射油的目的是保持宝石与棱镜之间形成良好的光学接触，但应为光密介质，其折射率范围直接决定了全反射发生的条件，一般情况下，折射油的折射率在宝石与棱镜之间，其折射率值影响了折射仪的测试范围。

24. Y

25. Y

【答案解析】24 ~ 25题详见是非题20题。

26. N

【答案解析】当一束光线照射到非均质体宝石时，仅能发生双折射现象，即分解成为两束振动方向相互垂直的偏振光，因此在折射仪中，最多只能观察到两条阴影边界。

27. N

【答案解析】异常双折射又称异常消光现象，是在正交偏光镜下，均质体宝石出现不均匀消光的现象，详见名词解释。

28. N

【答案解析】紫外荧光灯仪可作为宝石鉴定的辅助仪器，需结合其他鉴定仪器方可得到诊断性结论，其根本原因是，宝石的发光性与宝石中的杂质离子以及晶格缺陷密切相关，而这两个因素的变化常常较大，导致宝石的发光性变化较大：

（1）同种宝石的发光性可能出现强度、颜色等完全不同的现象，例如钻石，其荧光强度可在强、中、弱、无四个等级内跨越，荧光颜色包括白色、黄色、蓝色、绿色等一系列颜色。

（2）不同宝石种属之间可能具有相似的荧光特征，例如外观相似的红宝石与红色尖晶石，在紫外荧光灯下均可具有较强的红色荧光。

（3）经过优化处理的宝石不一定具有特征的荧光，例如充填处理、染色处理的宝石可能会出现与充填物、染色剂有关的荧光特征，但这完全取决于充填物、染色剂本身的物理化学性质。再如硝酸银染色的黑珍珠无荧光，但部分天然黑珍珠有荧光，部分无荧光。

（4）人工宝石的荧光特征可能与天然宝石具有相似的特征，例如焰熔法合成红宝石可具有较强的荧光，整体上强于天然红宝石，但高质量的天然红宝石同样可具有强荧光的特点。

29. N

【答案解析】紫外荧光的观察常用黑色作为荧光背景。

30. N

【答案解析】详见是非题 28 题。

31. Y

【答案解析】例如红宝石与红色石榴石之间，红宝石常具有较强的红色荧光，但石榴石通常为无荧光。

32. N

【答案解析】详见是非题 28 题。

33. Y

【答案解析】（1）高温高压法合成钻石在长波下的荧光多为惰性，短波下的荧光具有分带现象；为无至中的淡黄色、橙黄色、绿黄色不均匀的荧光，局部可有磷光。

（2）CVD 合成钻石在长短波紫外线下，通常有弱的橘黄色荧光，且可见层状结构。

（3）天然钻石的紫外荧光无至强，可呈蓝色、黄色、橙黄色、粉色、黄绿色等，一般长波下的荧光强度强于短波下的荧光强度。有些可见磷光。

注：钻石详细的荧光图像可利用钻石观测仪进行观察。

34. N

【答案解析】一般情况下，宝石长波下的荧光强度大于短波下的荧光强度，但存在一些特例：

（1）部分高温高压法合成钻石在长波下的荧光为惰性，短波下具有荧光；

（2）部分 CVD 法合成钻石在短波下的荧光强于长波；

（3）合成蓝宝石在长波下无荧光，短波下具有弱-中蓝白或黄绿色荧光；

（4）合成金绿宝石在长波下无荧光，短波下为黄色、绿黄色、无-黄绿色荧光。

35. N

【答案解析】例如祖母绿、翡翠、翠榴石等宝石在紫外灯下为无荧光或弱荧光。

36. N

【答案解析】（1）宝石的荧光可影响宝石的透明度，例如钻石，当具有强荧光时，钻石的外观给人一种雾蒙蒙的感觉，导致透明度降低。

（2）荧光强度对宝石价值的影响不同，对于无色钻石，当具有较强的荧光时可降低宝石的透明度，进而降低钻石的价值；对于红宝石、红色尖晶石等宝石，由于具有较强的红色荧光，在太阳光下，红色荧光叠加在宝石的红色体色之上，则会让宝石的外观更加鲜艳，可提升宝石的价值。鸽血红红宝石、绝地武士尖晶石等均要求样品具有强红色荧光。

37. N

【答案解析】详见填空题 26 题。

38. N

【答案解析】宝石的荧光与宝石的体色可能不同，例如钻石的荧光可出现白色、黄色、蓝色等颜色；契沃尔祖母绿可具有红色荧光。

39. N

【答案解析】需注意全暗假象，详见名词解释。

40. N

【答案解析】琥珀、塑料等宝石在正交偏光镜下同样可出现异常消光现象。

41. N

【答案解析】关于偏光镜的局限性详见填空题 31 题。

42. Y

【答案解析】平行连生的晶体其内部质点的排列是连续的，可等同于单晶体，因此在正交偏光镜下具有相同的消光位。

43. N

【答案解析】均质体宝石在正交偏光镜下可出现异常消光现象，例如玻璃、合成尖晶石、石榴石、塑料、钻石、琥珀等，详见填空题 30 题。

44. Y

【答案解析】由于石英具有旋光性，其干涉图为中空的黑十字，即牛眼状干涉图；当样品存在双晶时，可出现螺旋桨式干涉图，详见名词解释。

45. Y

【答案解析】详见填空题 31 题。

46. N

【答案解析】螺旋桨式干涉图的出现代表水晶具有双晶，由于合成水晶一般无双晶，因此无法观察到螺旋桨式干涉图，但需注意的是，该类型干涉图的出现可以辅助说明宝石为天然水晶，但若未出现，则不能说明样品为合成水晶。

47. N

【答案解析】均质体宝石可出现异常消光现象。

48. N

【答案解析】在常规仪器中，需使用连续光谱光源的仪器仅为分光镜。

49. N

【答案解析】观察干涉图时，应尽可能与光轴的方向相互平行，此外，对于二轴晶宝石，观察方向平行于光轴锐角夹角的平分线时，也可观察到宝石的干涉图（即双光轴干涉图），但在实践中较难。通常，双折率较低的宝石比双折率较高的宝石易于定向，例如磷灰石，其双折率 0.003，当光轴与正确的垂直方位小于 30°～40°时，都可观察到干涉色，对于锆石，双折射率为 0.059，要正确定向就比较困难，只有当光轴与正确方位相差 10°～15°以下时，干涉色才会出现。

50. N

【答案解析】当单晶类宝石中含有大量包裹体、裂隙时，同样可出现全亮等现象，例如具有马尾丝状包裹体的翠榴石。

51. N

【答案解析】需注意一轴晶干涉图和黑十字异常消光之间的区别：

（1）当黑十字周围伴有干涉色圈时，一般为一轴晶干涉图。

（2）若黑十字周围没有干涉色圈时，则为异常消光现象，宝石为均质体宝石。

52. N

【答案解析】对于无色宝石、非均质集合体宝石，二色镜无法区分。

53. N

【答案解析】（1）对于同种非均质体宝石，多色性的明显程度与颜色深浅有关，例如红宝石的多色性随着颜色的加深而变得更加明显。

（2）不同宝石之间多色性强弱与颜色深浅不具有直接关系，例如橄榄石通常具有较深的颜色，但为弱多色性，而碧玺则具有中-强多色性。

54. N

【答案解析】对于任何宝石，光轴方向均是不发生双折射的特殊方向，沿着该方向观察无多色性。

55. N

【答案解析】（1）对于无色宝石，例如托帕石、水晶等，观察不到多色性。

（2）对于非均质集合体宝石、不透明宝石，多色性不可测，在二色镜下不显示多色性。

56. N

【答案解析】宝石的多色性与宝石的双折射率之间无明显的对应关系，例如红宝石的双折射率为 0.009，具有中-强的多色性，橄榄石的双折射率为 0.035～0.038，双折射率大于红宝石，但为弱多色性。

57. N

【答案解析】当垂直光轴观察时，可见宝石的多色性，但需要同时满足宝石的光率体主轴与冰洲石光率体主轴平行或垂直。

58. N

【答案解析】观察宝石多色性时，应选用白色或无色光源，不可使用带有明显色调的光源。

59. N

【答案解析】光线在宝石中传播时仅可发生双折射，即分解成两条相互垂直的偏振光，无论是一轴晶宝石还是二轴晶宝石，确定了观察方向时，在二色镜的窗口仅可观察到两种颜色。

60. Y

【答案解析】宝石的多色性是指宝石对振动方向相互垂直传播方向不同的两束光的选择性吸收不同导致的。

61. N

【答案解析】一轴晶宝石具有两个折射率，因此具有二色性，分别与 Ne 和 No 对应；二轴晶宝石具有三个折射率，对应三种颜色，分别与 Ng、Nm 和 Np 相对应。

62. N

【答案解析】转动二色镜仅能改变冰洲石与宝石光率体切面之间的夹角，不能改变宝石光率体切面的具体形态，因此不能将转动二色镜替代转动宝石。

63. N

【答案解析】变色效应与均质体与非均质体无直接关系，均质体宝石中，萤石、石榴石等也可具有变色效应。

64. Y

【答案解析】分光镜的原理是观察宝石对可见光的选择性吸收所产生的光谱特征，由于不同致色因子在不同的宝石中常常具有一定的共性，因此分光镜是常规仪器中研究宝石颜色成因最有效的仪器。

65. Y

【答案解析】部分宝石具有典型的吸收光谱，例如红宝石、蓝宝石、祖母绿等，因此对于具有典型光谱的宝石，可用于鉴定宝石种属。

66. N

【答案解析】部分宝石无典型的吸收光谱，例如托帕石、碧玺等。

67. N

【答案解析】详见填空题 35 题。

68. Y

【答案解析】若光源具有光谱特征，则与宝石的光谱相互叠加，不利于判断宝石的光谱特征。

69. Y

【答案解析】（1）由于宝石具有多色性，因此不同方向的吸收光谱会存在一定的差异，例如光谱可能出现偏移，或光谱的明显程度不同，但不同宝石的明显程度不同，部分宝石在分光镜下的异向性不明显，但使用紫外-可见光分光光度计，可清楚地观测到吸收光谱的异向性特征。

（2）分光镜下可见光光谱有明显差异的宝石主要为变石，绿色方向（γ 或慢光）在 680.5 nm、678.5 nm 处可见弱细线，吸收光谱中宽吸收带位于 640 nm 至 555 nm，在低于 470 nm 的蓝、紫区产生吸收；红色或紫红色方向（α 或快光）显示弱双线，其中 678.5 nm 线略强，在红光区仅见另外两条线 655 nm 和 645 nm，宽吸收带位于 605 nm 和 540 nm 之间，在合适的条件下可见蓝区 472 nm 有一细线。紫区在 460 nm 以下全吸收。在日常测试时，如果不采用偏光加以区分的话，看到的仅是混合光谱，与不同方向看到的光谱略有变化。

70. Y

【答案解析】详见填空题 35 题。

71. N

【答案解析】染色翡翠或其他染色宝石在滤色镜下是否变色主要取决于染剂，铬盐染色的翡翠、石英岩、玉髓等宝石在滤色镜下往往变红。

72. N

【答案解析】人造钇铝榴石等宝石在滤色镜下具有变红的特点。

注：在滤色镜下变红的宝石统计于填空题 44 题。

73. N

【答案解析】查尔斯滤色镜在设计之初是用于鉴定祖母绿的，但随着新矿床的不断发现，滤色镜在祖母绿中的应用逐渐变弱，天然祖母绿中，除切沃尔、赞比亚、中国部分祖母绿会变红外，很多矿床产出的祖母绿并不会出现变红的现象，另外，合成祖母绿往往具有在滤色镜下变红的性质，但该特征仅可作为指示性证据，仍需结合其他性质综合判断。

74. Y

【答案解析】钴致色的玻璃、尖晶石、蓝宝石等往往会产生黄绿区的吸收带，滤色镜仅可通过深红色和黄绿色光，因此具有在滤色镜下变红的特点。

75. N

【答案解析】（1）质量与重量是两个不同的概念，其中质量指的是物质的多少，其单位为克、千克等；重量指的是物质物体受重力的大小的度量，其单位是牛顿，在实践中，通常利用重力加速度，将重量值换算成质量。

（2）密度与相对密度的关系详见名词解释。

76. N

【答案解析】反射仪仅可用于测定具有抛光平面宝石的折射率值，且精度仅可达到 0.05。

77. N

【答案解析】由于合成碳化硅同样具有较高的热导率值，因此使用热导仪无法区分。

78. Y

【答案解析】宝石表面的污渍有可能会影响其测试结果，例如钻石表面的灰尘容易被误认为是钻石内的针尖状包裹体；宝石表面的污渍影响宝石折射率的测定。

79. Y

【答案解析】（1）钻石确认仪主要用于快速筛选 0.1 ~ 10 克拉范围内的无色-黄色抛光钻石，对于缺失 415.5 nm 吸收线的钻石，仍需其他证据综合判断。

（2）由于合成钻石与天然钻石之间的荧光图像不同，因此可用于区分天然钻石与合成钻石，其中高温高压法合成钻石具有荧光不均匀现象，常呈现十字荧光特征，CVD 法合成钻石在紫外荧光下可显示层状结构特征。

四、单项选择题

1. A

【答案解析】合成碳化硅的双折射率为 0.043，在放大镜下可见刻面棱重影，其他宝石均为均质体宝石，不可见刻面棱重影。

2. B

【答案解析】（1）红旗效应：是指用白光测量宝石冠部的折射率时，去掉目镜后，在折射率刻度尺上宝石影像底部出现红光反射的现象。

（2）红圈效应：是指石榴石为顶、绿玻璃为底的拼合石，置于白色背景上，底尖朝上观察，用点光源照射，可见沿腰围内红色的圈痕。

3. B

【答案解析】详见填空题 16 题。

4. C

5. A

【答案解析】4 ~ 5 题详见填空题 13 题。

6. A

【答案解析】详见填空题 26 题。

7. A

【答案解析】其他宝石的荧光通常较弱。粉红色碧玺短波紫外光照射下有弱红到紫色的荧光。

8. C

【答案解析】牛眼状干涉图详见名词解释。

9. B

【答案解析】直单臂干涉图是一轴晶干涉图中，光轴的出露位置位于视域之外形成的，选项中，碧玺和塔菲石为一轴晶宝石，碧玺通常具有明显多色性。

10. A

【答案解析】不同类型的干涉图特征详见填空题 28 题。

11. D

【答案解析】二轴晶宝石具有三色性，分别与 Ng、Nm 和 Np 相对应，因此在观察宝石多色性时，需寻找相对应的光率体切面，其观察方向需垂直于主轴面，即 Ng-Np 面、Ng-Nm 面和 Nm-Np 面。

12. D

【答案解析】具有多色性和消光反应的应为单晶类非均质体宝石。

A 选项，为非均质集合体，在正交偏光下为全亮，无消光反应，并且多色性不可测。

B 选项，石榴石在正交偏光镜下常见异常消光，但为均质体，无多色性。

C 选项，合成尖晶石在正交偏光镜下常见异常消光，但为均质体，无多色性。

D 选项，锆石为四方晶系宝石，一轴晶正光性，具有多色性，不同颜色锆石的多色性等级及颜色表现不同：

蓝色锆石：强，蓝和棕黄至无色。

绿色锆石：弱，绿色和黄绿色。

橙至褐色锆石：弱至中，紫棕色至棕黄色。

红色锆石：中，紫红至紫褐色。

13. D

【答案解析】由于玉石为多晶质集合体，其在各个方向均有排列，因此多色性不可测。

14. B

【答案解析】(1) 宝石多色性产生的原理：自然光进入非均质体宝石后，被分解为两束振动方向相互垂直，传播速度不同的两束平面偏振光。由于非均质体宝石内部各方向质点排列和分布规律等不同，质点间的距离、应力、偶极矩等不同，因此对光的选择性吸收不同，从而导致宝石在不同方向上具有不同的颜色。一轴晶宝石具有两个主要的颜色，分别与振动方向平行于光率体 Ne 和 No 方向的偏振光颜色相当；二轴晶宝石有 3 种主要的颜色，分别与光率体三个主轴 Ng、Nm、Np 对应。

(2) 冰洲石二色镜观察宝石多色性的原理：当自然光通过非均质体宝石后，分解为两束振动方向相互垂直、传播速度不同的平面偏振光，冰洲石由于具有较大的双折射率值（0.172），当两束平面偏振光通过长度适宜的冰洲石后，能够将其分开的距离较大，并排成像于目镜中，因此，二色镜两个方块中看到的颜色应是不同振动方向偏振光的颜色。

15. D

【答案解析】各选项宝石的光谱特征如下：

A 选项，铁铝榴石的吸收光谱特征为 564 nm 宽带，576 nm、527 nm、505 nm、440 nm、445 nm 吸收线、687 nm、685 nm 弱线及 670 nm、650 nm 弱窄带。

B 选项，镁铝榴石的吸收光谱特征为 573 nm、520 nm、505 nm 强带，680 ~ 690 nm、610 nm、460 nm、423 nm 弱线。

C 选项，红宝石的吸收光谱特征为 694 nm、692 nm、668 nm、659 nm 吸收线，620 ~ 540 nm 的吸收带，476 nm、475 nm 强吸收线，468 nm 的弱吸收线，紫区全吸收。

D 选项，蓝宝石的吸收光谱特征为 450 nm 吸收带或 450 nm、460 nm、470 nm 的吸收线。

16. B、D

【答案解析】详见填空题 51 题。

17. D

【答案解析】（1）由于水具有较大的表面张力，在测定宝石在水中的质量时，常产生气泡，从而影响相对密度测定的精度，因此可在蒸馏水中滴加洗涤剂，其目的是减小水的表面张力，避免气泡的产生。

（2）除在蒸馏水中加入洗涤剂外，还经常用浸润力和渗透力强的 CCl_4 作为测定液体，可以减小液体表面张力，减少宝石表面产生气泡的概率，提高测试的准确度。

18. C

【答案解析】A 选项，磷灰石的相对密度为 3.13 ~ 3.23，在重液中漂浮。

B 选项，海蓝宝石的相对密度为 2.72，在重液中漂浮。

C 选项，黄玉的相对密度为 3.53，在重液中下沉。

D 选项，赛黄晶的相对密度为 3.00，在重液中漂浮。

19. C

【答案解析】略。

20. B

【答案解析】详见填空题 62 题。

五、多项选择题

1. ABCE

【答案解析】折射仪的用途详见例题 2。

D 选项，宝石折射仪不能直接测定宝石的反射率，虽然宝石的反射率与宝石的折射率具有一定的关系，但还需宝石的吸收系数等相关参数，测定宝石反射率的仪器为反射仪，反射率与折射率之间的数学关系详见名词解释。

2. ABCE

【答案解析】详见例题 2。

3. ABC、CE、F、DF

【答案解析】详见填空题 18 题。

4. AE、BCD

【答案解析】详见名词解释。

5. AF

【答案解析】AB 选项，详见是非题 18 题。

C 选项，在利用刻面法测定宝石折射率时需旋转宝石，转动宝石的目的是精确测定宝石的双折射率、光性特征、轴性特征等，其原理详见例题 2；在使用点测法测定宝石折射率时，一般无需转动宝石。

D 选项，折射仪仅适用于抛光良好，且折射率值在折射仪测试范围内的宝石。对于抛光较差的宝石以及折射率值超过宝石折射仪测试范围的宝石不能够测定宝石的折射率。

E 选项，对于弧面型宝石、小刻面型宝石以及折射率值超过折射仪测试范围的宝石，不能够测定光性和轴性。

F 和 G 选项，在测定宝石折射率时，棱镜和折射油需为光密介质，因此其折射率值决定了折射仪测试范围的上限。

6. ABCDE

【答案解析】A、E 选项，详见是非题 20 题。

B、C、D 选项，分别为二轴晶宝石、一轴晶宝石和均质体宝石的典型特征，详见例题 2。

7. ACDE

【答案解析】A 选项，由于磨损严重，不能与棱镜形成良好的光学接触，因此折射率不可测。

B 选项，红宝石的折射率为 1.76 ~ 1.77，在折射仪的测试范围之内，因此折射率可测，但由于为弧面型宝石，因此不可测双折射率等特征。

C 选项，钻石的折射率为 2.417，高于折射仪的测试范围，折射率不可测。

D 选项，水晶原石无良好的抛光平面，且表面常发育横纹、蚀像等特征，不能与棱镜形成良好的光学接触，其折射率一般不可测。

E 选项，泡松质地疏松，不能与棱镜形成良好的光学接触，折射率一般不可测，另外，使用折射油测试泡松，影响泡松的宝石学性质。

8. ABCD

【答案解析】详见例题 2。

9. ACDE

【答案解析】A 选项，详见是非题 33 题。

B 选项，红宝石与红色尖晶石在紫外光下均可具有不同程度的红色荧光，因此两者无法区分，或区分效果不明显。

C 选项，祖母绿一般无紫外荧光，有时在长波紫外光下，呈无或弱绿色荧光，弱橙红至带紫的红色荧光；短波紫外光下，少数呈红色荧光；石榴石一般无荧光。

D 选项，蓝色蓝宝石一般无荧光，长波紫外光下偶尔可见红色至橙色荧光，短波下呈弱白色或黄绿色荧光；焰熔法合成蓝色蓝宝石在短波紫外光下可有淡蓝-白色或淡绿色荧光；助熔剂法合成蓝色蓝宝石可有粉红色、黄绿色、棕绿色等多种荧光，而且荧光较强。

E 选项，表面扩散处理的红宝石在短波紫外光下可有斑块状蓝白色磷光。

10. ABCDEF

【答案解析】A 选项，透明度较高的宝石荧光一般发自宝石内部。

B 选项，不透明宝石，或覆膜宝石的荧光可发自宝石表面。

C 选项，成分均匀的宝石荧光特征一般均匀。

D 选项，宝石组成不均匀时可出现荧光不均匀的特征，例如集合体宝石中的青金石，经充填处理宝石等；致色因子浓度不均匀可导致一致的荧光，例如辐照处理的钻石、扩散处理的宝石等；覆膜宝石由于膜层破损引起的不均匀。

E、F 选项，一般情况下，宝石在长波下的荧光强于短波，但存在一些例外现象，详见是非题 34 题。

11. BCDE

【答案解析】A 选项，由于不同宝石种属之间的荧光特征常重叠，因此不可作为鉴定宝石种属的诊断性证据，例如红宝石与红色尖晶石具有相似的荧光特征，详见是非题 28 题。

B 选项，部分天然宝石与对应的合成宝石之间具有完全不同的荧光特征，例如蓝宝石与合成蓝宝石之间、天然钻石与合成钻石之间。

C 选项，对于部分优化处理方法可改变宝石的发光特征，例如漂白充填处理翡翠。

D 选项，不同产地的宝石之间可能存在荧光上的差异，例如斯里兰卡产的黄色蓝宝石在紫外光下发黄色荧光，而澳大利亚产的则无荧光。

E 选项，宝石的紫外荧光是宝石评价的重要因素之一，例如钻石、红宝石等。

12. ABC

【答案解析】详见填空题 28 题。

13. ABCDE

【答案解析】A 选项，正常消光的宝石在消光位时出现的一般均为均匀消光。

B 选项，异常消光现象是典型的不均匀消光现象。

C 选项，非均质体在正交偏光镜下常见的特征为四明四暗。

D 选项，异常消光中常见干涉色，此外非均质体宝石也可见干涉色。

E 选项，平行偏光系统中可用于观察宝石的多色性。

14. ADE

【答案解析】A、C、D、E 选项，关于偏光镜的局限性，详见填空题 31 题。

B 选项，宝石的抛光程度不影响观察效果。

15. ABCD

【答案解析】首先，干涉图是在锥光以及正交偏光镜结合下观察到的图像，可形成特殊的图像。在宝石学中常用的干涉图为一轴晶黑十字干涉图（垂直光轴切片）、二轴晶双光轴干涉图（垂直 Bxa 切片）和单光轴干涉图（垂直一个光轴切片），但在晶体光学中，还可见其他类型的干涉图，由于在宝石学中，宝石的厚度相对较大，其他类型的干涉图在宝石学中应用较少：

（1）一轴晶宝石斜交光轴切片的干涉图，即光波传播方向（观察方向）与光轴方向具有一定的夹角，此时光轴的出露点不在视域中心，甚至位于视域之外，所形成的干涉图是由不完整的黑十字和不完整的干涉色圈所组成：

① 当光轴与光波传播方向的夹角不大时，黑十字交点（光轴出露点）虽不在视域中心，但仍在视域内，旋转宝石时，黑十字交点绕视域中心作圆周移动，黑带作上下、左右平行移

动，干涉色圈则随黑十字交点移动。

② 当光轴与矿片平面法线夹角较大时，黑十字交点（光轴出露点）在视域之外，视域内只能见一条黑带及部分干涉色色圈，转动宝石，黑带作上下、左右平行移动，交替出现在视域内，干涉色圈也随之移动。

③ 当光轴与矿片平面法线夹角很大时，黑带较宽。转动物台，黑带呈弯曲状通过视域，该类干涉图与二轴晶干涉图不易区分。

（2）一轴晶宝石平行光轴切片的干涉图：即光波的传播方向（观察方向）垂直于光轴，此时出现一个粗大模糊的黑十字，几乎占据整个视域。转动物台，黑十字从中心分裂，并沿光轴方向迅速退出视域。因为变化迅速，故称为瞬变干涉图或闪图。

（3）二轴晶宝石斜交光轴面切面的干涉图：即光波传播方向（观察方向）与光轴方向斜交，同时也不垂直 Bxa 方向，相当于垂直 Bxa 切片干涉图的一部分。其黑带和干涉色色圈不完整。转动物台，黑带弯曲移动扫过视域，在 45°位置时，弯曲黑带顶点（光轴出露点）不在视域中心。斜交光轴切片的干涉图分为两种类型：

① 垂直光轴面的斜交光轴切片干涉图：当光轴面与上、下偏光镜振动方向之一平行时，黑带为一个直带，通过视域中心且平分视域。垂直黑带的方向为 Nm 方向。转动宝石，黑带弯曲，当光轴面与上、下偏光镜振动方向成 45°夹角时，弯曲黑带顶点不在视域中心。如果光轴倾角不大，弯曲黑带顶点仍位于视域内，如果光轴倾角较大时，则弯曲黑带顶点在视域外。

② 斜交光轴面的斜交光轴切片干涉图：当光轴面与上、下偏光镜振动方向之一平行时，黑带不通过视域中心而偏在视域的一侧。转动物台，黑带弯曲，当光轴面与上、下偏光镜振动方向成 45°夹角时，弯曲黑带顶点不在视域中心。如果光轴倾角不大，弯曲黑带顶点仍在视域内，如果光轴倾角较大，弯曲黑带顶点不在视域内。

（4）二轴晶宝石平行光轴面切片的干涉图：与一轴晶平行光轴切片的干涉图相似。当 Bxa 和 Bxo 方向分别平行上、下偏光镜振动方向时，干涉图为粗大模糊的黑十字，几乎占据整个视域。转动物台，黑十字分裂并沿 Bxa 方向迅速退出视域，一般转角为 7°～12°，故称瞬变干涉图或闪图。当 Bxa、Bxo 方向与上、下偏光镜振动方向呈 45°夹角时，视域最亮。

16. BCD

【答案解析】由于宝石中的裂隙和包裹体可改变光波在宝石中的传播路径，因此裂隙发育的宝石和包体发育的宝石，在正交偏光镜下可能出现全亮的现象，例如发育马尾丝状包裹体的翠榴石，在正交偏光镜下可出现全亮的现象。

17. CE

【答案解析】可观察到三色性的宝石均为二轴晶宝石。

A、B 选项，为一轴晶宝石，仅具有二色性。

C、D、E，为二轴晶宝石，堇青石与坦桑石均具有强多色性，肉眼可见，但橄榄石具弱多色性，为黄绿色-弱黄绿色-绿色。

18. ADE

【答案解析】A 选项，对于二轴晶宝石，沿任意主轴方向，均可观察到宝石的多色性，其中沿 N_g 方向观察，其光率体切片为 Nm–Np 主轴面，所观察到的多色性与 Nm 和 Np 对应；同理，沿 N_m 方向观察到的多色性与 Ng 和 Np 对应，沿 Np 方向观察到的多色性与 Ng、Nm 对应。

B 选项，沿光轴方向，光线均不会发生双折射率，因此观察不到多色性。

C 选项，对于一轴晶宝石，Ne 方向与光轴方向重合，因此观察不到多色性。

D 选项，对于一轴晶宝石，C 轴方向与光轴方向重合，因此观察不到多色性；但对于二轴晶宝石，C 轴方向与光轴方向不重合，因此可观察到多色性。

E 选项，当宝石光率体切片与冰洲石光率体切面垂直或平行时，可观察到宝石的多色性；两者相交为 45°时，观察不到多色性。

19. ABD

【答案解析】A 选项，若宝石为均质体或为非均质集合体时，或宝石的光率体切片的主轴与冰洲石光率体切片主轴呈 45°时，仅可观察到一种颜色。

B、C 选项，若宝石为非均质体宝石时，可出现两种颜色；由于光波进入非均质体宝石时，仅可出现双折射现象，无法同时出现三种颜色。

D、E 选项，当宝石光率体切片与冰洲石光率体切片相互垂直或平行时，所观察到的为真正的多色性，且多色性最为明显，旋转宝石时，颜色发生渐变，所观察到的多色性明显程度降低，当两个光率体切片呈 45°斜交时，两个窗口观察到的颜色相同。

20. ABCD

【答案解析】A 选项，扩散处理宝石可引起宝石的多色性异常，例如表面扩散处理红宝石，具有模糊的二色性，有时表现出一种特殊的黄-棕黄色的二色性。

B、C 选项，宝石的颜色受到染色剂或有色膜的影响，常表现为颜色鲜艳，但多色性较弱的特点。

D 选项，由于组成部分具有不同的宝石学特征，因此拼合宝石的多色性常见异常。

E 选项，充填处理所使用的充填物质多为无色，如无色油、无色树脂等，因此不会影响宝石的多色性特征。

21. BCDE

【答案解析】A 选项，光轴方向平行于观察方向，光线不发生双折射，因此无法观察真正的多色性。

B、C 选项，对于一轴晶宝石，垂直光轴方向观察，对应的光率体切面为 Ne−No 面，为最大椭圆切面，因此可观察到真正的多色性；对于二轴晶宝石，若垂直光轴面观察，对应的光率体切面为 Ng−Np，因此观察到的为真正的多色性。

D 选项，平行光轴面观察，对应的光率体切面为 Nm−Np 面，因此观察到的为真正的多色性。

E、F 选项，详见多项选择题 19 题。

22. ABCD

【答案解析】棱镜式分光镜更适合观察蓝紫区的光谱特征，各选项的光谱特征如下：

A 选项，硼铝镁石的光谱特征为蓝和蓝绿区有四条吸收带 493 nm、475 nm、463 nm、452 nm。

B 选项，橄榄石的光谱特征为在蓝区和蓝绿区有三个等距离的铁的吸收带，分别在 453 nm、477 nm 和 497 nm 处。

C 选项，钻石可见 415 nm、453 nm、478 nm、594 nm 吸收线。无色-浅黄色的钻石，在紫区 415 nm 处有一吸收谱带；褐-绿色钻石，在绿区 504 nm 处有一条吸收窄带，有的钻石可能同时具有 415 nm 和 504 nm 处的两条吸收带。

D 选项，蓝宝石可具 450 nm 吸收带或 450 nm、460 nm、470 nm 的吸收线。

E 选项，变石通常在 680.5 nm 和 678.5 nm 有两条强吸收线，665 nm、655 nm 和 645 nm 有三条弱吸收线，580 ~ 630 nm 部分吸收，476.5 nm、473 nm 及 468 nm 的三条弱吸收线，紫区通常完全吸收。

23. ABCD

【答案解析】出现吸收光谱异常，表明宝石颜色发生一定程度的变化：

A 选项，扩散处理宝石的光谱受到致色剂的影响，如 Co 扩散处理蓝宝石常见 Co 谱，该特征与天然蓝宝石不同；Fe-Ti 扩散处理蓝宝石可出现缺失 450 nm 吸收线或吸收带的特征。

B、C 选项，染色和覆膜宝石的吸收光谱受染色剂和膜的影响，其吸收光谱特征与两者的特征有关，例如铬盐染色处理翡翠可出现 650 nm 吸收带，与天然 Cr 致色翡翠不同。

D 选项，拼合宝石的吸收光谱是不同宝石以及拼合层之间吸收光谱的叠加，其光谱特征必定出现异常现象。

E 选项，充填处理宝石对宝石的吸收光谱一般不影响，但会影响红外光谱特征。

24. ABCDE

【答案解析】略。

25. ADEFGH

【答案解析】详见填空题 44 题。

26. AC

【答案解析】查尔斯滤色镜仅允许深红色光和黄绿色光通过。

27. ABCEF　ABCEF

【答案解析】A、F 选项，放大镜与显微镜主要用于观察宝石的内外部特征，继而判断宝石的种属、区分天然宝石与合成宝石，鉴定宝石的优化处理等。

B 选项，天然宝石与合成宝石之间的光谱特征存在一定的差异，例如合成蓝色尖晶石为 Co 元素致色，天然蓝色尖晶石主要为 Fe 或 Fe、Co 共同致色；吉尔森合成祖母绿中由于 Fe 元素的加入，使样品具有 437 nm 的吸收线；另外，染色处理、覆膜处理、热处理、扩散处理等可影响宝石的吸收光谱特征。

C 选项，焰熔法合成尖晶石常具有异常消光现象；天然钻石常具有由弱到强的异常双折射，干涉色颜色多样，多种干涉色聚集形成镶嵌图案。而 HTHP 合成钻石异常双折射很弱，干涉色变化不明显，偶尔出现十字形交叉的亮带；CVD 合成钻石有强烈的异常消光，垂直{111}和{110}面为近平行的板条状，垂直{100}面则显示斑点或镶嵌的斑块状。Nova 钻石正交偏光下显强烈的条纹状异常消光，GE 钻石正交偏光下大部分显中-强的带状或斑纹状异常消光现象。

D 选项，仅可作为钻石与仿钻区分的辅助性仪器。

E 选项，焰熔法合成红宝石在台面方向上可见多色性，可作为合成宝石的指示性特征；染色、覆膜、扩散等优化处理方法可使宝石多色性异常。

28. ABDEF

【答案解析】A 选项，经过表面扩散处理的宝石，颜色仅分布在宝石表面、刻面棱、孔洞、开放裂隙中。

B 选项，经 Co 扩散层处理的蓝宝石、托帕石等宝石可见 Co 的吸收特征。

C 选项，扩散处理不会影响宝石的光性特征，因此偏光镜一般无法进行区分。

D 选项，经扩散处理的宝石可出现多色性异常，例如表面扩散处理红宝石可具有模糊的二色性，有时表现出一种特殊的黄-棕黄色的二色性。

E 选项，表面扩散可使宝石的折射率值升高，例如表面扩散处理红宝石、Co 扩散处理托帕石等。

F 选项，扩散处理可使宝石的荧光特征异常，例如表面扩散处理红宝石短波下可具有斑块状蓝白色磷光；某些表面扩散处理蓝宝石在短波紫外光下可有白垩状蓝色或绿色荧光而另一些样品在长波紫外光下可有蓝色、绿色甚至橙色荧光。

29. ABCDEFG　ABCDEFG　ABCDEFG　AG　AG

【答案解析】略。

六、问答题

1. 关于宝石显微镜，请回答如下问题：

（1）举例说明宝石显微镜的用途。

答：详见例题 1。

（2）简述宝石显微镜中常用的照明方式。

答：详见填空题 3 题。

（3）简述宝石显微镜的使用注意事项。

答：操作显微镜时，需要注意以下事项：

（1）清洗宝石，防止将宝石表面灰尘当作内部特征。

（2）首先在低倍放大条件下从各个方位观察宝石的内外部特征。

（3）将所需观察的内外部特征调至视域中央，不断增加放大倍数，仔细观察。此时要注意区分哪些是灰尘或油污，哪些是内部包体。

（4）为了减少表面反射或漫反射，可采用油浸法帮助观察。在浸油槽内装上二碘甲烷或水等液体，放入宝石使之全部浸没。在浸油槽下方放置一白色或蓝色半透明塑料板（也可用面巾纸代替）。

（5）在观察后刻面棱线重影时：① 观察宝石远离物镜一侧的棱线、包体、划痕等。在观察时注意视线应穿过同一刻面，防止因刻面棱的影响产生虚假重影；② 不断转动宝石，至少应从三个方向对其进行观察，以免观察方向平行于光轴；③ 要确定是否是真正的重影，可以在目镜上加偏光片，转动偏光片，真正的因双折射造成的重影会随着偏光片的转动而轮流出现，好像在前后跳动。

（4）为了达到最好观察效果，在使用前应如何调节宝石显微镜？

答：宝石显微镜的调节方式如下：

（1）在一张白纸上点一黑点，放置于显微镜视域中央。

（2）将镜头调到最低处，打开显微镜照明灯。

（3）根据双眼宽度调节两目镜间距，直到视域出现一个完整的圆。

（4）转动焦距调节旋钮调节焦距，使黑点逐渐清晰。

（5）将物镜放大倍数调至最大，闭上左眼（或右眼）仅用右眼（或左眼）观察并再次调焦。

（6）固定焦距调节旋钮，闭上右眼（或左眼）转动左侧目镜，仅对左眼（或右眼）再次准焦。在此过程中不能调节焦距调节旋钮。

（5）如何观察宝石的刻面棱重影？

答：详见上面（3）题。

（6）如何利用宝石显微镜测试宝石的近似折射率值？

答：（1）将宝石台面向上用蜡或橡皮泥固定在载玻片上（宝石底尖要与载玻片接触），尽量使宝石台面与载玻片平行。准焦于宝石台面，记录读数 1；

（2）再准焦于宝石底尖，记录读数 2，两读数差值即为视厚度。

（3）轻移载玻片，将宝石移出视域，准焦于载玻片，记录读数 3，读数 3 与读数 1 的差值为实际厚度。根据公式计算即可得出近似折射率。近似折射率=实际厚度/视厚度。

2. 关于宝石折射仪，请回答如下问题：

（1）简述折射仪的工作原理。

答：详见填空题 11 题。

（2）利用近视法测定宝石折射率时可观察到哪些现象？如何解释这些现象？

答：在利用近视法测定宝石折射率时，旋转宝石 360°，可观察到如下现象：

（1）视域内出现一条阴影边界，若快速转动偏光片，阴影边界无上下跳动的现象，旋转宝石不发生移动，表明宝石为均质体宝石（包括等轴晶系宝石和非晶质体宝石）或为多晶质集合体宝石。部分多晶质集合体也会出现模糊的双阴影边界（如葡萄石），这是由于晶体定向排列造成的。

（2）视域内出现两条阴影边界，其中一条在宝石转动过程中保持读数不变，另一条阴影边界上下跳动，这种情况说明宝石为一轴晶（三方、六方或四方晶系）宝石。不动的阴影边界读数为常光的折射率值 No，而随着宝石的转动，跳动的阴影边界为非常光折射率值 Ne’（Ne.）。若不变的阴影边界读数较小，则此宝石为一轴晶正光性，反之为一轴晶负光性，两个阴影边界距离最大时，即是常光和非常光的折射率差值最大，此差值即为双折率。

（3）出现两条阴影边界，两条阴影边界随着宝石的转动而上、下移动，则宝石为二轴晶（三斜、单斜或斜方晶系宝石）。转动宝石过程中，若大折射率阴影边界上下移动幅度比小折射率边界上下移动幅度大，则说明 Ng−Nm＞Nm−Np 宝石为二轴晶正光性，反之，则说明宝石为二轴晶负光性。二轴晶宝石在转动过程中可出现两条阴影边界逐渐靠近直至重合的特殊现象，重合位置的读数即为该宝石的 Nm 值。

（4）整个视域较暗，仅能观察到折射油所形成的位于 1.81±的影像边界，表明宝石的折射率值大于接触液的折射率值；

（5）假均质体现象，详见名词解释；

（6）假一轴晶现象，详见名词解释；

（7）出现两条不随宝石转动而发生移动的阴影边界，详见是非题 20 题。

（8）仅出现一条阴影边界，且随宝石的旋转而发生移动，详见是非题20题。

（3）简述折射仪的使用注意事项。

答：在使用折射仪时，需注意以下事项：

（1）使用折射仪之前，要对其进行检查和校准，常使用水晶（折射率为1.544～1.553，一轴晶正光性）校正折射仪的低值，使用合成尖晶石（折射率为1.728，均质体）校正折射仪的高值。

（2）测试前擦拭棱镜和宝石，使之清洁，避免宝石与棱镜表面的污渍影响折射率的测定。

（3）测试时要注意保护折射仪棱镜，避免宝石或镊子划伤而影响棱镜使用寿命。

（4）测试时，折射油需适量，折射油过少无法使宝石与棱镜之间形成良好的光学接触，折射油过多使宝石浮在折射油之上，同样无法使宝石与棱镜之间形成良好的光学接触；用点测法测定宝石折射率时，折射油过多通常看不到椭圆液滴内的明暗界线，只能看到整个椭圆或全亮，或全暗。

（5）折射仪仅适用于抛光良好的宝石，抛光较差、磨损严重的宝石无法使宝石与棱镜之间形成良好的光学接触；刻面法适用于具有较大刻面的抛光宝石，点测法适用于小刻面及弧面型的抛光宝石。

（6）为获得准确的折射率和双折射率值，需多测量几个刻面。读数时，刻面法需保留至小数点第三位，点测法需保留至小数点第二位。

（7）测试时间不宜过长，随着折射油的蒸发，自然硫晶体逐渐析出，导致读数逐渐模糊，此时需清理宝石和棱镜，重新测试。

（8）测试结束后，及时擦拭棱镜及宝石残存的接触液，避免接触液腐蚀棱镜和宝石。

（9）当观察到特殊现象时，需配合偏光片、转动宝石、更改测试刻面等操作，与偏光镜、二色镜配合使用，能得出更加准确的结论。

（10）由于类质同象的影响，同种宝石的折射率可能会在一定范围内变化；对于尖晶石和祖母绿等，从折射仪获得的数据，可帮助区分出是天然或合成宝石；宝石热处理、扩散处理等优化处理方法可改变宝石的折射率值，可帮助鉴定宝石的优化处理。

（4）举例说明宝石折射仪的用途。

答：详见例题2。

（5）简述宝石折射仪的局限性。

答：宝石折射仪具有如下局限性：

（1）无良好抛光平面的宝石无法与棱镜形成良好的光学接触，折射率不可测，例如宝石的原石、磨损严重的宝石。

（2）对于部分已经镶嵌的宝石折射率不可测，例如爪镶，金属平面高于宝石台面时。

（3）折射仪的测试范围仅局限在1.35～1.81，超过该范围的宝石折射率不可测。

（4）不能区分多数天然宝石与合成宝石，例如合成红宝石与天然红宝石之间折射率、双折射率、光性和轴性等特征基本一致，因此无法区分。

（5）不能区分多数宝石的优化处理，例如经玻璃充填的红宝石的折射率、双折射率、光性和轴性等特征基本一致，因此无法区分。

（6）弧面型、小刻面型宝石仅可使用点测法，无法测定双折射率、光性和轴性等特征。

（6）宝石折射仪在使用中存在哪些特殊的现象？

答：详见是非题20题。

3. 关于紫外荧光灯，请回答如下问题：

（1）举例说明紫外荧光灯的用途。

答：紫外荧光灯具有如下用途。

（1）紫外灯可以帮助鉴定宝石品种，区分相似的宝石：一些颜色等外观相近的宝石，紫外荧光特征明显不同，例如红宝石具有中-强红色荧光，而石榴石一般无应荧光。

（2）帮助判别某些天然宝石和合成宝石：部分天然宝石与合成宝石的紫外荧光不同，如焰熔法合成蓝色蓝宝石呈浅蓝白或绿色荧光，而绝大多数天然蓝色蓝宝石却呈惰性。

（3）帮助判断宝石是否经过人工优化处理：部分经优化处理的宝石可见荧光异常，如某些B货翡翠也会发出荧光，而天然翡翠多为惰性。

（4）帮助鉴定钻石及其仿制品：对于群镶钻石，若均为钻石，其荧光发光强度和颜色不会均匀，而合成立方氧化锆、人造钇铝榴石等，其荧光强度则较为一致。

（5）帮助判别某些宝石的产地：不同产地的宝石可能出现不同的荧光特征，如斯里兰卡产的黄色蓝宝石在紫外光下发黄色荧光，而澳大利亚产的则无荧光。

（2）简述紫外荧光灯的使用注意事项。

答：在使用紫外荧光灯时，需注意如下事项。

（1）短波紫外线会对眼睛和皮肤造成伤害，严重者可导致失明，应避免直视荧光灯灯管。同时也不要将手放在短波紫外线下，最好用镊子代替手，防止灼伤。即使是长波紫外光下，也不要手捏宝石或用镊子夹宝石观察，因为手会有荧光，镊子会有反光。

（2）宝石的荧光反应仅作为一种辅助性的鉴定证据，不能作为决定性证据，需结合其他仪器，例如显微镜、折射仪等，方可得到准确性的结论。

（3）在判断宝石的荧光时应考虑样品的透明度，透明样品与不透明样品的荧光有所不同，例如透明宝石通常整体发光，且荧光来自宝石的内部，不透明样品或覆膜宝石则表面发光，荧光来自宝石的表面。

（4）确认光线不是从样品表面反射出来， 而是来自样品内部。因为有时宝石刻面对紫外光的反射，会造成宝石发紫色荧光的假象。荧光是宝石整体发出的某种均匀色光，而刻面反光不同面光强不均匀。通常改变宝石放置方位，可有效解决这一问题。

（5）同类宝石不同样品的荧光可能存在明显的差异，例如钻石的荧光强度可出现强、中、弱、无四个级别，荧光颜色可出现蓝色、白色、黄色等。

（6）宝石的荧光颜色可能与宝石本身的颜色不同，例如祖母绿可具有红色荧光。

（7）黑色背景有利于宝石荧光的观察，因此荧光灯多采用黑色暗箱。

（8）记录宝石荧光时，需分别记录宝石在不同条件下的荧光强度和颜色，还需记录宝石荧光的位置，例如青金石，荧光不均匀，方解石处可出现较强的荧光。

4. 关于偏光镜，请回答如下问题：

（1）简述偏光镜的基本原理。

答： 偏光镜由上偏光片和下偏光片组成，来自光源的自然光，经过下偏振片变为偏振光，该偏振光可以全部通过上偏振片，视域亮度最大，此时可以观察宝石在单偏光下的光学特征，如多色性。当上偏振片置于与下偏振片振动方向互相垂直的位置时，即形成正交偏光状态，来自下偏振片的偏振光不能通过上偏振片，视域最暗，此时可以观察宝石在正交偏光下的光学特征，如干涉现象与消光现象，进而判断宝石光性、轴性等特征。

（2）简述偏光镜的用途及局限性。

答：（1）偏光镜的用途详见填空题 28 题。

（2）偏光镜的局限性详见填空题 31 题。

（3）简述偏光镜的使用注意事项。

答： 偏光镜的使用注意事项如下。

（1）不适用于不透明及透明度不好的宝石、裂隙和包体发育、尺寸过小的宝石（详见填空题 31 题）。

（2）测试圆钻型宝石时最好将亭部刻面与载物台接触，避免全暗假象的出现（详见名词解释）。

（3）宝石刻面的反射光经常会产生偏振光，影响消光，测试时需避免外界光源的射入。

（4）测试钻石及其仿制品时，最好置于浸油槽中观察。

（5）有些均质体宝石如石榴石、玻璃、尖晶石、欧泊、琥珀等，因为异常双折射，可能出现许多不同的现象，需结合二色镜、折射仪等仪器进行验证。

（6）若要确定宝石的轴性、光性特征，必须是透明的非均质体单晶宝石。

（7）测试时除了要转动宝石，还应转换宝石的方位，排除因光线沿光轴方向传播造成的假象。

（8）注意区分均质体的黑十字形异常消光与一轴晶干涉图，黑十字形异常消光不会与干涉色同时出现，而一轴晶干涉图却是黑十字与干涉色圈同时出现。

（4）解释非均质体宝石在偏光镜下四明四暗的原因。

答： 在正交偏光镜下，放置非均质体宝石且非垂直光轴的方向，此时宝石的光率体切片为椭圆，可将光线分解成为两束振动方向相互垂直的光。

当一束自然光通过下偏光片时，转换为平面偏振光，当通过下偏光片的平面偏光进入待测宝石时，若下偏光振动方向与宝石的光率体两个椭圆半径之一平行时，下偏振光透过宝石，振动方向不发生变化，仍与上偏光片振动方向垂直，此时视域全暗；若下偏光振动方向与宝石的光率体两个椭圆半径斜交时，下偏振光被宝石分解成振动方向相互垂直的两束偏光。有一部分光线可透过上偏光片，视域逐渐变亮，当若下偏光振动方向与宝石的光率体两个椭圆半径斜交呈 45°时，视域最亮。因此转动宝石或物台 360°，出现了明暗交替现象，宝石光率体椭圆长短半径与上、下偏光镜振动方向有四次平行的机会，产生四次消光。

（5）解释非均质集合体在偏光镜下呈现全亮的原因。

答：详见填空题 31 题。

（6）举例说明均质体宝石在偏光镜下呈现异常消光的原因。

答：详见填空题 30 题。

（7）什么是全暗假象？造成全暗假象的原因是什么？

答：详见名词解释。

（8）简述一轴晶与二轴晶干涉图的特点。

答：详见填空题 28 题。

5. 关于二色镜，请回答如下问题：

（1）简述二色镜的原理。

答：当自然光进入非均质体宝石时，分解成两束振动方向相互垂直的偏振光，非均质体宝石的各向异性导致了宝石对不同振动方向光的选择性吸收不同。在二色镜中利用双折射率较大的冰洲石将两束光线分开，使两束偏光的颜色并排出现于窗口的两个影像中，即可观察宝石的多色性；若宝石可见多色性，则说明宝石为非均质宝石，若可见二色性，说明宝石为一轴晶宝石，若可见三色性，则宝石为二轴晶宝石；若不见多色性，则说明宝石为均质体宝石或为集合体。

（2）制作二色镜时，为何选用冰洲石？

答：制作二色镜时，选用冰洲石的原因如下。

（1）冰洲石为无色透明的晶体，对可见光无吸收，不产生吸收光谱。

（2）冰洲石具有较大的双折射率，为 0.172，可将经过宝石后的两束平面偏振光再次分开，并排出现在目镜中的两个窗口中。

（3）简述二色镜的用途及局限性。

答：二色镜在宝石鉴定过程中具有如下用途。

（1）区分相似的宝石：不同宝石通常具有不同的多色性，如红宝石具有明显的二色性，而尖晶石为均质体，无多色性。

（2）判断宝石的光性和轴性特征：若宝石无多色性，则宝石为集合体或为均质体宝石。若可见二色性，则宝石为一轴晶宝石；若可见三色性，则宝石为二轴晶宝石。

（3）辅助区分某些天然宝石与合成宝石：部分天然宝石与合成宝石之间可能具有不同的多色性，如天然红宝石台面方向常不见多色性，焰熔法合成红宝石台面常见明显多色性。

（4）辅助区分部分宝石的优化处理：部分优化处理可产生特征的多色性，如染色宝石常表现为颜色较深，但多色性较弱的特点。

（5）指导加工：通过多色性的观察对宝石进行定向，使宝石的台面保留宝石最好的颜色。

二色镜在使用过程中具有如下局限性。

（1）不适用于不透明或透明度不好的宝石，由于透过宝石的光线较少，导致多色性不可测。

（2）多晶质集合体的多色性不可测，由于晶体无方向性的排列，于是不同晶体将光分解后，所产生的偏振光振动方向也不具定向性，各个振动方向均有，总体效果近似自然光，导致多色性不可测。

（3）不适用无色宝石光性特征的鉴别，由于无色宝石对光无明显的选择性吸收，因此无法测定宝石的光性特征。

（4）简述二色镜的使用注意事项。

答：二色镜在使用过程中需注意以下事项。

（1）光源应为白光，可用灯光或太阳光。绝不能用单色光、偏振光，观察时采用透射光。

（2）宝石一定为有色的单晶宝石，颜色越深透明度越好则越易观察，例如红宝石，颜色越深，多色性越明显。集合体宝石一般不观察多色性。但对于同种矿物集合体，若具有明显的定向性，则在二色镜下也可能呈现多色性。

（3）宝石应尽量靠近二色镜的一端，眼睛靠近另一端，准焦。这样可保证有较多的透射光进入二色镜，并减少刻面的反射光进入二色镜。

（4）转动宝石或二色镜，从不同的方向观察宝石，可排除光线沿宝石的光轴传播所造成的无多色性假象，还可帮助判断弱多色性宝石。

（5）只有当通过宝石的偏振光振动方向与冰洲石光率体主轴一致时，所观察到的才是真正的多色性。不要将多色性的混合色当作第三种颜色，从而错误判定为具三色性。

（6）在使用偏振片二色镜时，除了要保证充足的照明外，还应注意由于宝石颜色的不均匀（如色带或色域）而影响多色性的观察。

（7）多色性的强弱与双折率无关，并非双折率越大，多色性越强。

（8）不要将宝石直接放在光源上，某些宝石受热后多色性可能会发生变化。

（9）在宝石鉴定中，多色性只是作为一种辅助证据，必须要有其他测试方法的支持。

（5）宝石的多色性如何划分级别？各级别的特征是什么？

答：详见填空题 34 题。

（6）在利用二色镜观察宝石多色性时，为何需旋转宝石？

答：在利用二色镜观察宝石多色性时，旋转宝石的原因如下。

（1）宝石的多色性与观察方向有关，例如对于一轴晶宝石，需垂直光轴方向观察，对于二轴晶宝石，需垂直各主轴面方向观察，因此旋转宝石的第一个目的是寻找真正的观察方向。

（2）当宝石的光率体切面与冰洲石光率体切面平行或垂直时，才可观察到真正的多色性，其他方向均为不同方向颜色的混合色，因此旋转宝石的第二个目的是寻找真正的观察角度。

6. 关于手持分光镜，请回答如下问题：

（1）简述手持分光镜的基本原理。

答：宝石对可见光的吸收可形成可见光光谱，分光镜通过一定的分光元件（如棱镜组或光栅）将混合白光分散成按波长排列的连续光谱，观察可见光照射宝石后被吸收的特征来鉴定和研究宝石。

（2）分光镜包括哪几种类型？其各自的特点是什么？

答：详见填空题35题。

（3）如何选择棱镜式分光镜的棱镜材料？

答：详见填空题36题。

（4）简述如何使用分光镜。

答：详见填空题38题。

（5）简述分光镜的用途及局限性。

答：（1）手持分光镜具有以下用途。

① 可帮助确定具有典型光谱的宝石名称。部分宝石具有典型的光谱特色，借此可用于鉴定宝石种属，例如锆石653.5 nm典型吸收线具有鉴定意义；钻石415.5 nm典型吸收线具有鉴定意义。

② 帮助区分某些天然宝石与合成宝石。部分天然宝石与对应的合成宝石之间光谱特征不同，借此可用于区分某些天然宝石与合成宝石。例如天然蓝色尖晶石显复杂的铁谱；合成蓝色尖晶石显典型的钴谱，460 nm吸收带为合成蓝色尖晶石中所没有的。

③ 帮助区分某些天然宝石与人工优化处理宝石：部分经优化处理的宝石具有典型的光谱特征，借此可用于鉴定宝石的优化处理。例如天然绿色翡翠在红光区可见630 nm、660 nm、690 nm三条阶梯状吸收带；铬盐染色处理的绿色翡翠常出现650 nm宽吸收带。

④ 帮助区分某些宝石与仿宝石，宝石与仿宝石之间通常具有不同的光谱特征，借此可区分宝石与仿宝石。例如红宝石具有典型的Cr吸收谱，光谱特征表现为，具有694 nm、692 nm、668 nm、659 nm吸收线，620 ~ 540 nm的吸收带，476 nm、475 nm强吸收线，468 nm的弱吸收线，紫区全吸收。红色玻璃显稀土谱，在黄绿区形成特有的细线。

⑤ 帮助确定宝石中的致色离子，研究宝石的颜色成因：部分致色元素所形成的光谱具有一定的特征，借此可用于确定宝石中的致色离子，研究宝石的颜色成因，如Cr元素主要形成绿色和红色，吸收光谱主要表现为，红端有许多窄线，最强的两条位于深红区，另有两条位于橙区。在黄或绿区有一宽吸收带，此带的宽度、位置、强度与宝石的颜色密切相关。蓝区可有数条窄线，紫区吸收。铬产生的颜色色彩鲜艳，吸收谱清晰。

（2）手持分光镜具有如下局限性。

① 无法鉴定无典型光谱的宝石，部分宝石无典型的吸收光谱，因此无法鉴定该类宝石，例如托帕石、水晶等宝石。

② 不能区分某些天然宝石与合成宝石，部分天然宝石与对应的合成宝石吸收光谱相同，因此无法区分，例如天然红宝石与合成红宝石具有相似的光谱，但某些合成宝石的吸收光谱往往比天然宝石更加清晰。

③ 不能区分某些天然宝石与优化处理宝石，部分经优化处理的宝石无典型的吸收光谱，

因此无法区分，例如经充填处理的宝石的吸收光谱特征多与所对应的天然宝石相似。

④ 所使用的光源必须为连续的光源，且需要强光照明，其他光源不适用于宝石光谱的观察。

⑤ 尺寸过小、颜色过浅的宝石光谱不易观察，宝石太小，吸收强度较弱，且周围易漏光进入分光镜；浅色透明度高的宝石，光谱吸收强度也较弱。

⑥ 多适用于有色宝石，无色宝石仅适用于锆石、钻石等具有典型光谱的宝石。

（6）简述分光镜的使用注意事项。

答：（1）光源必须是可形成 400 ~ 700 nm 连续光谱的白光源，且不能有可见光区的发射谱线和吸收谱线，常使用的光源为光纤灯。

（2）尽量在无其他光源的暗环境下观察光谱，以排除环境中某些光源发射谱的影响。

（3）不能手持宝石样品观察，因为人的血液会产生波长 592 nm 的吸收线。

（4）分光镜狭缝和宝石表面应保持清洁，若有灰尘，会在光谱上产生暗色水平线。

（5）测试前分光镜必须校准。

（6）宝石的大小、透明度和颜色等对光谱的清晰程度都有影响。测试时需根据宝石的具体情况选择合适的照射方式、光线射入宝石的方向及其他测试条件，如光源强度、锁光圈开口大小、分光镜狭缝宽窄等。

（7）宝石受长时间或较强的热辐射，吸收光谱会发生改变或模糊、消失。

（8）某些非均质体宝石光学性质的异向性较强，会导致不同方向出现不同吸收谱线。

（9）应与其他鉴定仪器配合使用，如一些拼合宝石，可能出现两种或两种以上材料的混合光谱，应配合显微镜等其他仪器检测，以免错误解读光谱。

（7）简述 Cr、Fe 两个元素的光谱特征，并举例说明。

答：（1）Cr 元素的光谱特征：常形成红色和绿色，其光谱特征表现为，长波段红端有特征吸收线，最强的两条位于红区边缘，另有两条位于橙区；黄-绿区有一宽吸收带，此带的宽度、位置、强度与宝石的颜色密切相关。蓝区可有几条细线，紫区可有吸收带。例如红宝石的吸收光谱特征为，具有 694 nm、692 nm、668 nm、659 nm 吸收线，620 ~ 540 nm 的吸收带，476 nm、475 nm 强吸收线，468 nm 的弱吸收线，紫区全吸收。

（2）Fe 元素的光谱特征：主要形成红、黄、绿、蓝色等，其吸收光谱主要变现为，主吸收带位于绿-蓝区，其他色区也可有若干吸收，例如，橄榄石的吸收光谱特征为蓝区 453 nm、477 nm、497 nm 处 3 条吸收窄带。

（8）分别画出五种宝石的典型吸收光谱图，并指出它们的致色元素。

答：略。

7. 简述重液（浸油）的用途及使用注意事项。

答：（1）重液（浸液）的用途详见填空题 50 题。

（2）重液在使用过程中需注意以下几个方面：

① 宝石中因含有包体和杂质（如充填物、染色剂等）等原因，同一类宝石的相对密度会有所变化。

② 每次测试时，只打开一个重液（浸油）瓶并只测定一个样品，将重液（浸油）瓶瓶盖朝上放置，以免污染。

③ 重液（浸油）应用棕色瓶盛装，避免阳光照射，同时放入纯铜片，以免重液（浸油）遇光发生分解。

④ 采用干净的镊子夹持洁净的宝石，并在每次测试完毕后清洁并干燥宝石和镊子。

⑤ 测试完毕后，迅速盖紧重液（浸油）瓶瓶塞。

⑥ 由于重液（浸油）有很强的腐蚀性，因此在使用时，注意不能溅出重液（浸油），以免粘在皮肤、衣物上。

⑦ 测试时一般先使用密度较大的重液（浸油），以节省时间。

⑧ 环境温度可影响重液（浸油）的密度，即温度越高，重液（浸油）的相对密度越小。

⑨ 由于重液（浸油）的组成溶液的挥发性不同，所以重液（浸油）的相对密度会随时间产生变化，再次使用时必须重新校准。

⑩ 每瓶重液（浸油）都有其密度值或折射率值的标记，并应在瓶盖和瓶身上贴上相同的标签，再涂上一层薄蜡，而后按数值大小依次放入浸油箱中。

第二章　大型分析测试仪器

内容概述

大型仪器的引入解决了常规仪器无法解决的疑难问题，本章的内容包括 X 射线荧光光谱仪、电子探针、傅里叶变换红外光谱仪、紫外-可见光分光光度计、阴极发光仪、X 射线衍射分析仪等，可用于分析宝石矿物的分子光谱、成分特征、结构特征等。针对上述仪器，需重点掌握各大型仪器的基本原理、测试方法、在宝石学中的应用以及重点宝石大型仪器鉴定特征。

1. X 射线荧光光谱仪与电子探针：主要利用特征 X 射线测定宝石的化学组成达到鉴定宝石的目的；

2. 红外光谱仪、拉曼光谱仪与紫外-可见光分光光度计，主要通过测定宝石的分子光谱特征鉴定宝石；

3. 阴极发光仪：主要通过测定宝石在高速电子束下的发光特征研究宝石的成因。

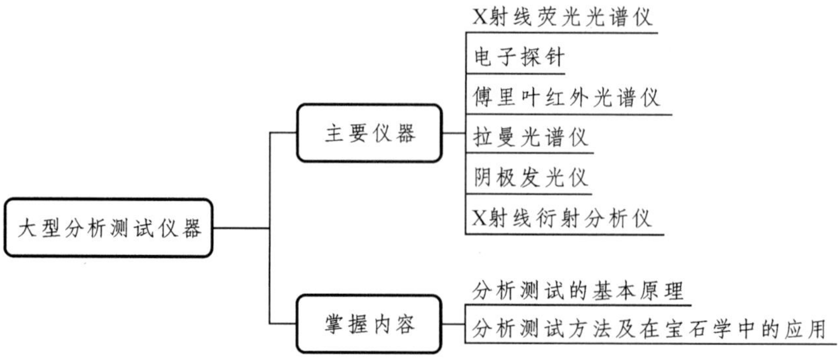
大型分析测试仪器
主要仪器
X射线荧光光谱仪
电子探针
傅里叶红外光谱仪
拉曼光谱仪
阴极发光仪
X射线衍射分析仪
掌握内容
分析测试的基本原理
分析测试方法及在宝石学中的应用

图 2-1　第二章内容概述

第一节　重点例题讲解

【例题 1】特征 X 射线波长与原子序数之间的关系为__________。X 射线荧光光谱仪的主要用途为__________、__________、__________和__________。

【参考答案】$\lambda=K(Z-S)^{-2}$　鉴定宝石种属　区分某些合成和天然宝石　鉴别某些人工处理珠宝玉石　识别宝石产地

【答案解析】X 射线荧光光谱仪的本质是应用 X 射线荧光测定宝石中的元素组成。

1. X 射线荧光光谱仪的基本原理。

首先，在高真空的 X 射线管内，使用由几万伏高电压加速的一束高速运动的电子流投射至阳极金属靶上，电子动能部分转换成 X 射线，X 射线包括两种，分别为连续 X 射线和特征 X 射线。其中，连续 X 射线为波长连续的 X 射线光谱，特征 X 射线由高速运动的电子激发原子内层电子产生，该类射线称之为“初级 X 射线”。

第二，使用初级 X 射线作为激发源照射宝石样品，使原子内的电子发生电离，形成电子空位，此时原子处于激发态，外层电子自发向内层跃迁，同时能量以 X 射线的形式向外释放，称之为“次级 X 射线”或“荧光 X 射线”。

第三，荧光 X 射线缺乏连续 X 射线，仅包含特征 X 射线，能量和波长与初级 X 射线不同，且具有如下特点：

（1）各类元素谱线规律排列，并以 K、L、M、N……表示若干谱系，例如，K 层电子被逐出后，产生的空穴可被外层任意电子所充填，产生的特征 X 射线成为 K 系谱线，由 L 层跃迁至 K 层辐射的 X 射线称 K_α 射线，由 M 层跃迁到 K 层产生的辐射称为 K_β 射线。同理，L 层电子被逐出后可以产生 L 系辐射。对于一个特定元素，各谱系能量为 K＞L＞M＞N……。

（2）各类元素相同谱系（如 K 系）的激发电位和特征光谱波长随原子序数的大小而变化，与管电压和管电流无关。

（3）对于不同元素的相同谱线，其波长随原子序数的递增而变小，其数学关系式为 $\lambda=K(Z-S)^{-2}$，K 和 S 是常数，因此，只要能够测定出特征 X 射线的波长，即可知道是哪种元素。

（4）特征 X 射线的强度与相应元素的含量呈正比，与标准样品的 X 射线荧光强度进行对比，可定量分析元素组成。

2. X 射线荧光光谱仪在宝石学中的应用。

谈到仪器在宝石学中的应用，即离不开在宝石学的基本任务，例如鉴定宝石的种属（包括亚种或变种）、区分天然宝石与合成宝石、鉴定宝石的优化处理、宝石研究（宝石产地、颜色成因、矿床成因等）。

X 射线荧光光谱仪的本质是测定宝石的化学成分，可快速测定 Be 到 U 元素，通过一个微小区域的探测可得到所测宝石的主要化学成分及微量元素的成分，进而达到鉴定宝石、宝石学研究的目的。

（1）鉴定宝石种属：每种宝石具有各自特征的化学成分，同一矿物种由于微量元素的不同，可形成不同类型的宝石，因此通过分析所测宝石的化学元素及其含量，达到鉴定宝石种属的目的。例如粉红色绿柱石（摩根石、铯绿柱石）与红色绿柱石均由 Mn 元素致色，而摩根石含有一定量的 Cs、Rb 等碱金属元素，红色绿柱石 Rb、Cs 含量相对较低，不含水，Mn 元素含量更高。

（2）确定宝石的致色元素：宝石的颜色通常与宝石中的杂质元素有关，结合元素的测定及紫外-可见光光谱，可确定宝石的颜色成因，例如越南蓝色尖晶石中含少量 Co、Fe、Cr 等元素，经测试确定其颜色主要由 Co^{2+}电子跃迁所致。

（3）区分天然宝石与人工宝石：由于天然宝石与人工宝石形成环境的差异，因此导致其化学组成上具有一定的差异，例如水热法合成宝石与助熔剂法合成宝石，由于矿化剂、助溶剂等物质的参与，常导致宝石具有天然宝石不常见的元素特征，如 Li、Mo、Pb 等元素，此外，水热法合成海蓝宝石不含 Mg^{2+}；使用坩埚生长的宝石（如水热法、助熔剂法、晶体提拉法等），坩埚或坩埚内壁的贵金属内衬对宝石的污染通常是不可避免的，可出现含量较高的贵金属元素；合成欧泊由于使用含 Zr 元素的黏合剂，因此常具有较高的 Zr 元素。

此外，由于天然宝石与合成宝石之间致色元素可存在差异，同样可作为鉴定合成宝石的证据，例如焰熔法合成尖晶石为 Co 元素致色，而天然蓝色尖晶石常含有一定量的 Fe 元素；焰熔法合成黄色蓝宝石为 Ni 元素致色，而天然黄色蓝宝石为 Fe 元素致色等。常见合成宝石的微量元素特征统计见表 2-1。

表 2-1 常见合成宝石的微量元素特征

宝石名称	元素特征
高温高压法合成钻石	Fe、Ni
水热法红宝石	V、Ti、Ca、Cu（天然红宝石缺 Cu）
水热法合成黄色蓝宝石	Ni、Cr（Ni^{2+}+Ni^{3+}为黄绿色到蓝绿色、Ni^{3+}+Cr^{3+}黄色-橙色、）
助熔剂法合成红、蓝宝石	Pb、Bi、Mo、Li、B 等
助熔剂法吉尔森 N 型祖母绿	Fe
查塔姆合成祖母绿（助熔剂法）	Li、Mo、V
吉尔森合成祖母绿（助熔剂法）	Ni、V、Fe、Cu（Cr、Ni^{2+}、Ni^{3+}产生吸收光谱）
莱尼克斯（Lennix）合成祖母绿（助熔剂法）	富 Fe 和 Mg
水热法合成祖母绿	无 K
拜伦法合成祖母绿（水热法）	V、Cl
桂林水热法合成祖母绿	Cl
助熔剂法红色尖晶石	Cr、Fe，微量元素 Ni、V、Zn、Ga、Pb，w（Zn）<0.21%
助熔剂法合成蓝色尖晶石	Co、Fe、w（Co）>w（Fe），微量元素 V、Cr、Mn、Pb、Ni、Zn、Ga
水热法红色绿柱石	Co、Mn、Ti
水热法合成蓝色绿柱石	Fe、Cu
水热法合成海蓝宝石	不含 Mg^{2+}
合成欧泊	Zr

（4）鉴别宝石的优化处理：尤其对于有外来物质加入的优化处理方法（如充填处理、染色处理、扩散处理等）较为有效。常见优化处理宝石的元素组成统计见表 2-2。

表 2-2　鉴别宝石的优化处理方法

优化处理方法	元素特征
玻璃充填处理宝石	Pb、Bi、Si 等
染色处理宝石	与染剂有关的元素含量较高，如，Cr 盐染色处理宝石（如石英岩、翡翠等）Cr 含量较高，硝酸银染色黑珍珠中 Ag 含量较高
表面扩散处理红宝石	宝石表面 Cr 含量较高
Fe、Ti 表面扩散处理蓝宝石	宝石表面 Fe、Ti 含量较高
Cr、Ni 扩散处理蓝宝石	宝石表面 Cr、Ni 含量较高
Co 扩散处理蓝宝石、托帕石	Co 含量较高
Cu 扩散处理长石	Cu 含量较高
Be 扩散处理蓝宝石	Be 含量较高为 10～35 ppm，天然蓝宝石 Be 含量为 1.5～5 ppm
扎克利处理绿松石	K
硝酸银染色黑珍珠	Ag

注：1 ppm=1 mg/kg。

（5）识别宝石的产地：由于不同产地宝石形成的地质与地球化学环境不同，往往造成其微量元素组成不同，例如产自莫桑比克和泰国的红宝石化学成分以富铁贫镓为特征，缅甸抹谷的红宝石化学成分则以富镓为特征，肯尼亚和缅甸孟速的红宝石中 TiO_2 远高于其他产地的红宝石；海水珍珠中 Sr 和 S 元素的含量明显高于淡水珍珠，淡水珍珠中 Mn 元素含量远高于海水珍珠。

（6）测定贵金属的化学成分：X 射线荧光光谱仪可用于检测贵金属首饰纯度，具有快速、无损、精度高、多元素同时分析等优点。

（7）宝石包裹体的成分分析：用于测定出露于宝石表面包裹体的成分特征，帮助确定包裹体的类型，达到研究宝石包裹体的目的。

【例题 2】电子探针对宝石的分析方法包括________________、________________、________________、________________。

【参考答案】点分析　面扫描分析　线扫描分析　表面微形貌分析

【例题解析】电子探针的全称为电子探针 X 射线显微分析仪，对宝石样品可做微区成分测试及微形貌特征。

1. 电子探针的基本原理。

（1）成分测试基本原理：在微尺度范围内，利用细聚焦电子束照射宝石表面，使宝石表面元素的电子层受到激发，产生特征 X 射线，不同元素的特征 X 射线波长和能量有差异，根据莫来定律，分析特征 X 射线的波长或特征能量即可测定宝石中所含元素种类（即定性分析），测定其强度即可获得对应元素的含量（即定量分析）。

（2）微形貌特征分析原理：当电子束照射宝石时，可逐出宝石浅表层原子的核外电子，即二次电子，由于二次电子的激发效率和宝石样品元素的电离能以及电子束与宝石样品的夹角有关，因此可作为宝石样品的形貌分析。

2. 电子探针的测试方法：包括点分析、线扫描分析和面扫描分析。

（1）点分析：用于宝石表面微区（最小理论直径为 1 μm）或出露宝石表面的固体包裹体

的选定点化学成分的定性、半定量或定量分析。

（2）线扫描分析：用于测定宝石中化学成分沿选定直线方向上的变化趋势；有助于探讨宝石中化学元素在空间上的变化规律，如生长环带、色带、色域上的成分变化。

（3）面扫描分析：用于测定观测宝石中元素在选定区域内的分布、分配规律，有助于探讨宝石中化学元素在空间上的配比与分布规律。

（4）微形貌分析：二次电子是电子束轰击到样品时逐出样品浅表层原子的核外电子，由于一定能量的电子束所逐出的二次电子的激发效率和样品元素的电离能以及电子束与样品的夹角有关，因此根据二次电子的强度可做形貌分析。

3. 电子探针在宝石学中的应用。

（1）元素组成分析：电子探针可用于测定宝石中的元素组成，因此其基本的用途与 X 射线荧光光谱仪相同，如鉴定宝石种属，区分天然宝石与合成宝石，鉴定宝石的优化处理、宝石产地区分等，其应用与 X 射线荧光光谱仪相似，但电子探针的主要优势在于微区成分的测定。

（2）元素分布规律分析：由于电子探针可做微区分析，可用于分析元素在宝石中的分布规律，如元素在某一方向（线扫描分析）、某一范围内（面扫描分析）的分布规律，以及分析测试已经出露在宝石表面的显微包裹体的成分测试。

（3）微形貌特征分析：利用二次电子分析宝石的微形貌特征。例如，可用二次电子像观察翡翠中的环带交代结构。

【例题 3】可用于测试宝石矿物分子光谱的仪器包括______________、______________、__________等；分子光谱在宝石学中的应用包括__________、__________、__________等。

【参考答案】傅里叶变换红外光谱仪　激光拉曼光谱仪　紫外-可见光分光光度计　鉴定宝石种属　区分天然宝石与人工宝石　鉴定宝石的优化处理（测试宝石中水的存在形式）

注 1：可用于测试宝石矿物分子光谱的仪器还包括光致发光光谱仪、阴极发光光谱仪等；

注 2：分子光谱在宝石学中的应用还包括分析宝石中水的存在形式、无损分析宝石中包裹体成分、研究宝石的颜色成因等。

【例题解析】分子光谱是指分子从一种能态改变至另一种能态时的吸收或发射光谱，光谱的波长可包括紫外-远红外-微波谱。分子光谱与分子绕轴的转动、分子中原子在平衡位置的振动和分子内电子的跃迁相对应。

注：一般情况下，光谱与能级的跃迁有关，简单来讲，从低能级向高能级跃迁，吸收能量，产生吸收光谱；从高能级向低能级跃迁，释放能量，产生发射光谱。

在宝石学中，用于测试宝石矿物分子光谱的仪器主要包括傅里叶变换红外光谱仪（吸收光谱）、激光拉曼光谱仪（散射光谱）、紫外-可见光分光光度计（吸收光谱）、光致发光光谱仪（发射光谱）、阴极发光光谱仪（发射光谱）等。各类光谱的基本原理如下：

1. 红外光谱的基本原理。

宝石分子中的原子与化学键处于不断的运动中，分子的能量包括原子和分子运动的平动能、转动能、振动能和电子运动能。除平动能外，其他运动均对分子光谱产生影响。红外光的能量相对较低，仅能使分子的振动能级和转动能级产生跃迁，当辐射光子的能量与发生振动和转动能级跃迁所需的能量相等时，且分子振动伴有偶极矩变化时，便可产生红外光谱。

分子的振动较为复杂，但可将其看作若干相互独立的且简正振动的叠加，简正振动主要包括以下几种形式：

（1）伸缩振动：指原子间的距离沿键轴方向发生周期性变化，而键角不变，包括对称伸缩振动和不对称伸缩振动。其中对称伸缩振动指几个化学键同时做伸长与缩短的振动，反对称伸缩振动则相反。

对于同一基团，由于不对称伸缩振动引起的偶极距变化更大，因此不对称伸缩振动的频率稍高于对称伸缩振动；官能团的伸缩振动一般出现在高波数区。

（2）弯曲振动：指具有一个共有原子的两个化学键键角发生规律性的变化，或与某一原子团内各原子的相互运动无关的、原子团整体相对分子内其他部分的运动，其特点为键角发生周期性变化，而键长不变，可分为面内变形振动和面外变形振动，其中面内变形振动分为剪式振动和平面摇摆振动；面外变形振动分为非平面摇摆振动和扭曲振动。

2. 激光拉曼光谱的基本原理。

激光拉曼光谱是一种激光光子与宝石分子发生非弹性碰撞后，改变了原有入射频率的一种分子联合散射光谱。当激光光子与分子在碰撞过程中，部分光子被分子吸收，其余光子发生散射，主要包括瑞利散射（弹性碰撞）和拉曼散射（非弹性碰撞）两种散射形式。

（1）瑞利散射（弹性碰撞）：光子与分子之间碰撞时无能量交换，仅改变了光子的运动方向，散射频率与入射频率相等。

（2）拉曼散射（非弹性碰撞）：光子与分子之间碰撞时存在能量交换，不仅改变了光子的运动方向，同时能量发生变化，散射频率与入射频率不同，可分为以下两种情况：

① 散射光频率低于入射光频率：此时光子能量损失，由此产生的散射线称为斯托克斯（Stokes）线，是分子吸收能量跃迁至较高能级的结果。

② 散射光频率高于入射光的频率：此时光子能量增加，由此产生的散射线被称为反斯托克斯线，是分子释放能量跃迁至较低能级的结果。

拉曼光谱是斯托克斯线和反斯托克斯线统称。由于常温下分子通常都处在振动基态，因此拉曼散射中以斯托克斯线为主，反斯托克斯线的强度很低，较难观察。

散射光频率与入射光频率差值称为拉曼位移，拉曼位移由宝石分子结构中的振动能级所决定，与辐射光源无关，此为拉曼光谱测试宝石分子的基本原理。拉曼位移一般用波数的偏移量表达。

与红外光谱类似，激光拉曼光谱是一种振动光谱技术。两者的不同点在于，红外光谱与分子振动时偶极矩变化相关，而拉曼效应则是分子极化率改变的结果，被测量的是非弹性的散射。两者可作为一对互补的测试分析技术，具有以下规则：

（1）互斥规则：凡具有对称中心的分子，若其分子振动是拉曼活性的，则其红外吸收是非活性的。反之，若为红外活性的，则拉曼为非活性的。

（2）互允规则：没有对称中心的分子，其拉曼和红外光谱都是活性的（个别分子除外）。

（3）互禁规则：对于少数分子的振动，其拉曼和红外都是非活性的（如乙烯分子）。

3. 紫外-可见光分光光度计的基本原理。

宝石中原子或离子的核外电子处于不同状态下，且分布在不同的能级中，若宝石中某一离子的基态能级与激发态能级之间的能量差，恰好等于穿过宝石的单色光能量时，宝石便吸收该波长的单色光，发生跃迁，在光谱中产生吸收带。常见的电子跃迁包括 d 电子跃迁（晶体场理论）、f 电子跃迁（晶体场理论）和电荷迁移（分子轨道理论）等，由此产生各类光谱。

【例题 4】可用于分析宝石矿物结构特征的仪器包括__________、__________等；可用于分析宝石矿物晶体结构的仪器为__________。

【参考答案】阴极发光仪　电子探针　X 射线衍射分析仪

注：可用于分析宝石矿物结构特征的仪器还包括 diamond view（钻石观测仪）以及电子显微分析相关仪器，如扫描电镜、透射电镜等。

【例题解析】1. 阴极发光仪是本章节的重点内容之一。阴极发光仪主要观察宝石矿物在高能电子束下的发光图像，分析宝石矿物的结构特征（如环带结构等），通过宝石矿物的发光图像特征，区分天然宝石与人工宝石、鉴定宝石的优化处理等。该仪器的基本原理如下。

宝石的发光性与其内所含的杂质原子（离子）及晶格缺陷缺陷有关，可用能带理论进行解释。根据能带理论，杂质原子（离子）或晶格缺陷在禁带内形成施主能级。施主能级中由于杂质原子（离子）的替代局部形成带正电中心（替代原子的价电子多于主晶，靠近导带底部），或局部形成带负电中心（替代原子价电子少于主晶，靠近价带顶部）。

宝石矿物在高能电子束的激发下，价带电子跃迁至导带，同时在价带中形成带正电荷的空穴，导带形成自由电子；施主能级上的电子受激发跃迁至导带成为自由电子。在热运动过程中，束缚在施主能级上的电子与价带中的自由空穴相遇，发生电子-空穴复合。能量转变为光子而发光，此时施主能级成为发光中心。

由于不同种类的宝石矿物或相同种类的宝石矿物，不同成因的宝石矿物在电子束下发出不同颜色或不同强度的可见光。此外，由于杂质原子（离子）及晶格缺陷并非在宝石矿物中均匀分布，且分布特征与生长环境相关，因此宝石矿物的阴极发光图像特征常与生长环境及生长过程有关，可用于区分天然宝石与合成宝石，鉴定宝石的优化处理，研究宝石的成因等。

2. diamond view（钻石观测仪）：主要利用长波紫外线观测宝石的发光特征，从而揭示宝石矿物的结构特征，例如钻石的环带特征、焰熔法合成宝石的弯曲生长纹、水热法生长宝石的锯齿状纹理等。

3. 电子显微镜：电子显微镜的分辨率可达 2 nm，而光学显微镜的分辨率仅为 0.2 μm。主要包括透射电镜和扫描电镜（详见电子探针）两大类。

（1）透射电镜：电子穿透样品后，再使用电子透镜成像放大而得名，其光路与光学显微镜相仿，可直接获得一个样本的投影。由于电子需要穿过样品，因此样品必须很薄。

（2）电子探针常作为扫描电镜的附件，主要利用二次电子像、背散射电子像等观察宝石矿物的显微结构特征；二次电子是指被入射电子轰击出来的核外电子。由于原子核和外层价电子间的结合能较小，当原子的核外电子吸收入射电子的能量，脱离原子形成自由电子，二次电子来自样品表面 5 ~ 10 nm 的区域，能量为 0 ~ 50 eV，对样品表面状态非常敏感，因此能有效地显示样品表面的微观形貌，形成的图像称之为二次电子像。

背散射电子（BSE）是由入射电子束与原子核的弹性散射或非弹性散射所产生的高能电子。背散射电子（BSE）的产率（出射的背散射电子（BSE）数与入射电子数之比）与样品平均原子序数呈正比，即平均原子序数越高，衬度越亮。

4. X 射线衍射分析仪：相干散射是 X 射线在晶体中产生衍射现象的基础。当一束波长为 λ 并经过准直的单色 X 射线，以一定衍射角入射到宝石晶体面网间距为 d 的一组面网（hkl）时将发生衍射，由此显示与其晶体结构对应的衍射花样。基于宝石内部质点（原子、离子或分子）在三维空间内周期性的重复排列，X 射线在宝石晶体中的衍射，实质是宝石晶体中各原子相干散射波之间相互干涉作用的结果。由于衍射线在空间分布方位和强度与晶体结构密切相关，即衍射线束的强度由宝石晶体内部质点的位置和种类决定，衍射线束的方向由晶胞的形状、大小决定，故衍射线空间方位与晶体结构的关系可用布拉格公式表示：

$$n\lambda=2d_{\mathrm{hkl}}\sin\theta$$

式中：λ 为 X 射线波长；θ 为衍射角；d_{hkl} 为米勒指数为（hkl）面网的面网间距；n 为衍射级数（正整数）。

用已知波长的 X 射线照射宝石晶体，通过衍射角（θ）的测量可求得宝石晶体中各晶面的面网间距（d）。依据衍射峰位和衍射强度数据，可分析未知宝石的物相和晶体结构。目前，X 射线衍射分析方法主要有单晶法和粉末法两类，相应有单晶 X 射线衍射仪和粉末 X 射线衍射仪。

第二节　课后练习

一、名词解释

X射线　初级X射线与次级X射线　X射线荧光光谱仪　二次电子　电子探针　阴极发光　阴极发光仪　红外光谱　傅里叶变换红外光谱仪　官能团　紫外可见光光谱　紫外-可见光分光光度计　拉曼光谱　拉曼光谱仪

二、填空题

1. 根据分光技术，X射线荧光光谱仪可分为________X射线荧光光谱仪和________X射线荧光光谱仪两种类型。

2. X射线荧光光谱仪的主要用途为________、________、________等。

3. X射线荧光光谱仪的优点包括________、________、________等。

4. 特征X射线波长与原子序数之间的关系为________。

5. 能谱仪的优点包括________、________等，缺点包括________、________等。

6. 波长色散型X射线荧光光谱仪的主要组成部分包括________、________、________等；能量色散型X射线荧光光谱仪的主要组成部分包括________、________、________等。

7. 电子探针对宝石的分析方法包括________、________、________、________。

8. 电子探针的英文缩写为________，又可称为________。

9. 根据分光技术，可将电子探针分为________、________两种类型。

10. 电子探针在宝石学中的应用包括________、________、________、________等。

11. 电子探针由________、________、________、________、________等部分组成。

12. 用于宝石的红外吸收光谱的测试方法可分为________法和________法；其中________法指纹区的红外光几乎被全部吸收。

13. 在使用溴化钾压片法进行红外测试时，溴化钾与样品的比例为________。

14. 傅里叶变换红外光谱仪的主要用途包括________、________、________、________、________。

15. 根据红外线的波长将其分为________、________、________三个区，宝石鉴定中最常用的是________，可分为________区和________区。

16. 简正振动的基本形式包括________、________等。

17. 伸缩振动可分为________、________两种类型；变形振动可分为________、________两种类型。

18. 红外线的波长范围为________μm；指纹区的波数范围是________cm^{-1}，官能团区的波数范围是________cm^{-1}；吸附水的宽吸收带中心位于________cm^{-1}。

19. 红外光谱仪可分为________、________两种类型。

20. 傅里叶变换红外光谱仪的优点包括__________、__________、__________等。

21. 水热法合成祖母绿的特征红外光谱位于________cm^{-1}、________cm^{-1}、________cm^{-1}、________cm^{-1}等。

22. 天然无色水晶的特征红外光谱位于__________cm^{-1}、__________cm^{-1}；合成水晶的特征红外光谱位于__________cm^{-1}、__________cm^{-1}；合成紫晶具有明显的__________cm^{-1}谱带；合成烟晶缺失__________cm^{-1}、__________cm^{-1}。

23. 天然翡翠的红外光谱在__________cm^{-1}、__________cm^{-1}处表现出强烈的吸收。

24. 经有机染料染色处理的翡翠红外光谱位于__________cm^{-1}、__________cm^{-1}处；浸蜡翡翠的红外光谱位于__________cm^{-1}，__________cm^{-1}处；B 货翡翠与树脂有关的红外光谱位于__________cm^{-1}，__________cm^{-1}，__________cm^{-1}处；合成翡翠的特征红外光谱位于__________cm^{-1}，__________cm^{-1}，__________ cm^{-1}处。

25. 天然绿松石的红外光谱位于__________cm^{-1}，__________cm^{-1}，__________cm^{-1}，__________cm^{-1}，吉尔森绿松石的红外光谱可出现位于__________cm^{-1}的吸收带；再造绿松石的红外光谱可出现__________cm^{-1}的吸收峰；注塑绿松石的红外光谱可出现________cm^{-1}、__________cm^{-1}、__________cm^{-1}的吸收。

26. 合成碳化硅的红外光谱特征为__________cm^{-1}以下全吸收；__________cm^{-1}区域内有几条强吸收。

27. 钻石红外光谱中__________cm^{-1}，__________cm^{-1}，__________cm^{-1}的组合峰是钻石经过高温高压处理的标志。

28. 含 H 蓝色钻石的特征红外光谱位于________cm^{-1}，________cm^{-1}，________cm^{-1}，__________cm^{-1}等处。

29. 高温高压合成钻石主要为__________型，红外光谱位于________cm^{-1}，________cm^{-1}处；CVD 法合成钻石主要为__________型，具有_______cm^{-1}，________ cm^{-1}，________cm^{-1}，_______cm^{-1}，_______cm^{-1}等与 H 有关的红外吸收特征，经高温高压处理后仅留下______cm^{-1}位置的吸收峰。

30. 辐照处理黄色蓝宝石的红外光谱位于__________cm^{-1}，__________cm^{-1}处。

31. 树脂充填祖母绿的红外光谱位于_________cm^{-1}，_________cm^{-1}，__________cm^{-1}，__________cm^{-1}处与树脂有关的吸收峰。

32. 树脂充填碧玺的红外光谱位于__________cm^{-1}，__________cm^{-1}，__________cm^{-1}，__________cm^{-1}处与树脂有关的吸收峰。

33. 部分扎克利处理绿松石的可出现位于__________cm^{-1}处的红外光谱。

34. 天然欧泊的红外光谱位于__________cm^{-1}，__________cm^{-1}，__________cm^{-1}处，合成欧泊在__________cm^{-1}处有明显尖锐的吸收峰。

35. 琥珀的特征红外光谱位于________cm^{-1}，________cm^{-1}，________cm^{-1}，________cm^{-1}处；其中与脂肪类碳氢键反对称伸缩有关的是__________cm^{-1}，__________cm^{-1}；与 C═O 键的伸缩振动有关的是__________cm^{-1}，__________cm^{-1}。

36. 柯巴树脂的红外光谱位于_________cm^{-1}，_________cm^{-1}，_________cm^{-1}，其中，与 $C=CH_2$ 反对称伸缩振动有关的是_______cm^{-1}，与 C═C 伸缩振动有关的是______cm^{-1}，与 C-H 面外伸缩振动有关的是__________cm^{-1}。

37. 松香的红外光谱是在__________ cm^{-1}之间有强的吸收带。

38. 激光拉曼光谱仪的主要用途包括__________、__________、__________。

39. 拉曼光谱是__________和__________的统称，拉曼效应是光子与分子相互作用时发生__________，其强度只有瑞利散射的1%。

40. 天然钻石的特征拉曼峰位于________ cm^{-1}，半高宽为_________ cm^{-1}，钻石膜在该附近的拉曼光谱半高峰为________ cm^{-1}，此外在_______ cm^{-1}附近出现一个宽峰。_________ cm^{-1}谱锋是钻石存在塑性变形的明确标志，与__________心有关。

41. Co扩散处理托帕石的特征拉曼光谱位于________ cm^{-1}、________ cm^{-1}、_________ cm^{-1}、__________ cm^{-1}，是由__________引起的。

42. 硬玉的特征拉曼光谱位于_______ cm^{-1}、________ cm^{-1}、________ cm^{-1}、_________ cm^{-1}，其中属于Si-O-Si的弯曲振动的是__________ cm^{-1}、__________ cm^{-1}。漂白充填处理翡翠的拉曼光谱位于________ cm^{-1}、________ cm^{-1}、_________ cm^{-1}、_________ cm^{-1}、_________ cm^{-1}、__________ cm^{-1}。

43. 化学试剂染色的欧泊在__________ cm^{-1}位置出现热效应峰。

44. 紫外可见光分光光度计的用途包括__________、__________、__________。

45. 紫外可见光分光光度计可分为__________、__________、__________等。该仪器的测试方法包括__________、__________。

46. 阴极发光仪主要由__________、__________、__________、__________等部分组成。

47. 阴极发光技术在宝石鉴定和研究领域的用途为_______________、_______________、_______________。

48. 天然翡翠的阴极发光颜色可分为__________系列、__________系列、__________系列、_____________系列等四个系列；漂白充填处理翡翠的阴极发光颜色以_____________色、_________色、_________色为主；C货翡翠的阴极发光以_________色、_________色为主。

49. 天然钻石的阴极发光颜色主要为__________色、__________色、__________色等；高温高压法合成钻石的阴极发光主要为____________色；CVD法合成钻石的阴极发光主要为__________色、__________色、_______________色等。

50. GE翡翠的阴极发光的颜色为__________色。

51. 能够测定宝石分子光谱的大型仪器包括__________、__________等。

52. 能够测定宝石成分的仪器包括__________、__________等。

53. 能够观察宝石结构特征的仪器包括__________、__________等；可用于研究宝石晶格常数的仪器为__________。

54. 能够用于鉴定宝石种属的大型仪器包括__________、__________等；能够用于鉴定宝石优化处理的大型仪器包括__________、__________等；能够用于鉴定合成宝石的大型仪器包括__________、__________等。

55. 能够用于研究宝石包裹体的大型仪器包括__________、__________等。

56. 能够用于测试宝石中水的存在形式的大型仪器包括__________、__________等。

57. 关于大型分析测试仪器的英文简写或缩写，X射线荧光光谱仪为__________，电子探针为__________，X射线衍射仪为__________，傅里叶变换红外光谱仪为__________，拉曼光谱为__________，紫外-可见光分光光度计为__________。

三、是非题

1. X 射线荧光光谱仪是测定金属制品纯度的重要仪器。 （ ）
2. 荧光 X 射线为可见光。 （ ）
3. 电子探针也可称之为 X 射线显微分析仪。 （ ）
4. 用红外光谱可以区分Ⅰa 型和Ⅱb 型钻石。 （ ）
5. 直接透射法测试宝石的红外光谱往往缺失官能团区的信息。 （ ）
6. 利用反射法测定红外光谱时，光谱需进行转换。 （ ）
7. 官能团区中的红外光谱特征，均与有机物有关。 （ ）
8. 对称分子不能产生红外光谱及拉曼光谱。 （ ）
9. 对同一基团，不对称伸缩振动的频率要稍高于对称伸缩振动。 （ ）
10. 官能团的伸缩振动一般出现在高波数区。 （ ）
11. 拉曼光谱是一种激光分子与宝石分子发生弹性碰撞后产生的散射光谱。 （ ）
12. 激光光子与宝石分子既可发生弹性碰撞，也可产生非弹性碰撞 （ ）
13. 红外光谱测定的是分子光谱，拉曼光谱测定的是电子光谱。 （ ）
14. 拉曼位移与不同波长的辐射光源无关。 （ ）
15. 激光光子与宝石分子发生碰撞后，散射光的频率可高于入射光，低于入射光、等于入射光。 （ ）
16. 紫外-可见光分光光度计与手持分光镜的用途类似。 （ ）
17. 阴极发光、电子探针均采用电子束激发样品表面从而达到对样品的分析。 （ ）
18. 阴极发光与电子探针在测试时均需抽真空。 （ ）

四、单项选择题

1. 红外光谱仪测定合成紫晶的主要依据是（ ）cm^{-1}。

A. 3484　　B. 3545　　C. 3585　　D. 3595

2. 半透明的翡翠使用直接透射法测定宝石的红外光谱，可获得（ ）的信息。

A. 远红外区　　B. 指纹区　　C. 官能团区　　D. 近红外区

3. 翡翠漂白、充填后的红外光谱吸收峰位于（ ）cm^{-1} 范围。

A. 3036 ~ 3040　　B. 2800 ~ 2900　　C. 2900 ~ 3050　　D. 2800 ~ 3200

4. 酸洗充填翡翠的红外光谱吸收峰位于（ ）。

A. 近红外区　　B. 中红外区　　C. 远红外区　　D. 近红外和中红外区

5. 无损检测宝石包裹体的有效仪器是（ ）。

A. 阴极发光仪　　B. 拉曼光谱仪　　C. X 射线荧光分析仪　　D. 红外光谱仪

6. 下列哪种仪器可用来测定红宝石中 Cr 的含量？（ ）

A. X 射线荧光光谱仪　　B. 阴极发光仪　　C. 红外光谱仪　　D. 拉曼光谱仪

五、多项选择题

1. 下列大型分析测试仪器中，利用 X 射线的是（ ）；激发源使用高能电子束的是

（　　）；激发源光谱中包含可见光的是（　　）。

A. EMPA　B. XRF　C. XRD　D. PL

E. CL　F. LRS　G. IR　H. UV-Vis

2. X 射线在《宝石学》中的应用包括（　　）。

A. 测定宝石化学成分　B. 测试宝石晶胞参数

C. 研究宝石的发光性　D. 研究宝石的颜色成因

E. 测定宝石的结构特征　F. 对宝石进行辐照处理

3. 红外光谱仪的主要用途包括（　　）；拉曼光谱的主要用途包括（　　）；电子探针的主要用途包括（　　）；X 射线荧光光谱仪的主要用途包括（　　）；阴极发光仪的主要用途包括（　　）；紫外可见光分光光度计的主要用途包括（　　）。

A. 鉴定宝石种属　B. 区分相似宝石

C. 区分天然宝石与合成宝石　D. 鉴定宝石的优化处理

E. 检测宝石中水的存在形式　F. 区分钻石的类型

G. 研究宝石中的包裹体　H. 研究宝石的颜色成因

I. 研究宝石的结构特征　J. 研究宝石的晶胞参数

L. 研究宝石的产地特征

4. 下列宝石中，无水的红外吸收峰的是（　　）。

A. 助熔剂法合成祖母绿　B. 提拉法合成金绿宝石　C. 热处理翡翠

D. 充填处理翡翠　E. 水热法合成海蓝宝石　F. 焰熔法合成红宝石

G. 冷坩埚熔壳法合成立方氧化锆　H. 熔体导模法合成蓝宝石

I. 区域熔炼法合成蓝宝石

5. 主要用于鉴定宝石种属的红外光区位于（　　），主要用于鉴定有机物是否存在的红外光区位于（　　）

A. 指纹区　B. 官能团区　C. 中红外

D. 近红外　E. 远红外

6. 常用哪种大型仪器来测定宝石矿物包裹体的主要成分？（　　）

A. 红外光谱　B. 拉曼光谱　C. X 射线荧光光谱仪

D. 紫外可见光分光光度计　E. 电子探针

7. 观察宝石生长结构的仪器可以使用（　　）。

A. 电子探针　B. 拉曼探针　C. 红外光谱仪

D. 阴极发光仪　E. 紫外可见光分光光度计

8. 为了区别天然与漂白、充填处理翡翠，可采用的宝石学测试方法包括（　　）。

A. 电子探针　B. X 荧光光谱仪　C. 紫外荧光灯

D. 红外光谱　E. 拉曼光谱　F. 阴极发光图像

9. 当常规仪器无法鉴定宝石种属时，可选用下列哪种大型仪器？（　　）

A. X 射线荧光光谱仪　B. 电子探针　C. 红外光谱仪

D. 拉曼光谱仪　E. 紫外可见光分光光度计

10. 一颗红宝石表面存在一个暗色区域，想测试该部分是否为充填的铅玻璃，可使用下列哪些大型仪器？（　　）

A. 红外光谱仪　　B. 拉曼光谱仪　　C. 紫外可见光分光光度计
D. X 射线荧光光谱仪　　E. 电子探针

11. 测定宝石的化学成分可选择的方法包括（　　）。
A. X 射线衍射分析　　B. X 射线荧光光谱分析　　C. 化学分析
D. 电子探针　　E. 红外光谱　　F. 阴极发光

12. 下列仪器组合中，可以有效区分天然与合成钻石的是（　　）。
A. 钻石确认仪和钻石观测仪
B. 红外光谱仪和 X 射线荧光光谱仪
C. 紫外-可见光分光光度计和阴极发光仪
D. 紫外-可见光分光光度计和钻石确认仪仪
E. 拉曼光谱仪和钻石确认仪

六、问答题

1. 关于红外光谱仪，请回答如下问题：
（1）简述红外光谱仪的基本原理。
（2）简述红外光谱仪在宝石学中的用途。
（3）简述红外光谱产生的条件。
（4）简述红外光谱的测试方法。
2. 关于拉曼光谱仪，请回答如下问题：
（1）简述拉曼光谱仪的基本原理。
（2）简述拉曼光谱仪在宝石学中的用途。
3. 关于紫外-可见光分光光度计，请回答如下问题：
（1）简述紫外-可见光分光光度计的原理。
（2）简述紫外-可见光分光光度计的构成及测试方法。
（3）简述紫外-可见光分光光度计的在宝石学中的应用。
4. 关于 X 射线荧光光谱仪，请回答如下问题：
（1）简述 X 射线的特点。
（2）简述特征 X 射线的特点。
（3）简述 X 射线荧光光谱仪的基本原理。
（4）请指出 X 射线荧光光谱仪的优势及特点。
（5）简述 X 射线荧光光谱仪在宝石学中的应用。
5. 关于电子探针，请回答如下问题：
（1）简述电子探针的基本原理。
（2）简述电子探针的特点、分析方法及其在宝石学中的应用。
6. 关于阴极发光仪，请回答如下问题：
（1）简述阴极发光仪的基本原理。
（2）简述阴极发光在宝石学中的应用。

第三节　参考答案

一、名词解释

1. X 射线

答： X 射线是一种波长介于紫外线和 γ 射线之间的电磁波，波长范围在 0.001 ~ 10 nm 之间。在宝石学中，常利用 X 射线可测定宝石的化学组成、晶体结构特征、宝石的发光性以及宝石的辐照处理等。

2. 初级 X 射线与次级 X 射线

答： 初级 X 射线是指高速运动的电子激发原子内层电子，而产生的特征 X 射线。次级 X 射线是指以初级 X 射线为激发源照射宝石样品，造成宝石的原子内的电子发生电离，外层电子自动向内层跃迁，填补内层电子空位，进而发射出一定能量的 X 射线，其波长与初级 X 射线不同。次级 X 射线的波长与原子序数之间的数学关系为 $\lambda=K(Z-S)^{-2}$，强度与元素含量呈正比，可用于定性或定量分析宝石矿物中的元素组成。

3. X 射线荧光光谱仪

答： X 射线荧光光谱仪是应用初级 X 射线作为激发源轰击宝石材料激发次级 X 射线的仪器，是一种快速、无损的测试宝石化学组成的仪器。由于次级 X 射线的波长与原子序数有关，即 $Z=K(Z-S)^{-2}$，可定性或定量测定宝石矿物中的元素组成，借此可用于鉴定宝石种属、区分天然宝石与人工宝石、鉴定宝石的优化处理等。

4. 二次电子

答： 二次电子是指被入射电子轰击出来的核外电子。由于原子核和外层价电子间的结合能较小，当原子的核外电子吸收入射电子的能量，脱离原子形成自由电子，二次电子来自样品表面 5 ~ 10 nm 的区域，能量为 0 ~ 50 eV，对样品表面状态非常敏感，因此能有效地显示样品表面的微观形貌，形成的图像称之为二次电子像。

5. 电子探针

答： 电子探针是一种利用高能电子束轰击宝石样品产生特征 X 射线、二次电子等粒子的分析仪器；由电子枪、电子透镜、样品室、信号检测、显示系统及真空系统组成。利用特征 X 射线可定性或定量测试宝石矿物中的元素组成，鉴定宝石的种属、区分天然宝石与合成宝石、鉴定宝石的优化处理等；可利用线扫描、面扫描等分析方法分析元素的分布规律；利用二次电子等分析宝石矿物的微形貌特征。

6. 阴极发光

答： 阴极发光是指从阴极射线管发出具有较高能量的电子束激发宝石矿物的表面，使电能转化为光辐射而产生的发光现象。利用阴极发光可研究宝石与生长环境相关的结构特征，区分天然宝石与人工宝石，鉴定宝石的优化处理、研究宝石矿物的成因等。

7. 阴极发光仪

答：阴极发光仪是指利用高能电子束轰击宝石样品，使电子的动能转化成光能，用于观察宝石发光图像的仪器，由真空系统、电子枪、控制系统、样品室，显微镜和照相装置组成。可用于研究宝石与生长环境相关的结构特征，区分天然宝石与人工宝石，鉴定宝石的优化处理、研究宝石矿物的成因等。

8. 红外光谱

答：红外光谱是指宝石受到频率连续变化的红外光照射时，晶格（分子）、络阴离子（团）和配位基由于振动或转动运动引起偶极矩的变化，产生振动和转动能级的跃迁，相应吸收一定波数的红外光而产生特征的吸收光谱。利用红外光谱可用于鉴定宝石种属、区分相似宝石、区分天然宝石与人工宝石、鉴定宝石的优化处理、分析宝石矿物中水的存在形式等。

9. 傅里叶红外光谱仪

答：傅里叶变换红外光谱仪是指是利用物质对不同波长的红外辐射的吸收特性，进行分子结构和化学组成分析的仪器。通常由光源、单色器、探测器和计算机处理信息系统组成。分为色散型和干涉型两种。可用于鉴定宝石种属、区分相似宝石、区分天然宝石与人工宝石、鉴定宝石的优化处理、分析宝石矿物中水的存在形式等。

10. 官能团

答：官能团是指决定有机化合物的化学性质的原子或原子团。常见官能团包括苯环、苯环、羟基、羧基、醚键、醛基、羰基等。官能团所在红外光谱中主要位于 1500 ~ 4000 cm^{-1} 范围内。

11. 紫外可见光光谱

答：紫外可见吸收光谱是在电磁辐射作用下，宝石中原子、离子、分子的价电子和分子轨道上的电子在电子能级间跃迁产生的一种分子吸收光谱，包括 d-d 电子跃迁吸收光谱、f-f 电子跃迁吸收光谱、电荷转移（迁移）吸收光谱等。利用紫外-可见光光谱可用于鉴定宝石种属、区分相似宝石、区分天然宝石与人工宝石、鉴定宝石的优化处理、分析宝石矿物的颜色成因等。

12. 紫外-可见光分光光度计

答：紫外-可见分光光度计是利用物质分子对紫外-可见光的辐射吸收来进行分析的一种分析仪器。主要由光源、单色器、吸收池、检测器和信号处理器等部件组成。可用于鉴定宝石种属、区分相似宝石、区分天然宝石与人工宝石、鉴定宝石的优化处理、分析宝石矿物的颜色成因等。

13. 拉曼光谱

答：激光拉曼光谱是一种激光光子与宝石分子发生非弹性碰撞后，改变了原有入射频率的一种分子联合散射光谱。利用拉曼光谱可鉴定宝石种属、区分相似宝石、区分天然宝石与人工宝石、鉴定宝石的优化处理、无损分析宝石包裹体成分等。

14. 拉曼光谱仪

答：拉曼光谱仪是一种利用光子与分子相互作用产生非弹性碰撞产生拉曼位移，进行分子结构和化学组成成分分析的仪器，通常由激发光源、显微镜、光谱仪、检测器、运转控制系统组成。可用于鉴定宝石种属、区分相似宝石、区分天然宝石与人工宝石、鉴定宝石的优化处理、无损分析宝石包裹体成分等。

二、填空题

1. 波长色散型　能量色散型

【答案解析】为分离混合在一起的特征 X 射线，可采用两种方法：

（1）根据 X 射线的波长分光：对应仪器的为波长色散型 X 射线荧光光谱仪，其分光元件为分光晶体，通过衍射的方式将不同波长的 X 射线进行分光，分光后利用探测器探测不同波长的荧光 X 射线强度。波长色散光谱仪主要组成部分包括 X 射线发生器、分光系统（晶体分光器）、准直器、检测器、多道脉冲分析器及计算机等。

（2）根据 X 射线的能量分光：对应的仪器为能量色散型 X 射线荧光光谱仪，其分光元件为半导体探测器，如锂漂移硅探测器、锂漂移锗探测器、高能锗探测器等。能量色散 X 射线荧光光谱仪由 X 射线发生器、检测器、放大器、多道脉冲分析器及计算机组成。

2. 鉴定宝石种属　区分某些合成和天然宝石　鉴别某些人工处理宝玉石(识别宝石产地、检测贵金属纯度、分析宝石的致色元素）

【答案解析】详见例题 1。

3. 分析元素范围广　荧光 X 射线谱线简单　分析浓度范围较宽

【答案解析】X 射线荧光光谱仪具有如下优势和特点：

（1）分析快速、简便、无损：自然界中产出的宝石通常由一种元素或多种元素组成，用 X 射线照射宝石时，可激发出各种波长的荧光 X 射线，适用于各种宝石的无损测试，且荧光射线谱简单，谱线干扰少。

（2）分析的元素范围广：除了 H、Be、B 等少数几种轻元素外，元素周期表中几乎所有元素都能使用 X 射线荧光法分析。

（3）分析浓度范围广：从常量到微量都可分析，其中重元素的检测限可达 10^{-6} 量级，轻元素稍差。

（4）定性和定量分析：用 X 射线照射测试样品时，测试样品激发出各种波长的荧光线，得到的是一种混合谱，然后将它们按波长（或光子能量）分开，分别测量不同波长（或光子能量）的射线强度，进而达到定性或定量分析的作用。

4. $\lambda=K(Z-S)^{-2}$

【答案解析】根据莫来定律，特征 X 射线与原子序数之间的数学关系为 $\lambda=K(Z-S)^{-2}$，其中 K 和 S 为常数，可根据特征 X 射线的波长和强度可定性和定量分析宝石中的元素组成，详见例题 1。

5. 工作稳定　仪器体积小　能量分辨率差　探测器必须在低温下保存

【答案解析】（1）能量色散 X 射线荧光光谱仪具有如下优点：

① 可同时测定样品中几乎所有的元素，因此分析速度快。

② 由于能谱仪对 X 射线的总检测效率比波谱高，因此可以使用小功率 X 光管激发荧光 X 射线。

③ 没有光谱仪那么复杂的机械结构，因而工作稳定，仪器体积小。

（2）能量色散 X 射线荧光光谱仪的缺点包括能量分辨率差、探测器需在低温下保存、对轻元素检测困难等。

6. X 射线发生器　分光系统（晶体分光器）　准直器　X 射线发生器　检测器　放大器

【答案解析】详见填空题 1 题。

7. 点分析　面扫描分析　线扫描分析　表面微形貌分析

【答案解析】详见例题 2。

8. EPMA　X 射线显微分析仪

【答案解析】电子探针的英文全称为 Electron Probe Micro-analyser，英文缩写为 EPMA。

9. 波谱仪（波长分散谱仪）　能谱仪（能量色散谱仪）

【答案解析】电子探针根据分光技术分为波谱仪（或称波长分散谱仪，采用分光晶体对 X 射线的衍射作用进行展谱）和能谱仪（或称能量色散谱仪，利用特征 X 射线的能量不同进行展谱），其原理与 X 射线荧光光谱仪相似。

10. 鉴定宝石种属　区分某些合成和天然宝石　鉴别某些人工处理宝玉石　识别宝石产地

【答案解析】详见例题 2。

11. 电子枪　电子透镜　样品室　信号检测　显示系统

【答案解析】电子探针通常由电子枪、电子透镜、样品室、信号检测、显示系统、真空系统组成。

（1）电子枪：用以发射具有一定能量的电子束。

（2）电子透镜：由轴对称电场或磁场构成，用于调节电子束的束斑直径及强度。

（3）扫描发生器：按时间与空间顺序将电子束打到样品室内的宝石样品，收集产生的二次电子。

（4）样品室：用于放置样品，并可以调节样品位置。

（5）真空系统：提供真空条件，以增强束电压和束电流强度，防止样品室污染。

（6）信号检测系统：探测特征 X 射线的波长或能量，确定样品所含的元素，将待测样品与标样中元素的特征 X 射线强度进行对比，可定量分析元素的含量。

12. 透射　反射　直接透射

【答案解析】（1）透射法：包括溴化钾压片和直接透射法，其中溴化钾压片属于有损检测，主要应用在宝石学的相关研究中，其操作方法为：使用溴化钾以（100～150）∶1 的比例与样品混合并压制成薄片，然后使用透射法测定宝石的红外吸收光谱。

直接透射法是较为常用的一种方法，是将宝石样品置于样品台上直接进行测试，但指纹区的红外光几乎全部吸收，无法获得指纹区的有效信息，但可获得官能团区的光谱特征，对于经过充填处理、覆膜处理等宝石的鉴定有效。

（2）反射法：根据采用的反射光类型和附件可分为镜反射、漫反射、衰减全反射法等。利用反射法可获取宝石矿物晶体结构中羟基、水分子的内、外振动，阴离子、络阴离子的伸缩或弯曲振动，分子基团结构单元及配位体对称等重要信息。

由于折射率在红外光谱频率范围的变化常导致红外反射光谱发生畸变，因此在测试结束后，需将这种畸变的红外光谱校正，校正方法包括 Dispersion 校正和 Kramers Kronig（简称 K-K 变换）。

13.（100 ~ 150）：1

【答案解析】详见填空题 12 题。

14. 鉴定宝玉石种属　鉴别人工优化处理宝玉石　鉴别天然宝石与合成宝石　确定钻石中杂质原子的存在形式及分类　分析宝石中水分子的存在形式及类型

【答案解析】傅里叶变换红外光谱仪的具有如下用途：

（1）鉴定宝石种属：不同宝石的晶体结构、分子配位基结构、化学成分及化学键存在一定差异，因此红外光谱存在一定的差异。鉴别宝石种属主要应用指纹区的光谱特征，该区的振动与整个分子的结构有关。例如琥珀及琥珀相似宝石的红外光谱具有明显的差异，具体统计见表 2-3。

表 2-3　鉴定宝石种属

宝石名称	红外光谱	归属
琥珀	2924、2868 cm^{-1}	脂肪类碳氢键反对称伸缩振动
	1722、1697 cm^{-1}	C═O 键伸缩振动
	1451、1378 cm^{-1}	CH_2-CH_3 弯曲振动
	1645 cm^{-1}	C═C 伸缩振动
	888 cm^{-1}	环外亚甲基双键上 C-H 面外弯曲振动
	1260 ~ 1158 cm^{-1}	C-O 伸缩振动，波罗的海琥珀特有的峰形，与琥珀酸和琥珀酯的存在有关
柯巴树脂	3072 cm^{-1}	C═CH_2（烯键）的反对称伸缩振动
	1642 cm^{-1}	C═C 伸缩振动
	887 cm^{-1}	C-H 面外弯曲振动
松香	2104 ~ 3749 cm^{-1} 强吸收宽带	
塑料	无 1697 cm^{-1} 琥珀特征峰，无 1642 cm^{-1} 和 887 cm^{-1} 处的柯巴树脂特征峰	

注：不同书籍总结的红外光谱的谱峰位置可能略有偏移。

（2）鉴别优化处理宝石：由于红外光谱主要与分子的振动有关，其本质是鉴定物相或分子结构特征，因此当宝石中添加了外来物质（如充填处理、染色处理、覆膜处理、再造宝石常使用黏合剂）、晶体结构发生一定程度的变化（如热处理、辐照处理等）时、发生相变（如热处理）时，则会引起红外光谱特征的改变，部分优化处理宝石的红外光谱特征统计见表 2-4。

（3）合成宝石的鉴定：由于天然宝石与合成宝石的生长环境不同，其晶体结构、化学组成等存在一定的差异，导致红外光谱不同部分合成宝石的红外光谱特征统计见表 2-5。

表 2-4　鉴别人工优化处理宝石

宝石名称	光谱	归属	备注
漂白、充填处理翡翠	3028、3057、3036 cm^{-1}	苯环伸缩振动	当充填处理翡翠中的环氧树脂量增多时，2700～3100 cm^{-1} 范围内，由其苯环伸缩振动和 CH_2、CH_3 反对称伸缩振动所致的红外吸收谱带强度增大，使之趋于直线，与之对应并由合频振动导致的 4061 cm^{-1} 附近的红外吸收谱带随之增强
	2922 cm^{-1}	CH_2 不对称伸缩振动	
	2850 cm^{-1}	CH_2 对称伸缩振动	
	4061 cm^{-1}	CH_2、CH_3 合频振动	
	2430、2485、2540、2590 cm^{-1}		当充填树脂较多时出现
浸蜡翡翠或浸蜡其他玉石	2850、2960、2925 cm^{-1}		天然翡翠在 2600～3200 cm^{-1} 透过率较好，多不存在吸收峰
热处理翡翠	无水的吸收峰		天然翡翠在 1500～1700 cm^{-1} 和 3500～3700 cm^{-1} 附近存在水的振动峰
有机染料染色翡翠	2 854、2 920 cm^{-1}		
覆膜翡翠	与 B 货相似		
充填处理绿松石	1732 cm^{-1}	丙烯酸甲酯类树脂 $\nu_{c=o}$ 伸缩振动	
	2930 cm^{-1}	CH_2 不对称伸缩振动	
	2857 cm^{-1}	CH_2 对称伸缩振动	
树脂充填祖母绿	2960、2930、2875 cm^{-1}	CH_2、CH_3 伸缩振动	
	3045 cm^{-1}	苯环伸缩振动	
充填碧玺	2965、2947、2875 cm^{-1}	CH_2、CH_3 伸缩振动	
	3057 cm^{-1}	苯环伸缩振动	
染色处理宝石	可见染剂的红外光谱		
辐照处理黄色蓝宝石	3180、3278 cm^{-1}		
热处理黄水晶	5200 cm^{-1} 较弱		
再造宝石	再造翡翠、再造绿松石、再造青金石等中可见有机物的吸收峰		
再造绿松石	1725 cm^{-1}	黏结剂吸收峰	
注塑绿松石	1450～1500 cm^{-1}、1732 cm^{-1}	树脂或塑料的特征峰	
扎克利绿松石	1732 cm^{-1}	可能经过注塑处理	
Nova 钻石	1282 cm^{-1}（A 心）、1370 cm^{-1}（B 心）和 1130 cm^{-1}（C 心）吸收共存是高温高压处理的标志		
热处理琥珀	1932 和 1732 cm^{-1} 的强度比值小于 1.5。 1645 和 888 cm^{-1} 减弱，甚至消失。 1260～1160 cm^{-1} 增强，并表现出多峰合并的趋势		

注：不同书籍总结的红外光谱的谱峰位置可能略有偏移。

表 2-5 合成宝石的鉴定

宝石名称	合成宝石	归属	天然宝石	归属
欧泊	3679 cm^{-1}（吉尔森合成黑欧泊）	OH 伸缩振动	7088、7048、6842、6858 cm^{-1}	水分子倍频振动
	5787、5675、4337 cm^{-1}（俄罗斯合成黑欧泊）	OH 合频振动	5578、5250、4509、4407 cm^{-1}	水分子合频振动
	1953、5817、4681 cm^{-1}（俄罗斯合成白欧泊）	OH 合频振动		
	3650 cm^{-1}	OH 伸缩振动		
翡翠	3373、3470、3614 cm^{-1}	羟基伸缩振动	2600～3200 cm^{-1} 范围内透过率好，不存在吸收峰	
无色水晶	3585、5200 cm^{-1}	OH^- 或 H_2O 伸缩振动	3595、3484 cm^{-1}	OH^- 或 H_2O 伸缩振动
紫晶	3545 cm^{-1}（明显）		3545 cm^{-1}（十分微弱）	
烟晶	缺失 3595、3484 cm^{-1}		3595、3484 cm^{-1}	
绿松石	1000～1200 cm^{-1} 只有一个未明显分裂的宽峰（吉尔森） 1725 cm^{-1} 吸收带		3466、3510 cm^{-1}	羟基伸缩振动
			3293、3076 cm^{-1}	结晶水伸缩振动
			1645 cm^{-1}	结晶水弯曲振动
			1000～1200 cm^{-1} 有四个未明显分裂的宽峰	
合成碳化硅	1800 cm^{-1} 以下吸收，2000～2600 cm^{-1} 区域内有几条强的吸收峰			
HPHT 钻石	1130、1140 cm^{-1} 振动峰			
CVD 钻石	8733、7354、6856、6425、5564、3323、3123 与 H 有关的振动峰 热处理后：仅留下 3107 cm^{-1} C-H 振动峰			
水热法合成刚玉	水吸收峰远大于天然产出的红宝石			
桂林水热法合成刚玉	无水的特征吸收			
水热法合成祖母绿	4357、4052、3490、2995、2830、2745 cm^{-1}			
熔体法合成宝石	焰熔法、助熔剂法、晶体提拉法等方法生长宝石无水的红外吸收			

（4）确定钻石中杂质原子的存在形式及分类：钻石中的主要杂质元素为 N、B、H 等杂质原子，并且其存在形式具有一定的差异，可作为钻石分类的主要依据之一。不同类型钻石的红外光谱特征统计见表 2-6。

表 2-6 不同类型钻石的红外光谱特征

钻石类型		杂质原子存在形式	红外光谱特征/cm^{-1}
Ⅰ型	ⅠaA 型	双原子氮	1282
	ⅠaB	集合体氮和片晶氮	1175、1365、1370
	Ⅰb	孤氮	1131、1344
Ⅱ型	Ⅱa	基本不含杂质氮	1100～1400 范围无吸收
	Ⅱb	分散的硼	2 800
Ⅱ型	含 H 蓝色钻石	分散的 H	3 107、1 405 处 sp^2 杂化 C—H 键振动峰 2 920、2 850 处 sp^3 矿杂化 C—H 键振动峰 4 496、3 236、2 960、2 786 H 振动峰

（5）分析宝石中水分子的存在形式及类型：水是宝石重要的化学组成之一，包括结晶水、结构水、吸附水等各种形式，水的存在一定程度上影响宝石的物理化学性质，并影响红外光谱特征，水分子的红外光谱特征统计见表 2-7。

表 2-7　水分子的红外光谱特征

水的类型	红外光谱	归属
水分子	$3000 \sim 3800\ cm^{-1}$	伸缩振动
	$800 \sim 1700\ cm^{-1}$	弯曲振动
	$3400\ cm^{-1}$	吸附水对称和不对称伸缩振动
羟基	主要取决于各类宝石内氢键力的大小	

15. 远红外　中红外　近红外　中红外　官能团区　指纹区

【答案解析】根据红外光的波长，整体上分为远红外、中红外、近红外三个部分。由于基频振动是红外光谱中吸收最强的振动类型，且绝大多数宝石的基频吸收带位于中红外区，因此，中红外在宝石学中应用最为广泛。不同区域的红外光谱特征统计见表 2-8。

表 2-8　不同区域的红外光谱特征

红外光谱		波长范围/μm	波数范围/cm^{-1}	分子振动特征
远红外		25 ~ 1000	400 ~ 10	1. 气体分子的纯转动跃迁、振动-转动跃迁； 2. 液体和固体中重原子的伸缩振动、某些变形振动、骨架振动； 3. 晶体中的晶格振动
中红外	官能团区	2.5 ~ 25	4000 ~ 1500	单键伸缩振动、含氢基团弯曲振动、C—C 骨架振动
	指纹区		1500 ~ 400	单键伸缩振动、变形振动；与整个分子的结构有关，可用来识别特定的分子结构。
近红外		0.78 ~ 2.5	12821 ~ 4000	分子化学键振动的倍频和合频振动

16. 伸缩振动　弯曲振动（变形振动）

17. 对称伸缩振动　不对称伸缩振动　面内变形振动　面外变形振动

【答案解析】16 ~ 17 题详见例题 3。

18. 0.78 ~ 1000　1500 ~ 400　4000 ~ 1500　3400

【答案解析】详见填空题 14 题与 15 题。

19. 色散型　干涉型

【答案解析】按分光原理，红外光谱仪可分为色散型（单光束和双光束红外分光光度计）和干涉型（傅里叶变换红外光谱仪）。

20. 扫描速度快　信号强　灵敏度高

【答案解析】目前宝石鉴定中常用傅里叶变换红外光谱仪，其特点包括扫描速度快，适合仪器联用、不需要分光、信号强、灵敏度高。

21. 4357　4052　3490　2995　2830　2745

22. 3595　3484　3585　5200　3545　3595　3484

23. 1500 ~ 1700　3500 ~ 3700

24. 2854　2920　2854　2920　3028　2922　2850　3373　3470　3614

25. 3466　3510　3293　3076　1645　1725　1725　1450 ~ 1500　1732

26. 1800　2000 ~ 2600

27. 1282　1370　1130

28. 3107　1405　2920　2850（4496　3236　2960　2786）

29. Ⅰb　1130　1344　Ⅱa　8733　7354　6856　6425　5564（3323　3123）　3107

30. 3180　3278

31. 2960　2930　2875　3045

32. 2965　2947　2875　3057

33. 1732

34. 5250　6842　7088　3650

35. 2924　2868　1722　1697　2924　2868　1722　1697

36. 3072　1642　887　3072　1642　887

37. 2104 ~ 3749

【答案解析】21 ~ 37 题，详见填空题 14 题。

38. 鉴定宝石种属　鉴定宝石的优化处理　区分天然宝石与合成宝石

【答案解析】（1）鉴定宝石种属：宝石的拉曼光谱与分子结构特征有关，因此不同种类的宝石往往具有不同的特征拉曼光谱，因此可作为鉴定宝石种属的依据，例如钻石的特征拉曼光谱为 1332 cm^{-1}。

（2）鉴定宝石的优化处理：当宝石中有外来物质加入、晶体结构发生变化时，可导致宝石拉曼光谱发生一定程度的变化；例如经漂白、充填处理的翡翠 1100 cm^{-1} 以上有 6 条强拉曼谱带，分别是 1114 cm^{-1}、1183 cm^{-1}、1606 cm^{-1}、2869 cm^{-1}、2905 cm^{-1}、和 3070 cm^{-1}。

（3）区分天然宝石与合成宝石：由于天然宝石与合成宝石生长环境存在一定的差异，导致其晶体结构、微量元素组成、晶格缺陷、内含物特征等存在一定的差异，最终导致两者之间的拉曼光谱存在一定的差异。例如助熔剂法合成祖母绿中在 800 ~ 1000 cm^{-1} 范围内显示一组密集、相对计数强度较高的拉曼锐谱峰，可确定其为助熔剂残余。

（4）分析宝石中包裹体成分：由于激光具有一定的穿透性，且可具有极小的束斑直径，因此可用于鉴定宝石中的包裹体，同时拉曼光谱具有分辨率和灵敏度较高且快速无损等优点，特别适于宝石内部 1 μm 大小的单个流体包体及各类固相矿物包体的鉴定与研究，进而可用于判断宝石的成因，鉴定宝石的产地等。

常见宝石的拉曼光谱特征见表 2-9。

表 2-9　常见宝石的拉曼光谱

宝石名称	拉曼光谱特征/cm^{-1}	备注
钻石增生膜	1332	强度降低，半高宽增大至 3.5 cm^{-1}
天然钻石	1332、1500	1332 cm^{-1} 强度高，峰形尖锐，半高宽 3.2 cm^{-1}
Nova 钻石	3767	N-V 心有关，是钻石存在塑性变形的明确标志

续表

宝石名称	拉曼光谱特征/cm^{-1}	备注
Co扩散托帕石	731、627、504 cm^{-1} 宽谱带，200 cm^{-1} 锐峰	Co^{2+}—O弯曲振动
天然翡翠	375.5、699.9	Si—O—Si弯曲振动
	1039.9、1992	
漂白充填处理翡翠	1114、1183、1606、2869、2905	
	3070	苯环伸缩振动
	2934	CH_2不对称伸缩振动
	2873	CH_2对称伸缩振动
助熔剂法合成刚玉	800～1000 cm^{-1}（972、954、911、833）范围内一组密集、相对计数强度较高且结晶度较好的拉曼锐谱锋	助溶剂残余
化学试剂染色欧泊	荧光背景很强，并有3362 cm^{-1}的热效应峰	
染色珊瑚	无天然有机色素峰，出现染色剂的谱峰	

39. stocks线　反stocks线　非弹性碰撞

【答案解析】详见例题3。

40. 1332　3.2　3.5　1500　3767　N-V

41. 731　627　504　200　Co^{2+}—O弯曲振动

42. 375.5　699.9　1039.9　1992　375.5　699.9　1114　1183　1606　2869　2905　3070

43. 3362

【答案解析】40～43题详见填空题38题。

44. 检测优化处理宝石　区分天然宝石与合成宝石　探讨宝石呈色机理

【答案解析】紫外可见光分光光度计与手持分光镜的用途和原理基本相同，但相对于手持分光镜，紫外-可见光分光光度计具有检测范围宽（200～1100 nm）、精度更高等优点，具体用途统计如下：

（1）鉴定宝石种属：部分宝石具有各自独特的紫外-可见光光谱特征，因此可用于具有典型光谱特征的宝石种属的鉴定，如红宝石、蓝宝石、祖母绿等。

（2）区分天然宝石与合成宝石：由于天然宝石与合成宝石生长环境存在差异，如致色元素不同，可导致光谱特征存在一定的差异，例如吉尔森N型合成祖母绿由于Fe元素的加入产生天然祖母绿缺失的427 nm的吸收峰；Nova钻石以495 nm（H4）、503 nm（H3）和986 mn（H2）的吸收组合为特征。

（3）鉴定宝石的优化处理：宝石的优化处理可使宝石的晶体结构等发生一定程度的变化（如辐照处理）、致色因子发生变化（如染色处理、覆有色膜、扩散处理等），导致与天然宝石相比，紫外-可见光光谱特征发生一定程度的变化，例如扩散处理蓝宝石缺失Fe^{3+}离子引起的327 nm、388 nm、450 nm的吸收。

（4）研究宝石的颜色成因：结合宝石的成分测试，可确定宝石的颜色成因，例如山东黄

色蓝宝石中 Fe^{3+}为主要的致色离子，在其紫外可见吸收光谱中，O^{2-}-Fe^{3+}电荷转移带尾部明显位移至可见光紫区内，并与 Fe^{3+}晶体场谱带部分叠加。因此，山东黄色蓝宝石的颜色由 O^{2-}-Fe^{3+}电荷转移与 Fe^{3+}的 d-d 电子跃迁联合作用所致。

常见宝石的紫外-可见光光谱见表 2-10。

表 2-10 常见宝石的紫外-可见光光谱

宝石名称	紫外-可见光-近红外光谱
蓝宝石	Fe^{2+}-Ti^{4+}引起的 565 nm 为中心的吸收带；Fe^{3+}离子引起的 327 nm、388 nm、450 nm 的吸收
铁钛扩散处理蓝宝石	缺失 Fe^{3+}离子引起的 327 nm、388 nm、450 nm 的吸收
Pb 玻璃充填处理红宝石	显示典型的 Cr^{3+}和 Fe^{3+}致吸收光谱特征。在可见光区域内，两个强而宽的 Cr^{3+}致吸收谱带分别位于 558 nm 和 409 nm 处。由 Fe^{3+}致 3 个弱-中强吸收谱带分别出现在 377 nm、388 nm 和 450 nm 处，并与 Cr^{3+}吸收谱带和铅玻璃充填物中的 Pb^{2+}致 377 nm 吸收弱谱带相互包络，且 Pb^{2+}致吸收截止边随 w（PbO）的递增而明显红移
天然祖母绿	小于 295 nm 紫外线不能透过
合成祖母绿	低于 230 nm 时仍能完全透过
吉尔森 N 型合成祖母绿	Fe 引起的 427 nm 吸收带
水热法合成红色绿柱石	526 nm、544 nm、560 nm（Co 元素引起）
正长石	420 nm 处强吸收带，448 nm 处为弱吸收带、375 nm 强吸收带
绿色钻石	741 nm GR1 吸收线，该特征可出现在辐照处理钻石中，该谱线不能作为钻石是否经过辐照处理的诊断性证据
Nova 钻石	495 nm（H4）、503 nm（H3）和 986 mn（H2）的吸收组合为特征
黄绿色辐照钻石	494 nm、595 nm、637 nm、658 nm、741 nm
粉红色辐照钻石	575 nm、595 nm、637 nm、741 nm
辐照改色的绿色 HPHT 合成钻石	429 nm、470 nm、503 nm、595 nm、637 nm、741 nm
天然蓝色钻石	520 nm 开始向长波方向逐渐吸收，且吸收强度递增
辐照处理蓝色钻石	741 nm、620 nm 宽吸收峰
天然绿松石	769 nm（由 Cu^{2+}水合离子 $^2E \rightarrow ^2T_2$ 所致）、426 nm（由 Fe^{3+}水合离子 $^6A_1 \rightarrow ^4E + ^4A_1$ 所致）
有机染料染色绿松石	678 nm
辐照处理绿柱石	689 nm、643 nm、627 nm、601 nm、586 nm、536 nm
染色处理宝石	显示染剂的光谱特征，如铬盐染色处理的翡翠显示 650 nm 的吸收带
未染色金珠	356（±2）nm 的特征峰
染色金珠	426（±2）nm 的反射峰

45. 单光束分光光度计　双光束分光光度计　双波长分光光度计　直接透射法　反射法

【答案解析】（1）紫外-可见分光光度计总体分为单光束分光光度计、双光束分光光度计和双波长分光光度计。目前宝石测试中常用的是双光束分光光度计。双光束分光光度计中，经单色器分光并经反射镜分解的强度相等的两束光，分别通过参比池和样品池，光度计自动比较两束光的强度，并计算两束光的强度比，即为样品的透射比，经对数变换将该比值转换成吸光度并作为波长的函数记录下来。由于两束光同时分别通过参比池和样品池，因此，仪器能自动消除光源强度变化引起的误差。

（2）紫外-可见光分光光度计的使用方法包括直接透射法和反射法：

① 直接透射法：将宝石样品的光面或戒面直接置于样品台上，光波从宝石戒面的腰部一侧穿过，可获取宝石的紫外-可见吸收光谱。该方法属于无损测试方法，但从中获得有关宝玉石的相关信息十分有限，尤其对于不透明宝石或底部包镶的宝石，难以测得吸收光谱，限制了该仪器的进一步应用。

② 反射法：利用反射附件（如镜反射和积分球装置），有助于解决直接透射法在测试过程中所遇到的问题，并拓展紫外-可见分光光度计的应用范围。

46. 真空系统　电子枪　控制系统　样品仓　显微镜和照相系统

【答案解析】阴极发光仪主要由真空系统、电子枪、控制系统、样品仓、显微镜和照相系统组成。

（1）真空系统：由于高速的电子束会与空气发生碰撞，形成高速的电子流，因此，为避免高速电子束的形成，影响实验结果，同时防止样品室污染，在测试前需对样品室进行抽真空。真空系统由旋转机械泵、扩散泵、离子泵、真空阀门和真空检测器组成。

（2）电子枪：多为冷阴极式，用于发射束斑直径 2 ~ 20 mm 大小的电子束，电子束在 1 ~ 25 kV 加速电压作用下可形成 100 ~ 5000 μA 的束电流。

（3）控制系统：由真空检测、高压调节、电流强度调节、束斑聚焦调节等部分组成，用于控制束电压、电流强度和束斑焦点的大小，其作用是维持整个系统的正常工作状态。

（4）样品仓：用于放置样品并可以前后左右调节样品位置。

（5）显微镜和照相系统：用于观察现象及自动照相。

47. 区分天然宝石与合成宝石　鉴定经人工处理的宝石　研究宝石成因

【答案解析】阴极发光仪原理的本质是观察宝石在电子束下的发光情况，而宝石的发光情况与杂质元素、晶格缺陷等因素有关，由于宝石在不同生长期的微量元素组成、晶格缺陷等特征不同，因此会形成不同强度的发光特征，从而可解析出宝石的晶体生长结构特征，利用阴极发光图像可用于区分天然宝石与合成宝石、鉴定经人工处理的宝石。

（1）区分天然宝石与合成宝石：天然宝石与合成宝石微量元素、晶格缺陷的分布特征往往不同，可借此区分天然宝石与合成宝石，例如提拉法和焰熔法合成红宝石具有很强的亮红色荧光，并具有特征的弧形生长纹结构，天然红宝石多发中等强度的深红色或紫红色光，并显示六方生长环带或角状生长带。

（2）鉴定宝石的优化处理：例如天然翡翠显示粒状变晶结构，呈紧密镶嵌，晶粒发育较完整，偶尔显示环带发光结构，部分具有碎裂结构的天然翡翠中，粒间似胶质物质（碎基）的发光强度远大于主晶；充填处理翡翠呈典型的碎粒/充填发光结构，碎粒间隙充填物基本不发光。

（3）研究宝石的成因：在不同的环境条件下形成的宝石常常具有不同的发光图样，例如岩浆成因的锆石常具有完整的环带特征，而变质成因的锆石常缺失环带。

常见宝石的阴极发光特征统计见表 2-11。

表 2-11　常见宝石的阴极发光特征

宝石名称	阴极发光特征
天然红宝石	中等强度的深红色或紫红色光，并显示六方生长环带或角状生长带
焰熔法和提拉法合成红宝石	亮红色荧光、弯曲生长纹
水热法合成红宝石	微波纹状生长纹结构
天然钻石	① 相对均匀的中-强蓝色-灰蓝色光，并显示规则或不规则的生长环带结构。 ② 有些情况下可见小块黄色和蓝白发光区，但形态极不规则，不受某个生长区控制，分布无规律性
HPHT 合成钻石	① 八面体区：发光强度大于立方体区，发光色主要为黄-黄绿色，分布于晶体四个角顶，对称分布，呈十字交叉状。 ② 立方体生长区：位于晶体中心（即八面体区十字交叉点）呈正方形。 ③ 菱形十二面体生长区：位于相邻八面体与立方体生长区之间，呈蓝色的长方形。 ④ 籽晶幻影区：发黄色光（或弱发光），位于晶体中心，呈正方形。 ⑤ 可见褐红色针状包体（该包体仅在阴极发光下可见）
CVD 钻石	① 灰蓝、灰绿、灰紫、橙色等多种色调的单色均匀分布。 ② 显示较明显的层状生长纹理
Nova 钻石	阴极发光不均匀分布，图案与异常消光条纹相似（正交偏光下显强烈的条纹状异常消光）
莱尼克斯合成祖母绿（助熔剂法）	紫色至蓝紫色的光
变石	橙色荧光
天然翡翠	① 荧光颜色丰富，可分为红色系列、黄绿色系列、蓝紫色系列以及不可见光系列。 ② 紧密镶嵌的粒状发光结构，晶粒发育较为规则完整，偶显环带发光结构。 ③ 环带的荧光颜色由中部向边缘，总体为蓝紫（暗绿）-蓝（黄绿）-红（黄）色变化，发光强度由弱变强。 ④ 部分具碎裂结构的天然翡翠中，粒间似胶结物质（碎基）的发光强度远大于主晶
漂白充填处理翡翠	① 呈典型的碎粒 / 充填发光结构。 ② 颜色以黄色、黄绿色、蓝绿色为主，分布相对均匀。 ③ 边缘环带由于溶蚀作用，包括溶蚀港湾、不规则延伸的溶蚀纹，矿物边缘环带也因溶蚀而变得不规则，或残留不全，表现为凸凹不平或残留不全等。 ④ 在柱、粒状矿物晶体的表面，清晰可见呈细小弯曲状或不规则状延伸的溶 ⑤ 蚀纹，或切穿整个晶体，或沿颗粒边缘向内部延伸直至尖灭。 ⑥ 溶蚀纹和溶蚀裂隙中充填有发暗绿色、深蓝色的物质或基本不发光
染色翡翠	① 主体发光色主要为蓝绿色、黄绿色等；裂隙充填物可不发光或发蓝白、暗绿等颜色的荧光。 ② 裂隙发育，结构疏松，矿物颗粒少见生长环带，即使有环带，也基本不完整、不规则
GE 翡翠	发很强的亮红色荧光
萤石	有紫或紫红色荧光
覆膜托帕石	惰性

48. 红色　黄绿色　蓝紫色　不可见光　黄色　黄绿色　蓝绿色　蓝绿色　黄绿色

49. 蓝色　灰蓝色　黄色　黄绿色　灰蓝　灰绿　灰紫

50. 亮红色

【答案解析】48～50 题详见填空题 47 题。

51. 红外光谱仪　拉曼光谱仪

【答案解析】详见例题 3。

52. X 射线荧光光谱仪　电子探针

【答案解析】可用于测定宝石成分的仪器包括 X 射线荧光光谱仪、电子探针、离子探针、LA-ICP-MS（激光剥蚀电感耦合等离子体质谱仪）、LIBS（激光诱导击穿光谱仪）等。

53. 阴极发光仪　电子探针　X 射线衍射仪

【答案解析】详见例题 3。

54. 红外光谱　拉曼光谱　电子探针　X 射线荧光光谱仪　阴极发光仪　电子探针

【答案解析】略。

55. 拉曼光谱　电子探针

【答案解析】拉曼光谱是无损检测宝石包裹体成分的大型仪器，此外，对于已经出露于宝石表面的包裹体，可使用电子探针、离子探针、LIBS 等仪器对其进行微区成分测试。

56. 红外光谱仪　拉曼光谱仪

【答案解析】略。

57. XRF　EMPA　XRD　FTIR　LRS　UV-Vis

【答案解析】（1）X 射线荧光光谱仪的英文全称为 X-ray Fluorescence Spectrometer，英文缩写为 XRF。

（2）电子探针的英文全称为 Electron probe X-raymicroanalyser，英文缩写为 EMPA。

（3）X 射线衍射仪的英文全称为 X-ray Powder diffractometer，英文缩写为 XRD。

（3）傅里叶红外光谱仪的英文全称为 Fourier Transform Infrared Spectrometer，英文缩写为 FTIR。

（4）拉曼光谱仪的英文全称为 laser Raman spectrometer，英文缩写为 LRS。

（5）紫外可见光分光光度计的英文全称为 Ultraviolet-visible Spectrophotometer，英文缩写为 UV-Vis。

三、是非题

1. Y

【答案解析】测金仪的本质是 X 射线荧光光谱仪，在珠宝首饰行业是测定贵金属纯度的重要仪器之一。

2. N

【答案解析】荧光 X 射线依然为 X 射线，其波长范围不在可见光范围内。

3. Y

【答案解析】详见填空题 8 题。

4. Y

【答案解析】不同类型的钻石具有不同的红外光谱特征，详见填空题 14 题。

5. Y

6. Y

【答案解析】6 ~ 7 题详见填空题 12 题。

7. N

【答案解析】(1) 官能团区的红外光谱特征详见填空题 15 题。

(2) 水的红外光谱特征详见填空题 14 题。

8. N

9. Y

10. Y

11. N

12. N

13. N

14. Y

15. Y

【答案解析】8 ~ 15 题详见例题 3。

16. Y

【答案解析】紫外-可见光分光光度计与手持分光镜对宝石测试的基本原理相同，均是检测宝石对光谱的选择性吸收产生的光谱特征，且光谱的产生与电子跃迁有关，即 d 电子跃迁、f 电子跃迁、电荷迁移等，可用于鉴定宝石种属、区分相似宝石、区分天然宝石与合成宝石、鉴定宝石的优化处理、分析研究宝石的颜色成因等。手持分光镜与紫外-可见光光谱的区别如下：

(1) 结果展示方式不同：手持分光镜为可见光光谱，紫外-可见光分光光度计为图谱，一般情况下，横坐标为波长，纵坐标为宝石矿物对紫外-可见光的吸收率、透过率等。

(2) 测试范围不同：手持分光镜的测试范围为可见光，波长范围在 400 ~ 700 nm；紫外-可见光分光光度计的测试范围包括紫外、可见光和近红外，波长范围一般在 200 ~ 1100 nm；

(3) 测试精度不同：手持分光镜的观察仅依靠肉眼进行观察，人眼对可见光的分辨率在 1 ~ 2 nm，通过观察光谱的明暗程度确定光谱的强度及位置；紫外-可见光分光光度计通过仪器的测定，具有更高的精度，可检测人眼无法感知的光谱。

(4) 便携程度不同：手持分光镜为便携式珠宝鉴定仪器，其大小仅有 5 号电池大小；紫外-可见光分光光度计为大型分析测试仪器，其尺寸较大，便携性较弱。

17. Y

【答案解析】阴极发光和电子探针均是采用电子束激发样品表面从而达到对样品的分析，但两者的原理不同。

(1) 阴极发光是通过电子束激发宝石发出可见光，通过宝石的发光样式或者发光光谱从而对宝石进行分析。

(2) 电子探针是通过电子束激发宝石表面，产生特征 X 射线、二次电子、背散射电子等，通过特征 X 射线达到对宝石成分分析的目的，利用二次电子、背散射电子等可用于分析宝石的微形貌特征。

18. Y

【答案解析】抽真空的目的是增强束电压和束电流强度、防止电子束与空气发生作用产生高速电子流、防止样品室污染。

四、单项选择题

1. B

【答案解析】详见填空题 14 题。

2. C

【答案解析】直接透射法仅可获得官能团区的信息，详见例题 3。

3. D

4. B

【答案解析】3 ~ 4 题详见填空题 14 题。

5. B

【答案解析】详见填空题 38 题。

6. A

【答案解析】在宝石鉴定的大型仪器中，能够测定宝石成分的仪器主要为 X 射线荧光光谱仪和电子探针。

五、多项选择题

1. ABC　AE　DFH

【答案解析】A 选项为电子探针，所使用的激发源为高能电子束，应用特征 X 射线检测宝石中的化学组成。

B 选项为 X 射线荧光光谱仪，所使用的激发源为初级 X 射线，应用特征 X 射线检测宝石中的化学组成。

C 选项为 X 射线衍射仪，所用光源为单色 X 射线；应用 X 射线衍射测定晶体的晶胞参数。

D 选项为光致发光光谱，所使用的激发源包括紫外线、可见光。

E 选项为阴极发光光谱，所使用的激发源为高能电子束，根据发光图像研究宝石的成因。

F 选项为激光拉曼光谱，所使用的光源可为紫外光，也可为可见光。

G 选项为红外光谱，所使用的激发源为波数为 400 ~ 4000 cm^{-1} 的红外线。

H 选项为紫外可见光分光光度计，所使用的激发源为 200 ~ 1100 nm 的连续光谱，包括紫外线、可见光和近红外。

2. ABCEF

【答案解析】X 射线在宝石学中具有如下用途：

（1）测定宝石成分：电子探针与 X 射线荧光光谱仪利用特征 X 射线测试宝石中的化学组成，所使用的原理为莫来定律，即 $\lambda=K(Z-S)^{-2}$，其中 K 和 S 为常数，λ 为特征 X 射线的波长，Z 为原子的原子序数；利用宝石的成分，可鉴定宝石种属、区分天然宝石与合成宝石，鉴定宝石的优化处理、宝石学研究等，详见例题 1 和例题 2。

（2）测定宝石晶胞参数：X 射线衍射仪利用 X 射线的衍射测定宝石的晶胞参数，所使用的公式为布拉格方程，$n\lambda=2d_{hkl}\sin\theta$，其中，$\lambda$ 为 X 射线波长、θ 为衍射角、d_{hkl} 为米勒指数为（hkl）面网的面网间距、n 为衍射级数（正整数）。

（3）测定宝石荧光特征：X 射线照射宝石矿物时可发出可见光，利用 X 射线荧光可用于区分相似宝石、区分天然宝石与合成宝石、鉴定宝石的优化处理，例如多数钻石在 X 射线下可发出蓝白色荧光，极少数无荧光，利用钻石的该特征还可用于选矿。

（4）解析宝石结构：利用 X 射线照相法可用于解析宝石的结构特征，例如天然珍珠从中心至外壳均显同心层状结构；无核养殖珍珠显示空心状结构及外部同心层状结构；有核养殖珍珠则显示中心明亮的核及核外的暗色同心层。

（5）对宝石进行辐照处理：X 射线可作为辐照源对宝石进行优化处理，例如无色锆石在 X 射线照射下可变成深红色、褐红色或紫色、橘黄色；蓝色锆石在 X 射线辐照下可变成褐色～红褐色。

3. ABCDEF　ABCDEG　ABCDGIL　ABCDGL　BCDI　ABCDFH

【答案解析】题目中的所有选项列出了大型分析仪器在宝石学中的主要用途，其中，ABCD 四个选项，是宝石鉴定的基本任务，几乎所有的大型仪器均具有这些用途，此外，由于不同大型仪器的基本原理不同，因此具有各自独特的用途。

4. ABFGHI

【答案解析】（1）在人工宝石中，使用熔体法（焰熔法、助熔剂法、提拉法、冷坩埚熔壳法等）生长的宝石，由于生长环境中无水的参与，因此红外光谱中无水的吸收峰。

（2）优化处理宝石中，热处理常使宝石水的流失，例如翡翠、玛瑙等，导致在红外光谱中无水的吸收峰，但是结构水的流失需要较高的温度，可能在热处理中保存。

（3）各类宝石的红外光谱特征统计详见填空题 14 题。

5. AC　BC

【答案解析】详见填空题 15 题。

6. BE

【答案解析】（1）拉曼光谱可用于无损测定宝石包裹体的物相成分，属于定性分析，不能够测定包裹体的化学元素组成。

（2）电子探针等用于成分测定的仪器主要用于测定出露在宝石表面的包裹体的化学成分特征。

7. AD

【答案解析】详见例题 4。

8. ABCDEF

【答案解析】漂白、充填处理翡翠首先经过酸洗（硝酸、盐酸等）处理，然后充填树脂、铅玻璃等物质，因此，在使用大型仪器测试漂白、充填处理翡翠时，能够检测出树脂、铅玻璃等物质即可。

（1）电子探针与 X 射线荧光光谱仪的主要作用是测定宝石中的元素组成，因此，当测试结果中含有较高的 C 或 Pb 等元素时，可确定其为漂白、充填处理翡翠。

（2）由于树脂在紫外灯下常具有明显的荧光，而天然翡翠则无荧光或弱荧光，因此，当观测到较强荧光时，可确定其为漂白、充填处理翡翠。

（3）红外光谱与拉曼光谱可用于分析宝石中的分子特征，可检测出树脂或铅玻璃的存在。由树脂充填处理的翡翠其光谱特征详见填空题 14 题和填空题 38。

（4）阴极发光仪可用于检测宝石的发光特征，经漂白、充填处理翡翠由于经过酸处理，矿物结构发生变化，并且充填物树脂或铅玻璃的发光特征与翡翠不同，可借此鉴定漂白、充填处理翡翠。发光特征详见填空题 47 题。

9. ABCDE

【答案解析】 A 选项，详见例题 1。

B 选项，详见例题 2。

C 选项，详见填空题 14 题。

D 选项，详见填空题 38 题。

E 选项，详见填空题 44 题。

10. ABCDE

【答案解析】 经过铅玻璃充填处理的红宝石，存在“外来物质”铅玻璃，因此，选择能够检测出铅玻璃的相关仪器即可进行鉴定。

A、B 选项，红外光谱仪与拉曼光谱仪可用于分析宝石中的分子结构特征，可分析出红宝石中含有铅玻璃的物质。

C 选项，经铅玻璃充填处理的红宝石的紫外-可见光光谱发生一定程度的变化，详见填空题 44 题。

D、E 选项，X 射线荧光光谱仪与电子探针可测定红宝石中的元素组成，经铅玻璃充填处理的红宝石具有较高含量的 Pb。

11. BD

【答案解析】 X 射线荧光光谱仪和电子探针是用于测试宝石化学组成的主要仪器。C 选项化学分析属于有损测试，在宝石检测中一般不用。

12. ABC

【答案解析】 首先，天然钻石 98%以上为 Ⅰa 型钻石，高温高压法合成钻石主要为 Ⅰb 型钻石，CVD 法合成钻石主要为 Ⅱa 型钻石；其次，天然钻石与合成钻石的生长环境及生长过程存在一定的差异。通过以上特征的不同，可区分天然钻石与合成钻石。

A 选项，钻石确认仪主要检测钻石中 415.5 nm 的吸收光谱，由于 98%以上的天然钻石为 Ⅰa 型钻石，且具有该吸收光谱特征；而合成钻石往往缺失该谱线，但该谱线的缺失仅可作为指示性证据。钻石观测仪利用短波紫外线观察钻石的发光图像，其中高温高压法合成钻石具有明显的分区现象，荧光为淡黄色、橙黄色、黄绿色，局部有磷光；CVD 法合成钻石显示蓝绿色荧光，蓝色磷光，可见层状生长纹理。因此，利用钻石确认仪和钻石观测仪的组合，可有效区分天然与合成钻石。

B 选项，天然钻石与合成钻石的红外光谱存在一定的差异，详见填空题 14 题。高温高压法合成钻石由于含有一定量的 Fe、Ni、Co 等成分，可借助 X 射线荧光光谱仪分析。

C 选项，紫外-可见光分光光度计可检测钻石中的 415.5 nm 的吸收光谱，辅助推测待测样品是否为合成钻石，此外，高温高压法合成黄色钻石具有 494 nm、637 nm、658 nm 的吸收峰；天然钻石与合成钻石具有不同的阴极发光图像特性详见填空题 47 题。

D 选项，紫外-可见光分光光度计与钻石确认仪主要检测钻石是否具有 415.5 nm 吸收峰来推测钻石是否为合成钻石，但属于辅助性证据，两者结合无法有效区分天然与合成钻石。

E选项，钻石的拉曼特征峰为1332 cm^{-1}，且在天然钻石与合成钻石中均可出现，无明显差异；钻石确认仪仅可确定钻石是否为Ⅰa型钻石，针对其他类型的钻石，无法有效区分。

六、问答题

1. 关于红外光谱仪，请回答如下问题：

（1）简述红外光谱仪的基本原理。

答：详见例题3。

（2）简述红外光谱仪在宝石学中的用途。

答：详见填空题14题。

（3）简述红外光谱产生的条件。

答：红外光谱的产生需满足如下两个条件：

（1）辐射应具有能满足物质产生振动跃迁所需的能量。

（2）辐射与物质间有相互耦合作用。例如对称分子没有偶极矩，辐射不能引起共振，无红外活性，如N_2、O_2、Cl_2等。而非对称分子有偶极矩，具红外活性。

（4）简述红外光谱的测试方法。

答：详见填空题12题。

2. 关于拉曼光谱仪，请回答如下问题：

（1）简述拉曼光谱仪的基本原理。

答：详见例题3。

（2）简述拉曼光谱仪在宝石学中的用途。

答：详见填空题38题。

3. 关于紫外可见光分光光度计，请回答如下问题：

（1）简述紫外可见光分光光度计的原理。

答：详见例题3。

（2）简述紫外-可见光谱仪的组构及测试方法。

答：（1）紫外可见光分光光度计的组成包括光源、单色器、样品室、检测器和结果显示记录系统。

（2）紫外-可见光分光光度计的测试方法包括透射法和反射法，详见填空题45题。

（3）简述紫外可见光分光光度计的在宝石学中的应用。

答： 详见填空题 44 题。

4. 关于 X 射线荧光光谱仪，请回答如下问题

（1）简述 X 射线的特点。

答： X 射线具有如下特点：

（1）肉眼不能观察到，但可使照相底片感光、荧光物质发光和使气体电离。

（2）能透过可见光不能透过的物质。

（3）在通过物体时不发生反射、折射现象，通过普通光栅亦不引起衍射。

（4）对生物有强烈的辐射作用。

（2）简述特征 X 射线的特点。

答： 详见例题 1。

（3）简述 X 射线荧光光谱仪的基本原理。

答： 详见例题 1。

（4）请指出 X 射线荧光光谱仪的优势及特点。

答： 详见填空题 3 题。

（5）简述 X 射线荧光光谱仪在宝石学中的应用。

答： 详见例题 1。

5. 关于电子探针，请回答如下问题：

（1）简述电子探针的基本原理

答： 详见例题 2。

（2）简述电子探针的特点、分析方法及其在宝石学中的应用。

答：（1）电子探针的特点：

① 在微米尺度上定性或定量分析宝石的元素组成；电子探针可以是微小的区域，最小样品约为 1 μm^3。

② 微量样品分析：可分析的最小样品质量约为 10^{-11} g。

③ 可进行点分析、线扫描分析和面扫描分析，分析元素在宝石中的分布规律。

④ 属于一种快速、有效、多元素同时测定且无损的化学成分分析仪器，但要求样品表面为抛光平面。

⑤ 可对宝石进行微形貌分析，可利用二次电子、背散射电子分析宝石的微形貌特征。

（2）电子探针的分析方法包括点分析、线扫描分析和面扫描分析，详见例题 2。

（3）电子探针在宝石学中的应用如下：

电子探针可快速测定 Na 到 U 元素，通过一个微小区域的探测可得到所测宝石的主要化学成分及微量元素的成分，进而为鉴定宝石的种属、区分天然宝石与合成宝石、鉴定宝石的优化处理提供有力证据，此外，对于测定类质同象宝石的亚种的名称（注：同 X 射线荧光光谱仪）。

① 分析宝石中元素的分布规律：利用线扫描和面扫描分析，可方便、快速分析出宝石的色带、生长带、色斑等的元素种类、元素含量的变化规律，从而为宝石的颜色成因、生长环境及其元素变化规律等提供鉴定和研究的依据。

② 鉴定宝石种属：不同宝石具有不同的化学组成，通过测定宝石的主量和微量元素组成，可确定宝石的种属，如通过测定翡翠中主要矿物的元素组成可确定其矿物组成，Na/（Na+Ca）≥0.8 则为硬玉，0.8≥Na/（Na+Ca）≥0.2 为绿辉石（注：同 X 射线荧光光谱仪）。

③ 区分某些合成宝石和天然宝石：由于天然宝石与合成宝石的形成环境不同，因此其微量元素组成不同，例如钙是天然红宝石的元素特征，而铅、钼等则是合成红宝石鉴定特征（注：同 X 射线荧光光谱仪）。

④ 鉴别某些人工处理宝石：染色、充填处理、扩散处理等优化处理的宝石，可引入与天然宝石不同的元素，如铅玻璃充填红宝石中可具有较高含量的 Pb，Be 扩散处理蓝宝石中 Be 元素含量较高（注：同 X 射线荧光光谱仪）。

⑤ 帮助判断宝石的产地：由于不同产地的宝石形成的地质与地球化学环境存在一定的差异，因此其微量元素种类及含量存在一定的规律，借此可用于判断宝石的产地。如莫桑比克和泰国的红宝石成分以富铁贫镓为特征，产自缅甸抹谷的红宝石化学成分则以富镓为特征（注：同 X 射线荧光光谱仪）。

⑥ 宝石包裹体的成分分析：由于电子探针的测试范围极小，可用于测定露出宝石表面的包裹体进行微区成分分析和形貌扫描，得出晶体包裹体的定性或定量的化学成分和图形，帮助确定包裹体的种类。

⑦ 微形貌分析：利用二次电子像、背散射电子像等分析宝石的微形貌特征。

6. 关于阴极发光仪，请回答如下问题：

（1）简述阴极发光仪的基本原理。

答：详见例题 4。

（2）简述阴极发光在宝石学中的应用。

答：详见填空题 47 题。

第三章 人工宝石

内容概述

本章主要讲述了人工宝石晶体生长原理与鉴定特征，主要包括焰熔法、水热法、助熔剂法、晶体提拉法、冷坩埚熔壳法、高温高压法和化学沉淀法，此外还包括拼合宝石和再造宝石的制作工艺与鉴定特征。本章的重点内容如下：

1. 各种方法生长宝石的基本原理、工艺流程、优缺点。

2. 各类人工宝石的鉴定特征，尤其是红蓝宝石、祖母绿、尖晶石、水晶以及钻石的合成品。

3. 人工宝石的鉴定特征中，内含物尤为重要，因此需牢记各类人工宝石的内含物特征。由于内含物特征往往与其成因或形成过程有关，在记忆时需将其与晶体的生长过程或基本原理相对应。

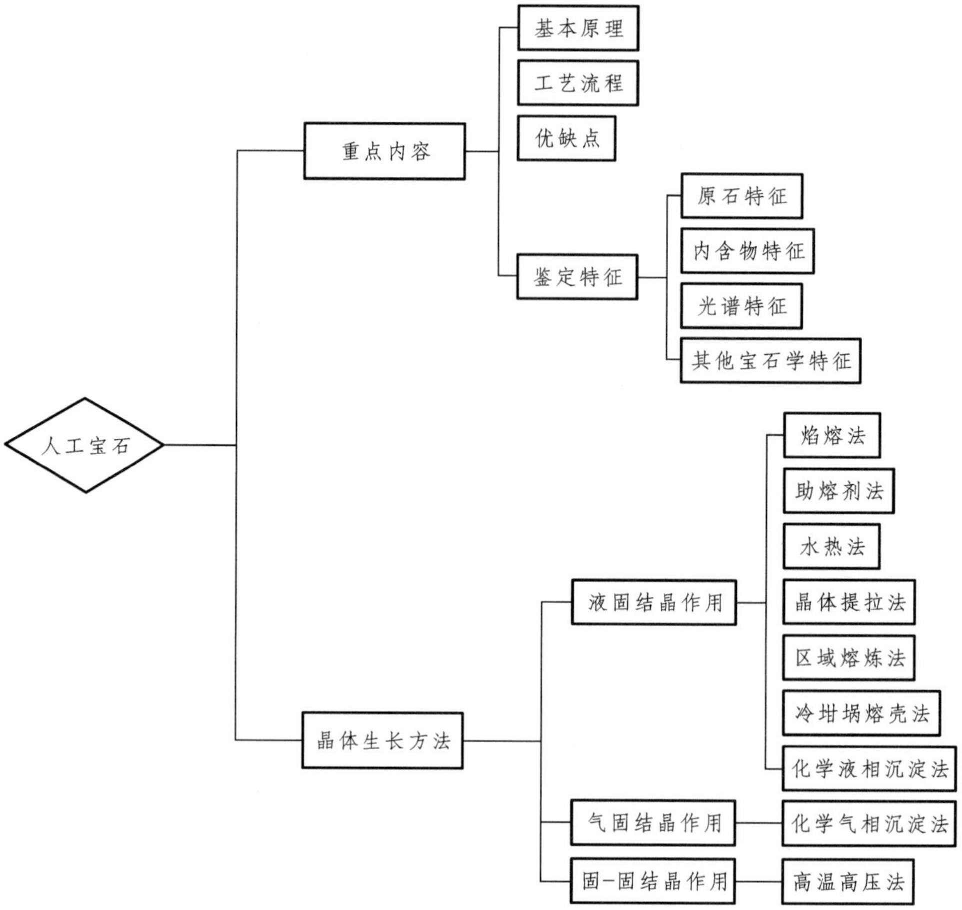
人工宝石
重点内容
基本原理
工艺流程
优缺点
鉴定特征
原石特征
内含物特征
光谱特征
其他宝石学特征
晶体生长方法
液固结晶作用
焰熔法
助熔剂法
水热法
晶体提拉法
区域熔炼法
冷坩埚熔壳法
化学液相沉淀法
气固结晶作用
化学气相沉淀法
固-固结晶作用
高温高压法

图 3-1　第三章内容概述

第一节　重点例题讲解

【例题 1】下列选项中，可以是人工宝石的是（　　）。

A. 合成宝石　　B. 再造宝石　　C. 人造宝石

D. 拼合宝石　　E. 再生宝石　　F. 仿宝石

【参考答案】ABCDEF

【答案解析】1. 根据国家标准《珠宝玉石 命名》（GB/T 16552—2017），人工宝石的定义为：完全或部分由人工生产或制造用作饰品的材料（单纯的金属材料除外），分为合成宝石、人造宝石、拼合宝石和再造宝石。

注：人工宝石的组成部分，可以完全为人工生产或制造，例如，合成立方氧化锆的组成部分全部为人工生产或制造；也可以为部分人工生产和制造，例如，水热法合成绿柱石中的籽晶，可以为天然绿柱石，而生长部分为人工生产或制造，再如，再造绿松石，胶结物为人工生产或制造，但绿松石多为天然宝石。

（1）合成宝石：完全或部分由人工制造且自然界有已知对应物的晶质体、非晶质体或集合体，其物理性质、化学成分和晶体结构与所对应的天然珠宝玉石基本相同。在珠宝玉石表面人工再生长与原材料成分、结构基本相同的母层，此类宝石也属于合成宝石，又称再生宝石。

注：再生宝石属于合成宝石，在命名时可使用“再生××”直接命名，例如再生水晶、再生钻石等。

（2）人造宝石：由人工制造且自然界无已知对应物的晶质体、非晶质体或集合体。常见的人造宝石包括玻璃、塑料、陶瓷、人造钛酸锶、人造钇铝榴石、人造钆镓榴石等。

注：判断一个人工宝石是否为合成宝石还是人造宝石，其判别标准为“是否具有自然界对应物”，该对应物可以为宝石级矿物，也可以为非宝石级矿物，例如，合成蓝宝石，其自然界对应物为天然蓝宝石或天然刚玉；合成碳化硅的自然界对应物无宝石级的碳化硅，但存在天然形成的碳化硅矿物。

（3）拼合宝石：由两块或两块以上材料经人工拼接而成，且给人以整体印象的珠宝玉石，常见拼合石包括拼合欧泊、拼合珍珠、拼合钻石等。

注：天然宝石拼接而成的拼合宝石，依然属于人工宝石。

（4）再造宝石：通过人工方法将天然珠宝玉石的碎块或碎屑熔接或压结成具整体外观的珠宝玉石，可辅加胶结物质，常见的再造宝石包括再造琥珀、再造绿松石等。

2. 根据国家标准《珠宝玉石 命名》（GB/T 16552—2017），仿宝石的定义为：用于模仿某一种天然珠宝玉石的颜色、特殊光学效应等外观特征的珠宝玉石或其他材料。

注：仿宝石不代表珠宝玉石的具体类别，可以是天然宝石，也可以是人工宝石，例如仿钻石可以是蓝宝石，也可以是合成立方氧化锆。

【例题 2】焰熔法合成橄榄绿色金红石的致色剂为__________，橙色金红石的致色剂为__________；焰熔法合成变色蓝宝石的致色剂为__________和__________；焰熔法合成粉红色尖晶石的致色剂为__________；含__________元素的合成钛酸锶的颜色为黄色~黄褐色。

【参考答案】Fe　Cr　Cr　V　Cu　Fe

【答案解析】焰熔法合成各类宝石所使用的致色剂及形成的颜色见表 3-1 ~ 表 3-5。

表 3-1　合成刚玉系列宝石加入的着色剂与呈现颜色

加入的着色剂及含量/%	颜色	加入的着色剂及含量/%	颜色
Cr_2O_3(0.01 ~ 0.05)	浅红色	TiO_2(0.5)+Fe_2O_3(1.5)	蓝色
Cr_2O_3(0.1 ~ 0.2)	桃红色 粉红色	V_2O_5(3 ~ 4)	具变色效应 日光灯：蓝紫色 白炽灯：红紫色
Cr_2O_3(2 ~ 3)	深红色	Cr_2O_3(0.01-0.05)+NiO(0.5)	金黄色
Cr_2O_3(0.2 ~ 0.5)+NiO(0.5)	橙黄色	NiO(0.5 ~ 1)	黄色
Cr_2O_3(0.5)+TiO_2(0.5)+Fe_2O_3(1.5)	紫色	Co_3O_4(1.0)+V_2O_5(0.12)+NiO(0.3)	绿色

表 3-2　其他焰熔法生长宝石加入的着色剂与呈现颜色

元素	合成金红石	合成尖晶石	人造钛酸锶
Cr	橙色	红色、棕色、绿色	黄色-暗红褐色
Ni	黄橙色		浅黄色-黄色
Co	暗红色	深蓝色	浅黄色-黄色
Fe	橄榄绿色	浅蓝色	黄色-黄褐色
V	暗红色和黄色		黄色-暗红褐色
Mn	黄色	黄色	淡黄色-黄色
Cu		粉红色	
Mn+Co		浅绿色（以 Mn 为主）	
Mn+Cr		浅绿色（以 Mn 为主）	
Cr+Co		浅蓝色	
Co+Mn		紫色（以 Co 为主）	

表 3-3　水热法生长水晶中的着色剂与呈现颜色

着色剂	颜色	着色剂	颜色	着色剂	颜色
Cu_2O	淡黄色	V_2O_5	淡茶色	$MnCO_3$	茶褐色
$Cu(OH)_2$		Fe(FeO)	紫色（辐照）	MnO_2	
$TiCl_3$	玫瑰色（热处理）	$Fe(OH)_3$	黄绿、黄褐、黄色	$KMnO_4$	
$Ti(OH)_4$	浓绿褐色	$K_2Cr_2O_7$	绿色	$Co(OH)_2$	砖茶色
$Ni(OH)_2$	淡绿青色	$Cr(OH)_3$		$2CoCO_3 \cdot 3Co(OH)_2$	
		CrO		Co^{2+}	蓝色

表 3-4　水热法合成刚玉致色剂与颜色

致色元素	颜色	致色元素	颜色
Cr^{3+}	红色、粉色	$Cr^{3+}+Ni^{3+}$（Cr^{3+}从多至少）	红橙色→橙粉色→橙色
Ni^{3+}	黄色	$Cr^{3+}+Ni^{2+}$（Cr^{3+}从多至少）	红紫色→紫色→蓝紫色
Ni^{2+}	蓝色	$Ni^{3+}+Ni^{2+}$（Ni^{3+}从多至少）	黄绿色→绿色→蓝绿色

表 3-5　水热法合成绿柱石致色剂与颜色

致色剂	颜色
$CrCl_3 \cdot 6H_2O$	绿色（祖母绿）
Fe^{2+}	海蓝色（海蓝宝石）
Co+Mn	粉红色-红色

【例题 4】下列合成宝石中，可见弯曲生长纹的是（　　）；可见平直色带的是（　　）；可见未熔粉末的是（　　）；可见贵金属包裹体的是（　　）；可见气相包体的是（　　）。

A. 焰熔法合成红宝石　B. 水热法合成红宝石　C. 提拉法合成红宝石

D. 区域熔炼法合成红宝石　E. 助熔剂法合成红宝石

【参考答案】AC　BE　ACD　BCE　ACD

【答案解析】人工宝石的内含物特征常与其生长过程和生长环境密切相关。

（1）弯曲生长纹往往与其生长过程为"边旋转边生长"有关，因此焰熔法和提拉法中可见该鉴定特征。

（2）水热法是模拟自然界热液成矿作用，助熔剂法是模拟自然界岩浆成矿作用，两种生长宝石的方法中均可见到与天然宝石相类似的平直色带。

（3）未熔粉末常见于由熔体直接结晶而成的人工宝石中，主要为焰熔法、提拉法区、冷坩埚熔壳法、区域熔炼法中。

（4）贵金属包裹体主要出现于使用具有贵金属内衬的坩埚中，主要包括水热法、助熔剂法、晶体提拉法等。

（5）气相包裹体主要出现于由熔体结晶的宝石当中，主要为焰熔法、助熔剂法、提拉法、冷坩埚熔壳法、区域熔炼法中，其中助熔剂法中的气泡常与助溶剂形成气-固两相包裹体，主要原因为助溶剂的挥发作用与收缩作用造成的。

【例题 5】下列生长宝石的方法中，能够生长刚玉的包括（　　）；能够生长绿柱石的包括（　　）；能够生长变石的包括（　　）；能够生长钻石的方法包括（　　）；能够生长 YAG 的方法包括（　　）。

A. 焰熔法　B. 水热法　C. 助溶剂法　D. 提拉法

E. 冷坩埚熔壳法　F. 高温高压法　G. CVD 法　H. 区域熔炼法

【参考答案】ABCDH　BC　DH　FG　CDH

【答案解析】常见人工宝石的生长方法包见表 3-6。

表 3-6　常见宝石的合成方法

	焰熔法	水热法	助熔剂法	提拉法导模法	冷坩埚法	区域熔炼法	HPHT	化学沉淀法
刚玉	√	√	√	√		√		
星光刚玉	√							
绿柱石		√	√					√
尖晶石	√			√				
金绿宝石				√		√		

续表

	焰熔法	水热法	助熔剂法	提拉法 导模法	冷坩埚法	区域熔炼法	HPHT	化学沉淀法
水晶		√						
金红石	√							
绿松石								√
青金石								√
孔雀石								√
人造钛酸锶	√		√					
YAG			√	√		√		
GGG				√		√		
CZ					√			
钻石							√	√
合成碳化硅								√
合成翡翠							√	
合成欧泊								√

【例题 6】下列生长宝石的方法中，属于从液体中结晶宝石的方法是（　　）；属于从气体中结晶宝石的方法是（　　）；属于固固结晶作用的方法是（　　）。

A. 焰熔法　　B. 水热法　　C. 助溶剂法　　D. 提拉法

E. 冷坩埚熔壳法　　F. 高温高压法　　G. CVD 法　　H. 区域熔炼法

【参考答案】ABCDEH　G　F

【答案解析】晶体结晶的基本方式包括如下三个：

（1）气-固结晶作用：是指由气相直接形成晶体的过程，也称升华结晶过程。例如化学气相沉淀法即是利用气-固结晶作用生长人工宝石，可用于生长合成钻石、合成碳化硅等。

（2）液-固结晶作用：是指由液相物质结晶成晶体，包括溶液中的结晶过程和熔体中的结晶过程。其中，从溶液中结晶的方法为水热法和化学液相沉淀法；从熔体中结晶的方法包括焰熔法、助熔剂法、晶体提拉法、熔体导模法、区域熔炼法、冷坩埚熔壳法等，人工宝石多使用该方法生长。可生长的宝石类型包括合成红宝石、合成祖母绿、合成水晶等。

（3）固-固结晶作用：是指由一种固相物质转变为另一种固相物质，包括同质多象转变、再结晶作用、固相反应结晶作用和固溶体脱溶过程。在实践中，高温高压法即是利用固-固结晶作用生长宝石晶体，可生长的宝石类型包括合成钻石、合成翡翠等。

【例题 7】水热法用来模拟________成矿作用，助熔剂法是模拟________成矿作用，能够合成的宝石包括________、________、________等。

【参考答案】热液　岩浆　红宝石　蓝宝石　祖母绿

【答案解析】水热法和助熔剂法均是模拟自然界成矿作用，其中水热法模拟热液成矿作用，助熔剂法模拟岩浆成矿作用。两种方法能够合成的宝石包括合成红宝石、合成蓝宝石、合成祖母绿及其他合成绿柱石等，此外，水热法是合成水晶的重要方法，助熔剂法可生长人造钇铝榴石。详见例题 4。

【例题 8】影响晶体生长的环境因素包括________、________、________、________、________、________、________。

【参考答案】温度　过饱和浓度　杂质　黏度　重力　压力　位置

【答案解析】影响晶体生长的环境因素包括温度、过饱和浓度、杂质、黏度、重力、压力、位置。

1. 温度：温度直接决定着晶体是否能够成核和长大。例如在熔体中，只有在过冷却状态下熔体才能发生结晶作用；溶液的温度直接影响溶质的过饱和程度、化学反应的发生及反应速率；同质多像转变、再结晶、重结晶、固相反应结晶和脱玻化作等作用，需在一定的温度条件下才能发生；气-固（凝华）结晶作用需在足够低蒸气压条件下，降温到一定温度时才能发生。

温度决定晶体的生长速度。同种成分和结构的晶体在不同的温度条件下的生长速度不同，所得晶体形状也不相同。温度的变化同时影响结晶母体的黏度、溶液浓度、化学反应速度等，进而影响晶体生长。

2. 过饱和度：过饱和度影响晶体的形状、晶面数目、晶体均匀性，一般情况下，过饱和度过高的溶液或熔体中生长出的晶体均匀性较差。

3. 杂质的影响：

（1）影响晶体的形态：溶液中的杂质改变了晶体上不同面网的表面能，其相对生长速度也相应变化而影响晶体形态，例如纯水中石盐为立方体，当存在少量硼酸时，出现立方体与八面体聚形。

（2）促进非均一性成核的发生：杂质的存在造成熔体中出现不同的相界面，导致非均一性成核作用的发生，加快晶体生长速度。在人工宝石生长过程中加入籽晶即是促进非均一性成核作用的发生。

（3）降低熔点：例如助熔剂法加入助熔剂的目的就是降低原料的熔点，可用相图进行解释。

（4）促进或抑制结晶作用：碱金属和碱土金属的氧化物杂质可促进二氧化硅同质多象转变作用；Al_2O_3 中加入少量的 MgO，可抑制 Al_2O_3 二次重结晶，抑制不正常的晶粒长大。

（5）形成固溶体或进入晶格：例如在宝石原料中加入致色剂以达到合成相应宝石品种的目的。

4. 黏度的影响：黏度大，质点运动困难，易形成骸晶；黏度小，晶体外形较为完整。

5. 重力的影响：由于重力的作用，在黏度较小的溶液中伴随晶体生长产生涡流，使晶体处于结晶物质供应不均匀的情况下生长，进而生长成歪晶。因此常通过不断转动或搅动溶液，以消除重力作用产生的涡流。

6. 压力的影响：压力影响晶体的熔点和气体的浓度；晶体同质多像转变的温度直接受压力条件的影响。

7. 位置的影响：在足够的自由空间中，晶体各晶面将按晶体生长的规律自由生长，可获得有规则的几何多面体外形的晶体；若晶体在生长过程中，某一面或几个方向遇到其他晶体或容器壁时，导致晶体在这些方向无法生长，只能在有自由空间的方向上生长，从而形成歪曲的几何外形。

第二节　课后练习

一、名词解释

籽晶　焰熔法　矿化剂　水热法　助熔剂　助熔剂法　晶体提拉法　熔体导模法　冷坩埚法　区域熔炼法　高温高压法　CVD 法　玻璃　陶瓷　塑料　晶核　临界晶核　均一性成核和非均一性成核　气-固结晶作用　液-固结晶作用　固-固结晶作用

二、填空题

1. 焰熔法能够生长的宝石品种包括__________、__________、__________等。

2. 焰熔法合成宝石所使用的装置包括__________、__________、__________和__________四个部分。

3. 焰熔法合成刚玉所选用的原料为__________，化学式为__________；合成金红石所使用的原料为__________，化学式为__________；合成尖晶石所使用的原料为__________和__________。

4. 焰熔法合成宝石对粉料的要求包括__________、__________、__________、__________等。

5. 焰熔法生长宝石的三个阶段包括__________、__________、__________。

6. 焰熔法合成宝石的典型内含物特征包括__________、__________、__________等。

7. 水热法宝石晶体生长按输运方式不同可分为三种类型，包括__________、__________和__________。

8. 水热法生长宝石晶体所需要的基本设备有：__________、__________和__________等部分。

9. 水热法合成紫水晶所使用的矿化剂是__________，致色元素为__________，合成黄水晶使用的溶液是__________，致色元素为__________，合成紫黄晶使用的溶液是__________，合成蓝色水晶的致色元素为__________。

10. 水热法合成水晶的工艺流程分为__________、__________、__________、__________四个阶段。

11. 合成水晶中的缺陷包括__________、__________、__________等。

12. 水热法能够生长的宝石包括__________、__________、__________等，该方法生长的宝石晶体典型内含物特征包括__________、__________、__________等。

13. 影响水热法生长宝石晶体生长的因素包括__________、__________、__________、__________等。

14. 矿化剂的作用包括__________、__________、__________等。

15. 根据晶体成核及晶体生长的方式不同，可将助熔剂生长宝石的方法分为两大类，分别为__________和__________。

16. 自发成核法按照获得过饱和度方式的不同，可分为__________、__________和

__________三种类型。

17. 籽晶生长法根据晶体生长的工艺过程不同，可分为________、________和________。

18. 助熔剂法能够生长的宝石晶体包括__________、__________、__________等；助熔剂法生长宝石晶体的典型内含物特征包括__________、__________、__________等。

19. 助熔剂常见的类型包括__________、__________、__________等。

20. 助熔剂的作用包括__________、__________、__________等。

21. 提拉法能够生长的宝石包括__________、__________、__________等。

22. 晶体提拉法生长宝石的装置包括__________、__________、__________、__________、__________五个部分。

23. 晶体提拉法中影响晶体质量的主要因素包括__________、__________、__________等。

24. 熔体导模法是__________晶体生长方法的变种。

25. 区域熔炼法能够生长的宝石包括__________、__________、__________等；高温高压法能够合成的宝石包括____________、____________等；CVD 法能够合成的宝石包括__________、__________等。

26. 高温高压法合成钻石所使用的原料为__________；CVD 法合成钻石所使用的原料为__________。

27. 合成翡翠所使用的原料包括__________、__________等。

28. 晶体的成核作用包括__________成核和__________成核。

29. 应用籽晶合成宝石的方法包括__________、__________、__________、__________等；不需要籽晶的生长方法包括__________、__________。

30. 结晶作用的基本方式包括__________结晶作用、__________结晶作用和__________结晶作用，焰熔法的结晶方式属于__________结晶作用，水热法的结晶方式属于__________结晶作用。

31. 从熔体中生长宝石的晶体生长方法包括__________、__________、__________，从溶液中生长宝石的晶体生长方法包括__________、__________等。

32. 生长宝石晶体的方法中，需要使用坩埚的方法包括__________、__________等；不需要使用坩埚的生长方法包括__________、__________。

33. 模拟自然界热液成矿作用的生长宝石晶体方法是__________；模拟自然界岩浆成矿作用的生长宝石晶体方法是__________。

34. 合成宝石中，可具有弯曲生长纹的宝石包括__________、__________等；可具有平直色带的宝石包括__________、__________等。

35. 常见玻璃的折射率在__________范围内。

36. 合成无色尖晶石常有一稳定的折射率__________和相对密度__________，而大多数天然尖晶石的折射率为__________，相对密度为__________。

37. 可用于模仿钻石的人工宝石包括__________、__________、__________等。

38. 合成宝石中，折射率大于对应天然宝石的是__________，折射率小于对应天然宝石的是__________。

39. 不可能出现气液两相包裹体的合成宝石方法包括________、________、__________等；生长宝石晶体的方法中，对应的合成宝石中不可能出现水吸收峰的合成宝石方法包括__________、__________、__________等。

40. 合成宝石晶体中，原石可呈现板状的合成方法包括__________、__________等；原石可呈现梨形或棒状的合成方法包括__________、__________等；原石可具有较好的自形程度的合成方法包括__________、__________等。

41. 钻石的仿制品中，可见刻面棱重影的包括__________、__________、__________等；与钻石折射率最接近的是__________；与色散值最接近的是__________；与钻石相对密度最接近的是__________；与钻石硬度最接近的是__________。

三、是非题

1. 不存在人造水晶。（ ）
2. 焰熔法能够合成祖母绿。（ ）
3. 将两块天然宝石拼合起来的宝石，属于天然宝石。（ ）
4. 合成红宝石 Cr_2O_3 成分含量为 3%～5%，超过一定量变成绿色。（ ）
5. 助熔剂法、水热法、提拉法合成宝石必须使用籽晶来促进晶体成核作用的发生。（ ）
6. 合成祖母绿常常有较小的折射率和双折射率。（ ）
7. 人工宝石也可经过优化处理。（ ）
8. 经过优化处理的人工宝石，优化处理方法不参与命名。（ ）
9. 助熔剂法合成祖母绿具有硅铍石晶体，大的气液两相包体，彗星状白点、助熔剂、羽状包裹体和六方金属片等包裹体。（ ）
10. 由于自然界存在宝石级的天然玻璃，因此玻璃属于合成宝石。（ ）
11. 使用折射率，可以辅助鉴定合成祖母绿。（ ）
12. 高压釜中，挡板的开孔率越大越好。（ ）
13. 当高压釜上、下温差一定时，生长区的温度愈高，晶体生长速度愈大。（ ）
14. 高压釜上、下的温差越大，宝石生长越快。（ ）
15. 杂质的加入，不仅影响宝石晶体的形态，还影响宝石的颜色特征。（ ）
16. 合成紫水晶需经辐照处理。（ ）
17. 水热法合成刚玉具有与天然刚玉相似的云雾状包裹体、愈合裂隙等。（ ）
18. 铂金片是水热法和助熔剂法合成宝石常见的包裹体。（ ）
19. 根据尖晶石的化学式合成尖晶石所使用的 Al_2O_3 与 MgO 的比例为 1∶1。（ ）
20. “熔炼水晶”指的是熔融法合成的水晶。（ ）
21. 人工宝石不具有自限性，不能形成具有规则的几何多面体，例如焰熔法生长宝石为梨晶。（ ）
22. 塑料欧泊是一种与天然欧泊非常相似的合成品。（ ）
23. 焰熔法合成祖母绿同样有弯曲的生长纹。（ ）
24. 具有平直色带的宝石一定的天然宝石。（ ）
25. 人工宝石中不可能出现晶体包裹体。（ ）
26. 将天然宝石拼合成一个整体的宝石，可视为宝石的优化处理。（ ）
27. 自然界不存在宝石级的碳硅石，因此人工生产的碳硅石应属于人造宝石。（ ）

四、单项选择题

1. 水热法合成祖母绿的物理参数为（　　　　）。

A. SG=2.67 ~ 2.69，RI=1.566 ~ 1.578　　B. SG=2.69 ~ 2.74，RI=1.565 ~ 1.593

C. SG=2.65 ~ 2.67，RI=1.560 ~ 1.566　　D. SG=2.75 ~ 2.90，RI=1.571 ~ 1.578

2. 合成水晶的鉴定特征有（　　　　）。

A. Fe^{3+}引起的色心　B. 颜色均匀　C. 三角形状色斑　D. 面包渣状包体

3. 高温高压法合成钻石的特征有（　　　　）。

A. 短波紫外荧光强　B. 有铁镍合金包体

C. 八面体与菱形十二面体的聚形　D. 显示氢的红外吸收峰

4. 目前合成翡翠的方法是（　　　　）。

A. 水热法　B. 高温高压法　C. 提拉法　D. 区域熔炼法

5. 目前合成欧泊的方法是（　　　　）。

A. 水热法　B. 化学气相沉淀法　C. 化学液相沉淀法　D. 高温高压法

6. 快速区分钻石与合成碳化硅的宝石学特征是（　　　　）

A. 锋利的刻面棱　B. 高硬度　C. 高热导率　D. 刻面棱重影

7. 可用于快速区分玻璃与水晶的珠宝鉴定仪器是（　　　　）。

A. 折射仪　B. 偏光镜　C. 分光镜　D. 二色镜

五、多项选择题

1. 焰熔法合成刚玉的鉴定特征包括（　　　　）。

A. 弯曲生长纹　B. 未熔粉末　C. 气泡

D. 平直色带　E. 强烈的荧光

2. 焰熔法合成星光红宝石的鉴定特征包括（　　　　）。

A. 弯曲生长纹　B. 气泡　C. 未熔粉末　D. 星光浮在表面

E. 没有荧光　F. 强荧光

3. 下列生长宝石的方法中，能够观察宝石生长过程的是（　　　　）。

A. 焰熔法　B. 水热法　C. 高温高压法

D. 提拉法　E. 助熔剂法

4. 下列人工宝石中，可见籽晶的包括（　　　　）。

A. 水热法生长宝石　B. 助熔剂法生长宝石　C. 冷坩埚熔壳法生长宝石

D. 高温高压法生长宝石　E. 提拉法生长宝石

5. 矿化剂的作用包括（　　　　）。

A. 增大溶解度　B. 促进成核作用　C. 增加溶解度温度系数

D. 降低熔点　E. 增加生长速度

6. 助熔剂的作用包括（　　　　）。

A. 降低原料的熔点　B. 作为溶剂溶解原料　C. 促进成核作用

D. 增大晶体生长速度　E. 使宝石产生颜色

7. 提拉法和焰熔法常具有相似的鉴定的特征，它们包括（　　　　）。

A. 弯曲生长纹　　B. 未熔粉末　　C. 气泡

D. 梨晶　　E. 较低的折射率

8. 助熔剂法合成祖母绿的鉴定特征有（　　　　）；水热法合成祖母绿的鉴定特征包括（　　　）。

A. 双折射率值较大　　B. 滤色镜变红　　C. 波状纹理

D. 两相包体　　E. 硅铍石晶体　　F. 红外光谱上含Ⅰ型水

G. 贵金属包体　　H. 平直色带

9. 人造钛酸锶的鉴定特征包括（　　　　）。

A. 金刚光泽　　B. 刻面棱重影　　C. 锋利的刻面棱

D. 极强的火彩　　E. 较低的硬度

10. CVD 法合成钻石的鉴定特征包括（　　　　）。

A. 板状晶体　　B. 颜色呈层状分布　　C. 异常双折射

D. X 射线形貌分析显示柱状结构　　E. 橘黄色荧光

11. 宝石进行拼合的目的包括（　　　　）。

A. 增大体积　　B. 增强颜色和光泽

C. 提高表面耐磨性　　D. 提供坚硬的底托

12. 水热法合成祖母绿可具有下列哪些特征？（　　　　）

A. 锯齿状生长纹　　B. 钉状包体　　C. 较低的折射率

D. 与 C 轴平行的色带

13. 水热法合成的红宝石具有哪些与天然红宝石不同的典型的特征？（　　　　）

A. 助熔剂残余包体　　B. 羽状愈合裂隙

C. 三角状或锯齿状生长构造　　D. 种晶

六、问答题

1. 焰熔法是合成宝石重要的方法之一，请回答下列问题：

（1）描述焰熔法生长宝石的鉴定特征，并描述该方法有何优缺点。

（2）焰熔法生长宝石需进行退火处理，请问退火的原理是什么？

（3）如何制作焰熔法合成刚玉所需的 γ-Al_2O_3 粉料？请写出相关的化学方程式。

（4）焰熔法能够生长哪些宝石晶体，请列举四例描述他们的鉴定特征。

（5）对比不同颜色合成蓝宝石与天然蓝宝石之间的荧光特征及光谱特征。

（6）如何鉴定焰熔法合成星光刚玉？

（7）描述焰熔法生长宝石的生长过程。

2. 水热法是生长宝石的重要方法之一，请回答下列问题：

（1）水热法生长宝石的基本原理是什么，该方法有何优缺点？

（2）高压釜是水热法生长宝石重要的设备，请问应如何选择高压釜？

（3）水热法生长宝石的过程中，影响宝石晶体的因素包括哪些？

（4）利用水热法生长宝石时，常使用矿化剂，请问矿化剂的用途是什么？

（5）水热法合成宝石常使用种晶板，请问种晶板的作用是什么？
（6）在选用种晶时，为什么要对其进行定向？
（7）简述水热法合成祖母绿的基本原理及流程。
（8）水热法能够合成宝石的种类包括哪些？请列举三例描述它们的主要鉴定特征。
（9）简述水热法生长宝石的共性特征。
3. 合成水晶常使用水热法，请回答下列问题：
（1）合成水晶的工艺条件是什么？
（2）水热法合成紫水晶为什么要进行辐照处理？
4. 助熔剂法是宝石生长的重要方法之一，请回答下列问题：
（1）什么是助熔剂法？助熔剂法生长宝石的基本原理是什么？
（2）如何选择助溶剂？助溶剂的种类包括哪些？
（3）助熔剂法生长宝石的共性特征是什么？
（4）助熔剂法生长宝石的优缺点包括哪些？
（5）助熔剂法能够生长的宝石包括哪些？影响晶体质量的因素包括哪些？
（6）助熔剂在合成宝石的过程中起什么作用？
（7）请解释助熔剂法合成宝石的鉴定特征与合成方法之间的联系。
5. 提拉法是生长宝石的重要方法之一，请回答下列问题：
（1）提拉法生长宝石的基本原理是什么？影响晶体质量的因素包括哪些？
（2）提拉法的优缺点是什么？
（3）晶体提拉法对坩埚的要求是什么？
（4）提拉法能够生长的宝石包括哪些？它们的共性特征是什么？请列举一例描述其工艺流程。
（5）熔体导模法的特点是什么？其生长出的宝石晶体具有哪些鉴定特征？
6. 区域熔炼法是宝石生长的重要方法之一，请回答下列问题：
（1）区域熔炼法合成宝石的基本原理是什么？其工艺流程是什么？
（2）区域熔炼法能够合成哪些宝石？区域熔炼法生长的宝石具有哪些鉴定特征？
7. 冷坩埚熔壳法是生长合成立方氧化锆的重要方法，请回答下列问题：
（1）冷坩埚熔壳法的技术特点和基本原理是什么？
（2）合成立方氧化锆的工艺流程是什么？
（3）合成立方氧化锆的鉴定特征有哪些？
8. 高温高压法是合成宝石的重要方法之一，请回答下列问题：
（1）高温高压法合成钻石的基本原理是什么？
（2）什么是触媒？触媒的作用是什么？
（3）晶种触媒法合成钻石的优点和缺点是什么？
（4）如何鉴定高温高压法合成钻石？
（5）温高压法合成翡翠的基本原理是什么？如何鉴定合成翡翠？
9. 化学沉淀法是生长宝石的重要方法之一，请回答下列问题：
（1）合成欧泊的原理是什么？如何鉴定合成欧泊？
（2）CVD 法合成钻石的原理是什么？如何鉴定 CVD 法合成钻石？

10. 籽晶对于宝石的生长具有非常重要的作用，请回答以下问题：
（1）什么是籽晶？哪些宝石生长方法使用籽晶？请说明籽晶在宝石生长中起的重要作用。
（2）举例说明应用了籽晶的合成宝石的鉴定特征。
11. 塑料是重要的人工宝石之一，请问如下问题：
（1）塑料的主要鉴定特征是什么？
（2）如何区分象牙与其塑料仿制品？
（3）如何区分琥珀与其塑料仿制品？
（4）如何区分玳瑁与其塑料仿制品？
12. 人造钇铝榴石是重要的人工宝石之一，请回答下列问题：
（1）人造钇铝榴石可通过哪些方法合成？
（2）例举两例描述不同合成方法的工艺流程。
（3）如何区分人造钇铝榴石与祖母绿？
13. 玻璃是重要的人工宝石之一，请回答下列问题：
（1）玻璃的主要鉴定特征是什么？
（2）玻璃为什么能够模仿各类宝石？
（3）星彩玻璃是如何形成的？如何区别星彩玻璃与日光石？
（4）如何制作玻璃猫眼？其主要鉴定特征是什么？
（5）翡翠和玛瑙的玻璃仿制品的主要鉴定特征是什么？
14. 合成碳硅石是重要的人工宝石之一，请回答下列问题：
（1）合成碳硅石的宝石学性质是什么？
（2）哪些方法可将合成碳硅石与钻石进行区分？
15. 常见的再造宝石包括哪些？请列举两例，描述它们的鉴定特征。
16. 拼合石的意义是什么？如何鉴定拼合石？

第三节　参考答案

一、名词解释

1. 籽晶

答：籽晶又称种晶，是人工生长晶体时人为提供的晶核，一般是从已有的大晶体上切取，可促进非均一性成核的发生。由于籽晶的缺陷，如位错、开裂、晶格畸变等在一定范围内会“遗传”给新生长的晶体，在选择晶体时需选取取向合适，且无晶格缺陷或晶格缺陷较少的晶体作为籽晶。常用籽晶的人工宝石方法包括焰熔法、水热法、助熔剂法等。

2. 焰熔法

答：焰熔法是指使原料粉末在氢氧焰中，边投入边熔融而结晶生成宝石晶体的方法。焰熔法能够生长的宝石晶体包括合成红宝石、合成蓝宝石、人造钛酸锶、合成金红石等。

3. 矿化剂

答：矿化剂是水热法生长宝石中常使用的一种或几种物质，其作用为增加用于生长宝石矿物原料在水中的溶解度，同时可使供应晶体生长的原料有足够大的溶解度温度系数，某些矿化剂可与结晶物质原料形成络合物，加速晶体成核速度，影响晶体的质量。常见的矿化剂包括 NaOH、K_2CO_3、$KHCO_3$ 等。

4. 水热法

答：水热法也称热液法，是在密封的高压容器内从水溶液中生长出晶体的方法，其在一定程度上再现了地下热液矿床矿物结晶的过程。其原理是利用高温高压水溶液，并在矿化剂的作用下溶解常温常压下不溶或难溶于水的物质，并达到一定的过饱和度，从而结晶和生长晶体。水热法能够生长的宝石晶体包括合成红宝石、合成祖母绿、合成水晶等。

5. 助熔剂

答：助熔剂一般指能降低其物质的软化、熔化或液化温度的物质，是助熔剂法生长宝石常用的物质之一，熔融后能够溶解待生长的晶体，降低人工宝石生长所需的温度。人工宝石常使用的助熔剂包括卤化物类，铅、铋化合物类、硼化合物类、钒酸盐、钼酸盐、钨酸盐类等。

6. 助熔剂法

答：助熔剂法是指在常压高温下，借助助熔剂的作用在较低温度下加速原料的熔融，从熔融体中生长出宝石晶体的方法，其原理可用二元相图进行解释。该方法在一定程度上模拟了自然界的岩浆分异结晶成矿过程。助熔剂法能够生长的宝石晶体包括合成红宝石、合成祖母绿、合成金绿宝石等。

7. **晶体提拉法**

答：提拉法是一种直接熔化宝石原料，然后利用种晶从熔体中提拉出宝石晶体的方法。该方法能够生长的宝石晶体包括合成红宝石、合成变石、人造钇铝榴石等。

8. **熔体导模法**

答：熔体导模法是提拉法的变种，是利用模具和籽晶（种晶）从熔体中提拉出宝石晶体的方法。该方法能够生长的宝石晶体包括合成红宝石、合成蓝宝石、合成猫眼等。

9. **冷坩埚法**

答：冷坩埚法是生长合成立方氧化锆的主要方法，该方法使用合成立方氧化锆的原料作为坩埚，通过高频感应电源使原料内部发生熔化，依靠坩埚下降法晶体生长原理使其结晶并长大。

10. **区域熔炼法**

答：区域熔炼法也称浮区法，是将原料逐区熔融并重结晶而生长出宝石晶体的方法。该方法能够生长的宝石晶体包括合成红宝石、合成蓝宝石、合成金绿宝石等。

11. **高温高压法**

答：高温高压法是在高温超高压条件下，模拟变质成矿过程合成宝石的方法。该方法能够合成的宝石包括合成钻石、合成翡翠等。

12. **CVD 法**

答：CVD 是化学气相沉淀法的缩写，该方法使用气体为原料，使用一定的方法将气体解离，在籽晶上逐渐生长宝石晶体的方法。该方法能够生长的宝石晶体包括合成钻石、合成碳化硅等。

13. **玻璃**

答：玻璃是二氧化硅和其他物质（碱性和稀土元素氧化物等）的混合物，为非晶质、无定形体。作为仿宝石的玻璃，可用于模仿翡翠、和田玉、红宝石、祖母绿等，其折射率常介于 1.48 ~ 1.69 之间，铅玻璃和稀土玻璃的折射率可超过 1.70，硬度为 5 ~ 6，一般为 5.5，透明度为透明-微透明，相对密度随成分的变化而变化，为 2.20 ~ 6.30，具有典型的贝壳状断口，显微特征常见气泡、流动状构造等特征。

14. **陶瓷**

答：陶瓷是指利用陶瓷工艺技术，将研细的无机材料粉末，经加热或焙烧成烧结物；或在粉末中先加入低熔点的胶黏剂将粉末黏在一起，并通过热压而获得的仿宝石所需形状的细晶固体材料，焙烧时使胶黏剂挥发，形成陶瓷仿宝石制品。

15. **塑料**

答：塑料是一种人造有机材料，由聚合物长链状分子组成的，可通过加热或铸模制成所需要的宝石仿制品。常见的塑料类型包括纤维素、苯酚甲醛、聚苯乙烯、聚氯乙烯、聚甲基丙烯酸甲酯。

16. **晶核**

答：晶核是指当熔体冷却或溶液达到过饱和时，质点按照格子构造形式聚合成达到一定大小，但极其微小的微晶粒子，是晶体生长的中心。在过冷却熔体中，晶核形成的理想过程是：两个或两个以上的质点在一直线上连接构成线晶，在线晶的另一个方向上又连接质点而构成面晶，再在面晶的第三个方向上连接质点形成了晶芽，晶芽再逐步长大到一定尺寸而形成晶核。晶核形成以后，在一定条件下将稳定下来。条件允许时，晶核又继续长大而生成具有一定形状的晶体。

17. **临界晶核**

答：临界晶核是指在熔体中能单独存在并可以继续发育成晶体的最小晶核颗粒。当熔体和晶核之间处于不稳定的平衡状态时，若晶核的尺寸稍大于临界晶核尺寸，晶核会自动长大而发育成晶体；若晶核尺寸略小于临界晶核尺寸，晶核则自动熔化，不能成长为晶体。

18. **均一性成核和非均一性成核**

答：熔体冷却或溶液达到过饱和时，质点按照格子构造形式聚合成晶核的作用称为成核作用。可分为均一性成核和不均一性成核两类。由于过冷却而在熔体中自发形成晶核的作用，称为均一性成核，又称为熔体的过冷成核。例如助熔剂法、冷坩埚熔壳法等生长方法常使用均一性成核法。非均一性成核，又称为异性衬底成核。当熔体中含有难熔的杂质，或熔体的局部组成不均匀时，在熔体内将出现不同相之间的相界面，在熔体中就容易出现以相界面为衬底的晶核。例如水热法、助熔剂法等宝石晶体生长方法常通过加入籽晶，促进非均一性成核的发生。

19. **气-固结晶作用**

答：详见例题 6。

20. **液-固结晶作用**

答：详见例题 6。

21. **固-固结晶作用**

答：详见例题 6。

二、填空题

1. 合成红宝石　合成蓝宝石　合成金红石

【答案解析】详见例题 5。

2. 供料系统　气体燃烧系统　炉体　下降系统

【答案解析】焰熔法生长宝石所使用的装置包括四个部分，分别为供料系统、气体燃烧系统、炉体和下降系统。

（1）供料系统：添加原料粉末于筛状平底容器中，在振动器有规律的振动下，粉末通过筛底均匀等量地落入氧气流内。

（2）气体燃烧系统：是熔化粉料的主要设备部件，氧气和氢气通过燃烧器燃烧时，可产生高达 2900 °C 的温度。该装置结构的好坏影响火焰的大小和温度分布，氢气和氧气比例决定火焰的形状和温度的变化。为了充分燃烧，一般要求氢气过量，但氢气过量太多会带走热量和部分粉料，并使相当一部分氢气在炉外燃烧。

不同合成宝石的 H_2∶O_2 比例不同，生长无色合成蓝宝石的 H_2∶O_2=（2.0 ~ 2.5）∶1，生长合成红宝石的 H_2∶O_2=（2.8 ~ 3.0）∶1；生长成蓝宝石的 H_2∶O_2=（3.6 ~ 4.0）∶1，生长人造钛酸锶，成核时 H_2∶O_2=7∶1，生长时 H_2∶O_2=5∶1。

（3）炉体：为晶体的结晶提供保温环境，使温度保持稳定，处于高温的晶体缓慢冷却。炉膛要求呈流线型，便于气体流动且不积粉。一旦积粉，会阻碍气体流动并产生涡流及局部温度变化，造成晶体畸形生长，如晶体形状不规则，有沟槽等现象发生。若炉膛过大，保温性差，造成晶体开裂。为了降低晶体的内应力，可结合缓冷法采用后加热器技术以减小温度梯度。

（4）下降系统：其主要作用是适应晶体的生长温度，保持晶体的固液界面在一定的位置，使晶体处于相对稳定的温场下生长，因此要求该系统能随意调整下降速度，并在下降过程中能自动而平稳地均匀下降，且无振动。原则上，下降的速度应与晶体的生长速度相同。通常起始调节的理想位置是使晶体顶部的温度高于晶体熔点而低于晶体沸点，从而保证有 2 ~ 3 mm 厚的熔融层。

3. 硫酸铝铵（铝铵钒）$(NH_4)_2Al_2(SO_4)_4 \cdot 24H_2O$　硫酸氧钛铵、$(NH_4)_2SO_4 \cdot TiOSO_4 \cdot 2H_2O$　碳酸镁　硫酸铝铵

【**答案解析**】焰熔法合成宝石品种所使用的原料及化学式见表 3-7。

表 3-7　焰熔法合成宝石品种所使用的原料及化学式

宝石品种	原料名称	化学式
合成刚玉	硫酸铝铵（亦称铝铵钒）	$(NH_4)_2Al_2(SO_4)_4 \cdot 24H_2O$
合成金红石	硫酸氧钛铵	$(NH_4)_2SO_4 \cdot TiOSO_4 \cdot 2H_2O$
合成尖晶石	碳酸镁 硫酸铝铵（亦称铝铵钒）	$MgCO_3$ $(NH_4)_2Al_2(SO_4)_4 \cdot 24H_2O$
人造钛酸锶	草酸锶和草酸钛的复盐	$SrTi(C_2O_4)2 \cdot 4H_2O$

4. 高纯度　化学反应完全　体积容量小　高分散性

【**答案解析**】焰熔法对粉料的具体要求如下：

（1）高纯度：防止因杂质引起晶体缺陷，如气泡（挥发性杂质）、不容夹杂物等。

（2）化学反应完全：避免在熔融层上因粉料发生化学反应而产生气泡。

（3）体积容量小、高分散性和良好的均匀性：以保证炉料经过火焰时能全部熔融，避免粉料来不及熔化造成不熔物包裹体等。

（4）晶体构型要有利于晶体生长。

粉料的制备方法也因生长宝石的种类不同而不同，大多数是在水溶液中提纯后，沉淀成粉料，然后采用焙烧制得。要制备性能良好的粉料，必须具有一种符合工业生产要求的焙（锻）烧炉，要求热容量（功率）要足够大，升温较快，炉温均匀，气相产物易排除等。

5. 生长晶芽　扩大放肩　等径生长

【答案解析】焰熔法宝石生长包括生长晶芽、扩大放肩、等径生长、退火处理四个阶段。

（1）生长晶芽（或称引种、接籽晶）：在籽晶上长出最初的晶芽。

（2）扩大放肩：扩大晶种的面积或扩大晶种的直径。

（3）等径生长：晶体扩大到一定尺寸后，即处于等径生长阶段，一直维持到生长结束。最后形成梨晶。在等径生长时，要使梨晶的生长晶面经常处于最适宜的生长温度区内，即所谓的结晶焦点上。最佳结晶条件是在梨晶的顶部保持 2 ~ 3 mm 厚的熔融层，使落在这个层上的尚未结晶的粉料完全熔化，随后在晶体杆下降时于熔融层下凝固析晶。

注：晶体提拉法也有类似的生长过程，但存在一个缩颈的过程，以减少生长晶体的位错。

（4）退火处理：将合成晶体按规定装入高温炉之后，将炉温缓慢地升到预定的温度，然后进行长时间的恒温退火。通常的升温时间为 5 ~ 10 h，温度上升到预定温度后，恒温几十个小时，再缓慢地降至室温，接近熔点的高温退火要严格控制温度，以防晶体回融。

6. 弯曲生长纹　气泡　未熔粉末

【答案解析】焰熔法生长宝石的共有的鉴定特征如下：

（1）原石特征：晶体原石常呈梨晶，个体较大，颜色均匀而鲜艳。

（2）弯曲生长纹：由于焰熔法生长的晶体是沿籽晶和晶轴方向一圈一圈生长的，因此，晶体的横截面可见到像唱片一样密集弧形生长环带或色带，俗称“弯曲生长纹”，是焰熔法生长宝石最典型的鉴定特征，同时并常伴生有与生长纹方向垂直的拉长气泡。

（3）未熔粉末：由于生长过程中，有时粉料没有被火焰熔融即掉落至梨晶上，被包裹在晶体中，形成未融化的粉料固体包裹体，呈面包渣碎屑状。

（4）气相包裹体：由于焰熔法生长宝石的整个过程无水的加入，因此无气液两相包裹体。当梨晶下降速度稍慢，火焰过于靠近晶体时，晶体顶部的粉料会熔融沸腾，产生球形玻璃气泡；当氢氧比例不当，如氢气过量时，会将熔体吹开，产生球形气泡，或拉长的复杂气泡及齿形气泡等。气泡大小不一，或单个或成群出现，有时小气泡大量密集形成云雾状包裹体。用光纤灯观察，气态包裹体呈奶色。

（5）晶体结构特征：晶体生长时温差较大，导致宝石内应力较大，晶体易从中间裂开，呈半圆形的晶体，并产生位错使晶体出现镶嵌结构、晶向扭曲等严重缺陷。

7. 等温法　摆动法　温差法

【答案解析】水热法宝石晶体生长按输运方式不同可分为三种类型：等温法、摆动法和温差法。

（1）等温法：主要利用物质的溶解度差异生长晶体，所用原料为亚稳相物质，籽晶为稳定相物质。高压釜上、下无温差，是该方法的一大特色。该方法曾用于生长水晶，使用碳酸钠为矿化剂，无定形硅为培养料，水晶片为籽晶。当溶解温度接近水的临界温度时，处于不稳定状态的无定形硅发生溶解，当高压釜内 SiO_2 浓度达到过饱和时，晶体开始在籽晶上生长。该方法的缺点是无法生长晶形完整的大晶体。

（2）摆动法：装置由 A、B 两个圆筒组成，其中 A 筒放置培养液，B 筒放置籽晶，两筒间保持一定的温度差。定时摆动 A、B 两个圆筒以加速它们之间的对流，利用两筒之间的温差在高压环境生长出晶体。

（3）温差法：是目前所使用最广泛的生长晶体的方法。高压釜内部的对流挡板将高压釜分成上、下两个部分，其中上部分为生长区，籽晶挂在生长区的培育架上，晶体在籽晶上逐步生长；下部为培养料区，也称为溶解区，溶解区放入适量的高纯度原料和矿化剂。上部和下部具有一定的温差，溶解区溶质不断溶解于溶剂中，形成饱和溶液，并向生长区扩散，形成对流，由于生长区的温度相对较低，随即呈过饱和状态，溶质在籽晶上不断析出；析出溶质后的溶液又重新回到下部高温溶解区呈不饱和溶液，继续溶解培养料，如此往复循环，晶体逐渐长大。完成温差法晶体上生长的必要条件如下：

① 在高温高压的某种矿化剂溶液中，不仅能促进晶体原料具有一定值的溶解度，而且能够形成所需的单一稳定晶相。

② 有足够大的溶解度温度系数，既在适当的温差下能够形成足够的过饱和度而又不会产生过饱和后的自发成核。

③ 具备适合晶体生长所需的一定切型和规格的籽晶，并使原料的总表面积与籽晶总面积之比足够大。

④ 溶液密度的温度系数要足够大，使得溶液在适当的温差条件下具有引起晶体生长的溶液对流和溶质传输作用。

⑤ 备有耐高温高压和耐腐蚀的高压釜容器，通常情况下，高压釜内部具有贵金属的内衬。

8. 高压釜　加热器　控温部分

【**答案解析**】水热法生长宝石晶体所需要的基本设备包括高压釜、加热器、控温部分等。

（1）高压釜：由于水热法生长宝石晶体需在一定的温度和压力下进行，因此设备需要能够承受一定的温度和压力，应由高强度、低蠕变钢材制成，具有足够的壁厚经受内压。常用的釜体材料一般是高强耐热、抗腐蚀性好、抗蠕变性强的特种合金钢。此外，为了防止高压釜本体与矿化剂以及宝石原料溶液发生反应，所用钢材对于晶体生长所使用的溶液必须呈惰性，或采用铂、金、银对高压釜加衬，达到相互隔离的作用，或使用内压和外压相等的密封贵金属材料为容器提供保护。高压釜需具有良好的密封装置，同时安装保险阀，作为防止压力过高的安全防护措施。高压釜的密封是关键技术之一，如压缩式、拉封式。密封材料有银、纯铁、石墨、铜等各种软材料。

（2）加热器：为加热装置，必须能够提供所需要的工作温度和温度梯度，一般用电阻丝加热。高压釜可直立在一块加热板上，由高压釜周围保温层的不同厚度来调节温度梯度；或用一台具有合适的绕组分布或不同位置绕组可分别加热的管式炉，也称温差加热炉，来提供所要求的加热温度和温度梯度。

（3）控温部分：为保证晶体正常生长，需控制生长区和溶解区的温度以及两个区域之间的温度差。

9. K_2CO_3　Fe^{3+}　K_2CO_3　Fe^{3+}　K_2CO_3　Co^{2+}

【**答案解析**】各种水晶所使用的矿化剂及致色元素见表 3-8。

表 3-8　各种水晶所使用的矿化剂及致色元素

致色元素	颜色	矿化剂	籽晶切向
Cu_2O	淡黄色	K_2CO_3	
$Cu(OH)_2$			
$TiCl_3$ 或含 Ti^{3+} 的硫酸或金属钛	玫瑰色（热处理）	NaOH、Na_2CO_3 或 K_2CO_3； NH_4F、硅酸、磷酸或磷酸盐水溶液	平行大菱面及小菱面切割，或沿（0001）面切成长方形
$Ti(OH)_4$	浓绿褐色	K_2CO_3	
$Ni(OH)_2$	淡绿青色		
$Co(OH)_2$	砖茶色、蓝色（辐照）	NaOH 或 KOH 或 K_2CO_3	
$2CoCO_3 \cdot 3Co(OH)_2$			
V_2O_5	淡茶色	K_2CO_3	
Fe(FeO)	紫色（辐照）	K_2CO_3 硝酸或亚硝酸锂或硝酸锰作为强氧化剂，使二价铁变成三价铁，使紫水晶有高纯的颜色。 锂离子可使溶液中的铝形成不溶性的 $LiAlSiO_4$，防止铝进入晶体	平行小菱面（r 面）切割的籽晶
$Fe(OH)_3$ 或金属铁	黄绿、黄褐、黄色	K_2CO_3	平行（0001）或与（0001）面成 20°角
$K_2Cr_2O_7$	绿色		
$Cr(OH)_3$			
CrO			
$MnCO_3$	茶褐色		
MnO_2			
$KMnO_4$			

10. 准备阶段　装釜阶段　生长阶段　开釜阶段

【答案解析】水热法合成水晶的工艺流程可大致分为以下四个阶段：

（1）准备阶段：包括溶液的配制，籽晶的切割与清洗，培养料（主要为熔炼石英）、籽晶、籽晶架挡板、系籽晶金属丝和高压釜自由空间等的体积计算，充填度计算以及密封环压圈尺寸、加温、测温系统的检查等。

（2）装备阶段：将熔炼石英放入高压釜内，放置籽晶架，倒入矿化剂溶液，测定液面高度，安装密封塞，密封高压釜，然后将高压釜装入炉膛中，插入热电偶，盖上保温罩等。

（3）生长阶段：加热炉通电加热，将高压釜升温并进行温度调节，调节至所需要的温度并控制温差，并保持温度稳定，一般要求温度波动在 5 °C 以内。生长完毕后停炉，打开保温罩，使上部热量的散失快于下部。降温后将高压釜提出炉膛。

（4）开釜阶段：当釜体温度降到室温后，进行开釜并取出晶体，倒出残余溶液以及剩余的熔炼石英，清洗并检查晶体及高压釜。

11. 双晶　包裹体　位错　生长条纹

【答案解析】合成水晶主要包括以下几种缺陷：

（1）双晶：包括两种成因，一种为遗传籽晶中的双晶，一种为晶体在生长过程中形成的双晶。

（2）包裹体：包括两种类型，分别为固体包裹体和气液包裹体。其中固体包裹体多为面包渣状包裹体，可能为锥辉石、石英微晶核或未溶粉末；气液包裹体多呈长条状，主要出现在籽晶的生长界面上。

（3）位错：多为刃位错和混合位错，还可有层错。位错一般源于籽晶、籽晶-晶体的界面以及晶体内部所含的包裹体。

（4）腐蚀隧道：是籽晶经过腐蚀形成的。籽晶进行腐蚀时，在位错与晶体表面的交错处形成腐蚀坑，少数可形成管道，即腐蚀隧道。其形成与位错、包裹体及不均匀沾染的杂质等有关。

（5）生长条纹：由于晶体的异向性，在不同方向的生长速度不同，由于晶格平面的位移而产生的线缺陷，从而导致产生生长条纹。

12. 水晶　刚玉　祖母绿　锯齿状纹理　籽晶残余　金属包体

【答案解析】（1）水热法能够合成的宝石品种详见例题 4。

（2）水热法合成宝石的典型内含物特征包括籽晶残余、锯齿状纹理、固体包体、气液包体等。

① 籽晶（或种晶）残余：利用水热法生长宝石时，常使用尺寸相对较大的籽晶片（或称种晶板），常残余在成品宝石中，形成典型的包裹体之一。籽晶残余最重要的鉴定特征为籽晶与生长晶体之间的界面或界线，常体现在颜色、生长纹、内含物等方面。

a. 颜色差异：籽晶的颜色可与生长出的晶体不同，可见明显的颜色界面，若颜色相同导致界线不明显，可在浸液中观察。

b. 生长界线：籽晶片与生长层之间可见不规则波纹状生长界线，该现象是由生长过程中轻微的扰动以及与籽晶斜交的多余晶生长所引起的。

c. 开裂现象：由于籽晶与晶体之间存在较大的应力，因此可见沿籽晶片方向开裂呈平直的裂隙或形成细小的应力纹。

d. 细小包裹体：籽晶周围常见细小包裹体，例如合成祖母绿中常见籽晶周围的云雾状两相包裹体，合成水晶中可见杂质或自发形成的微晶等。

② 锯齿状纹理：绝大多数水热法生长的宝石晶体中都有明显的波状生长纹或锯齿状生长纹，例如合成刚玉、合成祖母绿等。

③ 固体包体：水热法合成宝石中常见的固态包体有合成水晶中的锥辉石或石英的微晶核组成的“面包渣”状包体，合成祖母绿中的硅铍石包体（有时和气液包体一起形成钉状包体），合成刚玉宝石中呈絮状或团絮状分布的黄金微晶集合体。

④ 气液包体：水热法晶体生长是所有晶体生长方法中唯一有水参与的方法，因此，生长的晶体中常可见到气液包裹体，与天然宝石相类似。区别在于合成晶体中的气液包体立体感强且较为规则，主要出现在籽晶的生长界面上。

13. 过饱和度　矿化剂的性质和浓度　对流挡板　生长区的温度与温差

【答案解析】影响水热法生长宝石晶体的因素包括如下几类：

（1）溶液的过饱和度：只有当溶液到达一定程度的过饱和度时，晶体才会从溶液中析出。

纯净的过饱和度很低的溶液虽然在热力学上不稳定，但可较长时间保持原有的状态而不发生结晶。当引入籽晶时，可促进非均一性成核作用的发生，可使溶液在过饱和度很低的情况下发生结晶作用。

（2）矿化剂的性质和浓度主要体现在如下几个方面：

① 由于晶体材料在纯水中的溶解度很小，且溶解度系数较小，加入适当的矿化剂可使供应晶体生长的原料有较大的溶解度和足够大的溶解度温度系数。

② 加快晶体成核速度：某些矿化剂还可与结晶物质原料形成络合物。

③ 影响晶体的质量和生长速度：矿化剂的浓度与晶体生长速度呈正比，但当其浓度超过一定范围时，生长速度不再增加；此外，不同种类的矿化剂对晶体生长速度具有影响，例如生长水晶时，选用 NaOH 做矿化剂时自发晶芽少，透明度好，但生长速度较低，采用混合溶剂时，可得到快速生长的优质水晶。

④ 改善晶体的质量：不同种类的矿化剂可影响晶体的生长质量，例如生长刚玉时提高矿化剂的浓度可改善晶体的透明度。

（3）对流挡板：生长区和溶解区之间装有挡板，其作用是调整生长系统的质量交换，并增大生长区和溶解区之间的温差。挡板上打有圆孔，其面积与挡板面积之比称之为挡板开孔率，其大小直接影响生长区和溶解区的温度变化，并且开孔率与生长速率一般呈反比，即开孔率大，生长速率减小。

（4）温度与温差：

① 溶解区内的温度：影响晶体原料的溶解度和溶液浓度，进而决定原料或溶质达到生长区的数量。

② 生长区内的温度：决定晶体是否能够生长。只有温度达到一定数值时，才能形成过饱和溶液，晶体才能生长。同时，生长区的温度直接影响晶体的生长速度，当温差一定时，生长区的温度与晶体的生长速度呈正比，但生长速度过大，在晶体生长后期会因原料供应不足而产生裂隙。

③ 温差的影响：当生长区的温度确定后，温差是快速生长优质晶体的关键因素之一。由于温差的存在，溶解区与生长区溶液可产生对流，为晶体原料物质的传输提供动力，直接影响对流速度和过饱和度的高低。温差越大，质量交换越快，晶体生长速度越高。温差过大会使得部分晶体生长原料以包裹体的形式进入晶体，从而影响晶体的净度和透明度。

（5）压力与充填度：在一定温度和溶液浓度的条件下，高压釜内的压力主要来自高温条件下其内部充填的大量的气液混合物，其大小是由反应腔内溶液充填度所决定。在同一温度下，充填度越高、压力越大、生长速度越快。但充填度过大，将会导致高压釜内压力过大，给釜体材料的选择带来困难，同时在高压条件下，矿化剂对高压釜可产生严重的腐蚀。充填度一般不超过 86%。

（6）杂质：主要表现在对晶体几何外形和晶体颜色的影响。杂质元素会改变晶体不同面网上的表面能，从而影响面网生长速度，进而导致晶体生长形态的变化。此外，杂质不同，可使晶体形成不同的颜色。

（7）水热法合成宝石常使用种晶板，种晶板具有如下作用：

① 促进非均一性成核的发生：从溶液中生长晶体的关键因素之一是使溶液达到一定的过饱和度，但是，纯净的、过饱和度很低的溶液虽然在热力学上是不稳定的，但可较长时间地

保持原有的状态而不发生结晶，当溶液中放置籽晶时，可降低晶体形成的成核势能，使溶质在较低的饱和度下结晶。

② 控制晶体生长速度与质量：由于晶体具有异向性，不同方向的生长速度不同，例如水晶小菱面体方向的生长速度大于大菱面体晶面的生长速度，为保证晶体具有合适的生长速度以及较高的晶体质量，需对籽晶进行定向。若晶体生长速度过快，则晶体易产生晶格缺陷，从而导致晶体质量下降。因此在选择种晶时，需选择合适切向的籽晶，保证晶体具有合适的生长速度与生长质量。

合成水晶采用的籽晶取向基本上有两种，一种为 Z 切向籽晶，即垂直于 Z 轴方向，该方向不仅生长速度快，且杂质不易进入晶体，晶体的外形与质量均较高；二是 Y 棒籽晶，即籽晶的长度方向平行于 Y 轴，宽度方向平行于 X 轴，利用该籽晶生长出的晶体细长，在生长时晶体受溶液对流影响较小，不易产生后期裂隙，易于加工。

（8）培养料（原料或溶质）：培养料的加入量需足以供应一定大小晶体生长所需的量，并在质量上要求质地均匀、无杂质、表面干净，具有一定的表面积比等。如生长水晶时，溶解量与生长晶体的表面积比要大于 5。

14. 增大溶解度　增加溶解度温度系数　促进成核作用

【答案解析】详见填空题 13 题。

15. 自发成核法　籽晶生长法

【答案解析】根据晶体成核及晶体生长的方式不同可将助熔剂生长宝石的方法分为两大类：自发成核法和籽晶生长法。

（1）自发成核法：按照获得过饱和度方式的不同，可分为缓冷法、反应法和蒸发法。

① 缓冷法：在高温炉中使晶体材料全部熔融于助溶剂中之后，缓慢地降温冷却，使晶体从过饱和熔体中自发成核并逐渐生长的方法。此方法可用于生长无色合成蓝宝石、合成红宝石、人造钇铝榴石等。

② 反应法：是将助熔剂加入晶体原料熔融后，助熔剂与原料发生化学反应，助熔剂中的某些组分成为新生长的晶体组分的一部分，反应后的成分在熔融液中维持一定的过饱和度，从而使晶体成核生长的方法。

③ 蒸发法：在恒温条件下蒸发溶剂，使熔体处于过饱和状态，从而使晶体从熔体中析出并长大的方法。

（2）籽晶生长法：是一种在熔体中加入籽晶的晶体生长方法，主要目的是克服自发成核时晶粒过多的缺点，其生长原理与自发成核法相同，仅是在晶体上结晶生长而已。根据生长的工艺过程不同，分为籽晶旋转法和顶部籽晶旋转提拉法。

① 籽晶旋转法：由于助熔剂熔融后黏度较大，熔体向籽晶扩散较为困难，采用籽晶旋转的方法可起到搅拌的作用，使晶体生长较快，且能减少包裹体。

② 顶部籽晶旋转提拉法：是助熔剂籽晶旋转法与熔体提拉法相结合的方法，其原理为原料在坩埚底部高温区熔融于助熔剂中，形成饱和溶液；在旋转搅拌作用下扩散和对流到顶部相对低温区，形成过饱和溶液；在籽晶上结晶生长，随着籽晶的不断旋转和提拉，晶体在籽晶上逐渐长大。

16. 缓冷法　反应法　蒸发法

【答案解析】见填空题 15 题。

17. 籽晶旋转法　顶部籽晶旋转提拉法　底部籽晶水冷法

【答案解析】见填空题 15 题。

18. 红宝石　蓝宝石　尖晶石　助熔剂残余　金属包体　气相包体

【答案解析】（1）助熔剂法能够生长的宝石晶体详见例题 4。

（2）助熔剂法生长宝石晶体的典型内含物特征包括如下几类：

① 助溶剂残余：由于助熔剂法生长宝石晶体的过程中，使用了助熔剂这一物质，因此不可避免地会进入宝石晶体中形成内含物，其形成与晶体的非稳定生长有关，因此该类包裹体是助熔剂法生长宝石典型的内含物特征之一。其鉴定特征如下：

a. 分布特征：常沿裂隙分布、或沿晶体生长面呈近于平行的带状分布，呈云翳状或花边状，由细小的助熔剂小滴或孔洞聚集而成的带状图案。

b. 形态特征：在不同的宝石中可形成不同的形态，例如助熔剂法合成红宝石中的助熔剂常见树枝状、栅栏状、网状、扭曲的云翳状、管状、熔滴状、彗星状。

c. 颜色与光泽：在透射光下，助熔剂残余多为不透明，呈灰黑色、棕褐色，以致黑色，反射光下，可呈现浅黄色、橙红色，并且具有金属光泽。

d. 其他特征：助熔剂熔滴在未脱玻化前呈均一的玻璃态，在急速冷却条件下，发生收缩，形成空洞，空洞边缘是收缩后的固态，并具有马赛克状结构。个别条件下，助熔剂在空洞边缘结晶出晶芽，空洞壁失去光滑外表，成为一条不规则的折线。极个别条件下，由于固溶体分离作用，产生类似天然的三相包体形态，其中最外围为玻璃态，中心为收缩空洞，在玻璃态中，还可能存在某种助溶剂的结晶态。

② 坩埚金属材料包裹体：为防止坩埚与熔体发生反应，坩埚内部常使用贵金属内衬，例如铂金，一旦进入熔体中，可形成金属包裹体，例如铂金片可呈三角形、六边形或不规则多边形，透射光下不透明，反射光下呈银白色金属光泽。

③ 未熔粉末：例如助熔剂法合成祖母绿中可见未熔化的固体熔质包裹体，呈羽毛状、纱状或束状。

④ 结晶相包裹体：结晶相的形成是由于晶体在生长过程中，温度降到其他晶相可以稳定存在的范围；或者由于组分过冷，成分分布不均匀，其他晶相在局部区域形成较高的过饱和度，新晶体相便可以在晶体界面上发生非均匀三维成核，晶芽附着于晶体表面，并随着晶体的生长被包裹在晶体内部形成包裹体，例如助熔剂法合成祖母绿中可见硅铍石。

⑤ 籽晶残余：助熔剂法生长宝石常使用籽晶，并残余在宝石成品中，可通过颜色的差别、籽晶周围的内含物特征进行鉴别。

⑥ 气相包体：由于熔体黏滞性较大，熔体搅拌不均匀，某些助熔剂的气体未能完全挥发出去，而被包裹在晶体中；有时由于助溶剂的收缩作用，形成空洞，与助熔剂同时存在，形成气固两相包裹体。

⑦ 生长条纹和色带：由于组成成分的相对浓度变化，或杂质浓度的周期性变化，或由于温度的波动和对流引起的震荡，可形成平直的生长条纹，例如助熔剂法合成红宝石、合成祖母绿中均可见平直的色带；此外，在拉姆拉合成红宝石中出现的一种搅动状的颜色不均匀现象，多罗斯合成红宝石中出现的蓝色三角状生长带，可作为助熔剂法合成红宝石的鉴定特征。

19. 卤化物类　铅、铋化合物类　硼化物类（复杂反应熔液类）

【答案解析】助熔剂可分为以下四种类型：

（1）简单离子性盐类——卤化物类，主要包括 LiF、NaF、NaCl、KF、BaF_2、ZnF_2、LaF_3、Na_3AlF_6，具有熔解能力较低、熔剂易于挥发，对铂金坩埚有侵蚀，且难以得到大晶体的性质。

（2）极性化合物类——铅、铋化合物类，是目前使用最为广泛的一类助熔剂，如 PbO、PbF_2、$PbCl_2$、PbO-PbF_2、Bi_2O_3、BiF_3、Bi_2O_3-B_2O_3 等。在熔融状态下，导电性及熔解能力均较强，常与溶质形成复杂离子团，具有很强的离子性。

（3）网络液体——硼化物类，使用较为广泛，如 B_2O_3、$NaBO_2$、$Na_2B_4O_7$、KBO_2、BaB_2O_4 等。具有低熔点、低挥发性的优点，适用于籽晶法晶体生长。

（4）复杂反应熔液类——钒酸盐、钼酸盐、钨酸盐，应用不广泛，包括 V_2O_5、Li_2VO_3、MoO_3、Li_2MoO_4、$Li_2Mo_2O_7$、Li_2WO_4、$Li_2W_2O_7$ 等。晶体成分与助熔剂熔液有较强的键合，并在晶体生长过程中，伴随化学反应。

20. 降低宝石生长所需温度　促进晶体生长　溶解溶质

【答案解析】助熔剂在合成宝石过程中具有如下作用：

（1）降低宝石生长所需的温度：助熔剂法合成宝石的基本原理是将组成宝石的组分原料在高温下熔融于低熔点的助熔剂中，使之形成均匀的饱和熔融液，然后通过缓慢降温或在恒定温度下蒸发溶剂等方式，使熔融液处于过饱和状态，从而使宝石从过饱和熔融液中生长出来的方法。可用二元组分的共晶型相图来说明。

假设宝石组分 A 的熔点为 T_A，助溶剂作为低熔点组分 B 的熔点为 T_B，将 A 组分和 B 组分进行混合，混合比为 X，受热熔化后，A、B 组分均匀熔融呈熔融液，此时作为混合组分 X 的熔点为 P。当温度下降时，A 组分在 Q 点，相当于 T_Q 的温度时结晶析出。再降低温度，熔融液的组分比沿 T_AQE 变化，最后达到 E 点的组分，E 点成为低共熔点。在这个过程中，A 组分不断析出或生长成晶体（见图 3-2）。

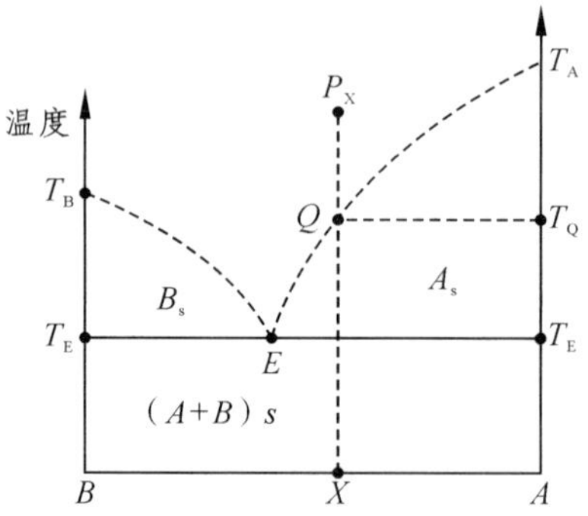

图 3-2　二元组分的共晶型相图

（2）作为溶剂溶解溶质：助熔剂应对晶体材料具有足够强的溶解能力，在晶体生长的温度范围内，助熔剂的溶解度要有足够大的变化范围，以便获得足够高的晶体产量。

（3）促进晶体生长：助熔剂应具有尽可能小的黏滞性，使得溶质具有较快是扩散速度，从而提高晶体生长速度。此外，助熔剂应具有尽可能低的熔点和尽可能高的沸点，以便选择理想的和较宽的晶体生长温度。

21. 红宝石　蓝宝石　变石

【答案解析】详见例题 4。

22. 加热系统　坩埚及其支撑和籽晶夹　传动系统　气氛控制系统　后加热器

【答案解析】晶体提拉法生长宝石的装置包括以下五个部分：

（1）加热系统：包括加热、保温和控温三个部分。

① 加热装置：包括电阻加热和射频感应加热两大类。其中电阻加热方法简单，容易控制；射频加热设备复杂，其加热原理是通过交变的电磁场使被加热材料内产生涡流，从而达到高温使材料熔化。

② 保温装置：采用电阻加热时，常采用金属材料以及耐高温材料等做成热屏蔽罩和保温隔热保温装置，且金属外壳一般用水冷却。在开放系统中采用电阻加热时，保温装置是用热导率较小的保温材料和耐高温材料制成的炉体。

③ 控温装置：主要由比较器、传感器、控制器、功率源、负载等组成，通常要求各部分由相应的精密仪器进行操作和控制。

（2）坩埚及其支撑和籽晶夹。

① 坩埚：用于盛放熔体的容器，常用的坩埚材料为铂、铱、钼、石墨、二氧化硅或其他高熔点氧化物。坩埚的优劣直接影响晶体生长，因此对其要求包括如下几点：

a. 化学性质稳定，且不与熔体发生反应。

b. 在工作温度下有较高的机械强度。

c. 纯度高，不污染熔体。

d. 具有低的孔隙率。

e. 熔点远高于晶体材料熔点。

f. 加工性能好，来源方便，价格低。

g. 容易清洗，除尽表面杂质。

② 坩埚支撑：用来安放坩埚的装置。

③ 籽晶夹：用来装夹定向生长用的籽晶。

（3）传动系统：一般由籽晶杆、坩埚轴和升降系统组成。

（4）气氛控制系统：不同晶体需在不同的气氛中生长，如 YAG、刚玉晶体需在氩气气氛中进行生长。该系统由真空装置和充气装置组成，其中充气装置包括气源、减压器、压力表、流量计等。

（5）后加热器：晶体在离开熔融液面后，不能直接进入室温的空间否则会由于温度的急剧变化而产生内应力使晶体破裂，因此需在设备上添加加温设备，使晶体逐渐冷却。

23. 籽晶的切割和加工　熔体温度控制　拉速与转速

【答案解析】影响晶体提拉法晶体生长的因素包括籽晶的切割和加工、熔体温度控制、拉速与转速、杂质等。

（1）籽晶的切割和加工：为减少生长晶体从籽晶中继承的晶格缺陷，需选择无位错或位错密度较低的宝石单晶制作籽晶，且籽晶在切割后用热腐蚀溶液除去籽晶表面上的加工损伤，下种过程中要确保籽晶得以充分预热，保证籽晶和熔体能够充分沾润，使晶体在清洁的籽晶表面生长，在生长过程中采用“缩颈”的方法排除位错。

（2）熔体温度控制：要求熔体中的温度的分布在固液界面处的温度恰好是熔点，保证籽晶周围的熔体有一定的过冷度，其余位置温度高于熔点，可保证晶体稳定生长，否则易出现假成核现象。

（3）拉速与转速：

① 拉速：拉速取决于待生长晶体的直径、熔体温度、位错包裹体和组分过冷度。

② 转速：转速可改变界面的形状、熔体的流动，从而改变温度和杂质的分布。适当的转速可对熔体产生良好的搅拌作用，达到减少径向温度梯度，阻止组分过冷的目的。转速过高，则会导致液流不稳定。

（4）杂质：杂质会引起熔体温度的变化，并且掺杂的种类和数量，对晶体质量的影响程度也不相同。

24. 晶体提拉法

【答案解析】熔体倒模法实际上是晶体提拉法的变种，其本质是控制晶体形状的提拉法，也称为定型晶体生长方法，即直接从熔体中控制具有各种截面形状晶体的生长技术。

25. 合成红宝石　合成蓝宝石　人造钇铝榴石　合成钻石　合成翡翠　合成钻石　合成碳硅石

【答案解析】详见例题 4。

26. 石墨　甲烷

【答案解析】（1）高温高压法合成的基本原理是将非金刚石结构的碳（如石墨）转化为钻石结构的碳。所使用的原料可为石墨或钻石。

（2）CVD 法合成钻石的基本原理为将甲烷和氢气导入反应腔，利用电热丝、微波、火焰、直流电弧等设备，将碳从化合物分解成原子，在反应腔内形成等离子体。在氢的催化作用下，使每一个碳原子与四个碳原子结合形成钻石结构。

27. 硅酸钠　硅酸铝

【答案解析】选用硅酸钠和硅酸铝为原料合成翡翠的优点如下：

（1）配方理想：1 mol 硅酸钠和 1 mol 硅酸铝反应，正好生成 2 mol 的翡翠，无其它物质生成；化学反应方程式为：$Na_2SiO_3+Al_2(SiO_3)_3 = 2NaAlSi_2O_6$。

（2）温度低且时间短：混合试剂仅需在 1100°C 下恒温 2 h 以上即可实现翡翠的合成，对设备要求简单，节约能源和时间。

28. 均一性　非均一性

【答案解析】详见名词解释。

29. 焰熔法　水热法　助熔剂法　提拉法　冷坩埚熔壳法　区域熔炼法

【答案解析】为促进成核作用的发生，在生长宝石晶体时常引入籽晶，应用籽晶合成宝石的方法主要包括焰熔法、水热法、助熔剂法、提拉法、熔体导模法、高温高压法、化学气相沉淀法等。一般不需要籽晶的方法包括冷坩埚熔壳法、区域熔炼法等。

注：部分助熔剂法并未使用籽晶，如自发成核法。

30. 气-固　液-固　固-固　液-固　液-固

【答案解析】详见例题 6。

31. 焰熔法　助熔剂法　晶体提拉法　水热法　化学液相沉淀法

【答案解析】详见例题 6。

32. 助熔剂法　水热法　焰熔法　区域熔炼法

【答案解析】需要使用坩埚的宝石生长方法主要包括助熔剂法、水热法、晶体提拉法、冷坩埚熔壳法等；不需要使用坩埚的宝石生长方法主要包括焰熔法、区域熔炼法、高温高压法、化学气相沉淀法等。

33. 水热法　助熔剂法

【答案解析】详见名词解释。

34. 焰熔法　晶体提拉法　助熔剂法　水热法

【答案解析】（1）弯曲生长纹：该类包裹体的形成常与宝石在生长过程中的旋转有关，例如，焰熔法生长宝石过程中，籽晶杆边旋转边下降；晶体提拉法在生长过程中，籽晶杆边旋转边向上提拉，因此，受旋转作用的影响，常形成弯曲的生长纹。

（2）平直的色带：平直的色带可能受到籽晶片（或称种晶板）以及晶体本身的对称的影响，主要为水热法、助熔剂法：

① 助熔剂法合成刚玉：可出现笔直的生长环带及不均匀色块；拉姆拉合成红宝石中出现的一种搅动状的颜色不均匀现象和多罗斯合成红宝石中出现的蓝色三角状生长带；

② 水热法合成刚玉：具颜色深浅不一的生长纹，可呈锯齿状、波纹状，沿光轴方向观察可以发现两个方向的生长纹，交织成网状；

③ 助熔剂法合成祖母绿：常见色带，色带可呈平直状或交叉成六边形状；

④ 水热法合成祖母绿：波状或锯齿状生长纹和色带，大多平行于种晶板，与 Z 轴的交角在 22°～40°，具不规则的而颗粒边界，近垂直于色带，形成角状图案；

⑤ 高温高压法合成钻石：散射照明下，可见其颜色分布不均匀，常显示或清晰或模糊的“沙漏状”、“马耳他十字”或其他几何图案，如四边形、八边形、柱形等的色带或色区。

（3）其他合成宝石的方法颜色相对均匀，或出现不规则状的颜色分布特征，如区域熔炼法、冷坩埚熔壳法、熔体导模法等。

35. 1.47～1.70

【答案解析】详见名词解释。

36. 1.728　3.64　1.718　3.60

【答案解析】折射率和相对密度值可辅助区分天然宝石与合成宝石，如合成尖晶石的折射率值和相对密度值通常高于天然尖晶石；合成祖母绿的折射率值、双折射率值、相对密度值通常低于天然祖母绿。

37. 合成立方氧化锆　合成碳化硅　玻璃等。

【参考答案】可用于模仿钻石的人工宝石主要包括合成立方氧化锆、合成碳化硅、玻璃、人造钇铝榴石、人造钛酸锶、人造钆镓榴石、合成尖晶石、合成金红石等，各人工宝石的鉴定特征统计如下：

（1）合成立方氧化锆（见表 3-9）。

表 3-9　合成立方氧化锆

宝石学性质	特征描述	宝石学性质		特征描述
晶系	等轴晶系	力学性质	硬度	8 左右，一般在 7.5～8.5，低于钻石，放大观察可见圆滑的刻面棱及划痕
晶形	块状		解理	无解理

续表

宝石学性质		特征描述
光学性质	颜色	颜色丰富，包括无色及各种颜色
	光泽	亚金刚-金刚光泽，弱于钻石
	透明度	透明
	光性	光性均质体，可见异常消光
	折射率	2.18 低于钻石
	色散	0.060，高于钻石，理论上火彩应强于钻石，但由于合成立方氧化锆切工一般较差，因此火彩一般弱于钻石
	紫外荧光	LW：黄橙色荧光 SW：黄色荧光 部分晶体只在短波下有荧光反应，另一些甚至不产生荧光
	吸收光谱	无特征吸收光谱，因致色元素不同而异
内含物特征	断口	贝壳状断口
	相对密度	5.89，高于钻石
		① 气态包体或裂纹； ② 未溶粉末形成面包屑状包裹体； ③ 偶见旋涡状内部特征
导热性		低于钻石，手摸有温感，热导仪无钻石反应
稳定性		化学性质稳定，耐酸、耐碱、耐化学腐蚀性良好

（2）合成碳化硅（见表 3-10）。

表 3-10　合成碳化硅

宝石学性质		特征描述
晶系		六方晶系
晶形		块状
光学性质	颜色	无色或略带浅黄、浅绿色调
	光泽	亚金刚光泽
	透明度	透明
	光性	一轴晶正光性
	折射率	2.648～2.691，高于钻石
	双折射率	0.043，火彩强于钻石
	色散	0.104，强于钻石
	多色性	不特征
	紫外荧光	长波下呈无色至橙色
	吸收光谱	425 nm 以下有一弱吸收
	红外光谱	1800 cm^{-1} 以下吸收，2000～2600 cm^{-1} 波数内有几条强的吸收峰
力学性质	硬度	9.25
	解理	无
	韧性	极好
	相对密度	3.22±0.02
内含物特征		① 白线状细长的管状物、不规则空洞、小的 SiC 晶体、负晶； ② 深色具有金属光泽的球状物，三粒或多粒呈现状排列； ③ 呈云雾状、分散的针点状包体； ④ 气泡； ⑤ 刻面棱重影
热学性质		热导率为 230～490 W/（m·K），与钻石的导热性相近
稳定性		稳定性优于钻石，在空气中 1700 °C 和真空中 2000 °C 稳定

（3）玻璃（见表 3-11）。

表 3-11　玻璃

宝石学性质		特征描述
晶系		非晶体
晶形		块状
光学性质	颜色	无色、红色（Se、Cu、Au）、蓝色（Co）、黄绿色（U）、
	光泽	玻璃-亚金刚光泽
	透明度	透明-微透明
	光性	均质体，常见异常消光
	折射率	多为 1.45～1.70，高铅玻璃、稀土玻璃等，可高达 1.95
	色散	低～高
	吸收光谱	① 蓝色钴玻璃：钴谱，橙、黄、绿区各有一吸收带； ② 红色硒（铜）玻璃：靠近 620 nm 处有强吸收边，对红色以外的其他颜色普遍有程度不等的吸收； ③ 胶态金致色的中红色至柔和的紫红色玻璃：绿区有一可能模糊的带
	特殊光学	猫眼效应、星光效应、变色效应、变彩效应（斯洛卡姆石、仿珍珠）、砂金效应（砂金玻璃）
	荧光特征	随致色离子不同发生变化，常见白垩状荧光
力学性质	硬度	4.5～6，放大观察常见划痕，圆滑的刻面棱
	解理	无
	断口	贝壳状断口
	相对密度	多为 2.2～4.5，最高可达 6.3
内含物特征		① 内部常含气泡和旋涡纹，气泡可为圆形、椭圆形乃至管状，有时在表面会有气泡留下的半球形凹坑。 ② 铸模方式生产的制品常见铸模痕（即铸件毛边，是铸模边缘形成的细而未经抛光的细线形脊）。刻面石常因玻璃冷却收缩而使刻面呈内凹状，表面还会有麻点和凹坑，且刻面棱边圆钝而不锐利。 ③ 砂金玻璃中可见呈棱角状的铜粒。 ④ 玻璃猫眼侧面观察可见蜂窝状构造
导热性		明显低于钻石，手摸有温感，热导仪无钻石反应

（4）人造钇铝榴石（见表 3-12）。

表 3-12　人造钇铝榴石

宝石学性质		特征描述
晶系		等轴晶系
晶形		块状
光学性质	颜色	无色及各种彩色
	光泽	玻璃-亚金刚光泽
	透明度	透明
	光性	均质体
	折射率	1.833，低于钻石
	色散	0.190，火彩强于钻石
力学性质	硬度	8
	解理	无解理
	断口	贝壳状断口
	相对密度	4.50～4.60
内含物特征		洁净，偶见气泡

续表

<table>
<tr><td colspan="2">宝石学性质</td><td>特征描述</td><td colspan="2">宝石学性质</td><td>特征描述</td></tr>
<tr><td rowspan="3">光学性质</td><td>紫外荧光</td><td>无色者：无至中等橙色（长波），无至中等红橙色（短波）
粉红色、蓝色者：无荧光
黄绿色者：强黄色，可具磷光
绿色者：强红色（长波）；弱红色（短波）</td><td rowspan="3"></td><td colspan="2" rowspan="3"></td></tr>
<tr><td>吸收光谱</td><td>深绿色、浅粉色及浅蓝色者：600～700 nm 有多条吸收线</td></tr>
<tr><td>特殊光学效应</td><td>变色效应（Cr 致色）</td></tr>
</table>

（5）人造钆镓榴石（见表 3-13）。

表 3-13　人造钆镓榴石

<table>
<tr><td colspan="2">宝石学性质</td><td>特征描述</td><td colspan="2">宝石学性质</td><td>特征描述</td></tr>
<tr><td colspan="2">晶系</td><td>等轴晶系</td><td rowspan="4">力学性质</td><td>硬度</td><td>6.5～7.5</td></tr>
<tr><td colspan="2">晶形</td><td>块状</td><td>解理</td><td>无解理</td></tr>
<tr><td rowspan="8">光学性质</td><td>颜色</td><td>为无色、浅褐或黄色，也见绿色、紫红色</td><td>断口</td><td>贝壳状断口</td></tr>
<tr><td>光泽</td><td>玻璃-亚金刚光泽</td><td>相对密度</td><td>7.08</td></tr>
<tr><td>透明度</td><td>透明</td><td rowspan="6">内含物特征</td><td colspan="2" rowspan="6">可见气泡、气液包裹体、铂金片、铱金片</td></tr>
<tr><td>光性</td><td>均质体</td></tr>
<tr><td>折射率</td><td>1.97</td></tr>
<tr><td>色散</td><td>0.045，与钻石接近</td></tr>
<tr><td>紫外荧光</td><td>中至强的粉橙色短波紫外荧光</td></tr>
<tr><td>吸收光谱</td><td>不特征</td></tr>
</table>

（6）人造钛酸锶（见表 3-14）。

表 3-14　人造钛酸锶

<table>
<tr><td colspan="2">宝石学性质</td><td>特征描述</td><td colspan="2">宝石学性质</td><td>特征描述</td></tr>
<tr><td colspan="2">晶系</td><td>等轴晶系</td><td rowspan="4">力学性质</td><td>硬度</td><td>5～6</td></tr>
<tr><td colspan="2">晶形</td><td>块状</td><td>解理</td><td>无解理</td></tr>
<tr><td rowspan="8">光学性质</td><td>颜色</td><td>无色、绿色等</td><td>断口</td><td>贝壳状断口</td></tr>
<tr><td>光泽</td><td>玻璃-亚金刚光泽</td><td>相对密度</td><td>5.13</td></tr>
<tr><td>透明度</td><td>透明</td><td rowspan="6">内含物特征</td><td colspan="2" rowspan="6">① 少见气泡；
② 腰围处有明显的磨盘擦痕；并且检查台面抛光情况时，可发现有细痕</td></tr>
<tr><td>光性</td><td>均质体</td></tr>
<tr><td>折射率</td><td>2.409</td></tr>
<tr><td>色散</td><td>0.190，高于钻石，具有强火彩</td></tr>
<tr><td>紫外荧光</td><td>一般无</td></tr>
<tr><td>吸收光谱</td><td>不特征</td></tr>
</table>

（7）合成金红石（见表 3-15）。

表 3-15　合成金红石

宝石学性质		特征描述	宝石学性质		特征描述
晶系		四方晶系	力学性质	硬度	6～7
晶形		块状		解理	不完全
光学性质	颜色	常见浅黄色，也可有蓝、蓝绿、橙色		断口	不平坦状
	光泽	亚金刚-半金属		相对密度	4.26
	透明度	透明～不透明	内含物特征	① 双折射率较高，具有强刻面棱重影现象；② 一般洁净，偶见有气泡	
	光性	一轴晶正光性			
	折射率	2.616～2.903，高于钻石			
	双折射率	0.287，可见明显的重影现象			
	色散	0.330，所有宝石中色散最强			
	紫外荧光	无			
	吸收光谱	黄和蓝色在 430 nm 以下全吸收			

38. 合成尖晶石　合成祖母绿

【答案解析】焰熔法合成尖晶石的折射率和相对密度值均大于天然尖晶石；合成祖母绿的折射率和相对密度值略低于天然祖母绿。

39. 焰熔法　助熔剂法　晶体提拉法　焰熔法　助熔剂法　晶体提拉法

【答案解析】具有气液两相包裹体以及水的吸收峰的晶体，其生长过程中通常有“水”的参与，例如水热法合成宝石；无“水”的环境中生长出的宝石不会出现气液两相包裹体和水的吸收峰，例如焰熔法、助熔剂法、晶体提拉法、区域熔炼法、冷坩埚熔壳法等。

40. 水热法　助熔剂法　焰熔法　晶体提拉法　助熔剂法　水热法

【答案解析】（1）水热法生长宝石常具有板状晶体，主要受种晶板的影响；助熔剂法生长宝石可形成板状晶体，例如合成红宝石，平行双面和菱面体面发育，缺失天然刚玉晶体上常见的六方柱面；熔体导模法可形成板状晶体，主要受模具的影响；CVD 法合成钻石同样呈板状。

（2）原石可形成梨形或棒状的合成宝石方法主要包括焰熔法、晶体提拉法以及区域熔炼法，其中焰熔法和晶体提拉法的晶体形态受生长过程，即边旋转边生长的影响；由于区域熔炼法在原料处理时常处理呈棒状，因此其晶体呈棒状。

（3）原石自形程度较高的合成宝石方法主要包括助熔剂法、水热法、高温高压法；其中助熔剂法合成宝石有时无籽晶的参与，其晶体的生长可受晶体本身的对称特征进行生长；水热法生长宝石可发育完整的晶面，例如合成绿柱石、合成红宝石等；高温高压法合成钻石常具有较高的字形程度，主要发育的单形包括立方体和八面体。

41. 合成碳化硅　锆石　合成金红石　人造钛酸锶　人造钆镓榴石　托帕石　合成碳化硅

【答案解析】（1）可见刻面棱重影的宝石通常具有较高的双折射率，钻石的仿制品中主要为合成碳化硅（DR=0.043）、合成金红石（0.287）、锆石（0.059）。

（2）钻石的折射率值为 2.417，钻石仿制品中与钻石折射率最为接近的是人造钛酸锶（RI=2.409）。

（3）钻石的色散值为 0.044，钻石仿制品中与钻石色散值最为接近的是人造钆镓榴石，色散值为 0.045。

（4）钻石的相对密度为 3.52，托帕石的相对密度为 3.53，与钻石最为接近。

（5）钻石的硬度为 10，合成碳化硅的硬度为 9.25，仅次于钻石，是钻石仿制品中与钻石硬度最为接近的宝石。

三、是非题

1. Y

【答案解析】在天然宝石中存在“水晶”这一种类的宝石，人工生长的“水晶”应属于“合成宝石”，命名时应命名为“合成水晶”。而人造宝石是指由人工制造且自然界无已知对应物的晶体、非晶体或集合体。

2. N

【答案解析】焰熔法能够生长的宝石包括合成（星光）红宝石、合成（星光）蓝宝石、合成尖晶石、人造钛酸锶、合成金红石等，不能合成祖母绿。

3. N

【答案解析】两块天然宝石拼合起来的宝石仍属于“拼合宝石”，属于“人工宝石”。

4. Y

【答案解析】Al_2O_3 和 Cr_2O_3 可形成完全类质同象替代，其中 Cr_2O_3 为绿色，因此当 Cr 含量超过一定量时，变为绿色。

5. N

【答案解析】水热法与晶体提拉法生长宝石时均使用籽晶，但是助熔剂法不一定使用籽晶，根据晶体成核及晶体生长的方式不同可将助熔剂生长宝石的方法分为自发成核法和籽晶生长法，其中自发成核法不使用籽晶。详见填空题 15 题。

注：其他使用籽晶的生长宝石方法包括焰熔法、熔体导模法、高温高压法、CVD 法。

6. Y

【答案解析】助熔剂法与水热法合成祖母绿通常具有相对较小的折射率、双折射率及相对密度值。统计见表 3-16。

表 3-16　助熔剂法与水热法合成祖母绿的折射率、双折射率和相对密度值统计

	折射率	双折射率	相对密度
天然祖母绿	Ne=1.565 ~ 1.586 No=1.570 ~ 1.593	0.005 ~ 0.009	2.69 ~ 2.74
助熔剂法合成祖母绿	Ne=1.560 ~ 1.563 No=1.563 ~ 1.566	0.003 ~ 0.005	2.65 ~ 2.67
水热法合成祖母绿	Ne=1.566 ~ 1.576 No=1.571 ~ 1.578	0.005 ~ 0.006	2.67 ~ 2.69

7. Y

【答案解析】人工宝石也常经过优化处理，例如焰熔法合成宝石常需进行退火处理，即热

处理；水热法合成水晶常经过辐照处理。此外，部分宝石也可经过染色、充填等优化处理方式，模仿天然宝石的鉴定特征。

注：经过优化处理的人工宝石，使用人工宝石的基本名称命名。

8. Y

【答案解析】详见是非题第 7 题。

9. N

【答案解析】助熔剂法合成祖母绿的内部特征包括、助熔剂残余、铂金片、硅铍石、籽晶、色带、未熔固态包体、气相包体等。

（1）助熔剂法合成祖母绿典型的内部包体主要为助熔剂残余，常沿裂隙充填，呈云翳状、花边状；助熔剂残余还可沿晶体生长面呈近于平行的带状分布。

（2）硅铍石常呈无色透明状，形态完整。

（3）色带，呈平直状或交叉呈六边形状，与天然祖母绿相似。

（4）籽晶，常与寄主宝石具有不同的颜色，通常情况下浅于寄主祖母绿。此外，围绕籽晶周围还常见其他类型的包裹体：

① 弯曲的、面纱状或稻草把似的羽状包裹体，由未熔化的原料组成，呈不规则的，似上升扭曲的网格状，也可以像在平的薄板中，且包裹体垂直于光轴。

② 楔形钉状包裹体，由硅铍石的细小晶体成核引起，也可由封闭的圆锥形包裹体或籽晶片组成。

③ 二相包裹体，是一个充满流体的空腔，中间有一个气泡，有的也可在大的钉状包体的头部出现。

④ 小的堆积状晶体类型，由硅铍石晶核堆积而成。

⑤ 稀有的大圆锥形暗褐色包裹体，由多晶体形成。

（5）未熔固态包体：呈羽毛状、纱状或束状，看上去像飘动的窗纱。

（6）气相包体：由于助熔剂具有挥发性造成的，有时与固态包裹体同时存在，构成气-固二相包体。

10. N

【答案解析】玻璃与天然玻璃之间在化学组成、宝石学性质方面均具有较大的差异，因此玻璃应属于“人造宝石”：

（1）玻璃是由氧化硅和少量碱金属元素，如 Ca、Na、K 或 Pb、B、Ti、Al、Ba 的氧化物组成。玻璃的成分变化较大，从几乎由纯的氧化硅组成的硅玻璃，到含有低于 40%的氧化硅，超过 50%氧化铅的铅玻璃，随着氧化铅的含量增加，玻璃的折射率、密度和色散均增加。

（2）天然玻璃是指在自然界条件下形成的“玻璃”，根据成因分为两类，一类为岩浆喷出型黑曜岩、玄武岩玻璃，另一种是陨石型玻璃陨石。

① 黑曜岩：是酸性火山熔岩快速冷凝的产物，主要化学成分为 SiO_2，其质量分数在 60%～75%，还包括 Al_2O_3、FeO、Fe_3O_4、Na_2O、K_2O 等，几乎全部由玻璃质组成，通常含有少量石英、长石等矿物微晶、斑晶、骸晶等。

② 玄武岩玻璃：是玄武岩浆喷发后快速冷凝形成的，SiO_2 的质量分数在 40%～50%之间，MgO、FeO、Fe_3O_4、Na_2O、K_2O 等质量分数高于黑曜岩，常含有长石、辉石等矿物微晶。

③ 玻璃陨石：是陨石成因的天然玻璃，是石英质陨石在坠入大气层燃烧后快速冷却形成的。

11. Y

【答案解析】详见是非题 6 题。

12. N

13. Y

14. Y

【答案解析】12 ~ 14 题，详见填空题 13 题。

15. Y

【答案解析】详见例题 8。

16. Y

【答案解析】当铁元素进入水晶晶体结构后，以三价铁形式替代四面体中心的硅原子，或以原子形式充填到相邻四面体间的空隙中。当铁硅发生替代后，中心原子价态由四价变成三价，形成$[FeO_4]^{5-}$色心，替代后晶体内形成的负电荷由碱金属阳离子（如 Na^+、Li^+）或质子（H^+）进入水晶晶体中和。该色心几乎不吸收可见光，经过辐照处理后，转变为$[FeO_4]^{4-}$色心，$[FeO_4]^{5-}$色心可以吸收可见光波中的 560 ~ 530 nm 的黄绿色光，使水晶产生紫色调。

17. Y

【答案解析】水热法合成刚玉与天然刚玉常具有相似的内含物，表现为云雾状包裹体、愈合裂隙等。但水热法合成刚玉中可见铂金片、锯齿状纹理等，而天然刚玉中常见矿物包体。

18. Y

【答案解析】铂金片或者其他贵金属包裹体常出现在生长过程中使用坩埚的宝石晶体中，例如水热法、助熔剂法、晶体提拉法等。

19. N

【答案解析】尖晶石的理论化学式为 $MgAl_2O_4$，因此理论上合成尖晶石所需的 Al_2O_3 与 MgO 的比例应为 1∶1，但是在焰熔法生长合成尖晶石时，常使 Al_2O_3 过量，生成的合成尖晶石与多余的 Al_2O_3 形成固溶体，得到均质的单晶，且 Al_2O_3 的过剩范围较大，Al_2O_3 与 MgO 之间的比例可高达 4∶1，固溶体产物在 $MgO \cdot Al_2O_3$ 到 $MgO \cdot 4Al_2O_3$ 范围内形成各种单晶的物理性质呈连续变化。若 MgO 过量，则会产生方镁石，使得晶体不稳定。

20. N

【答案解析】熔炼水晶是将水晶边角料或高纯度的石英砂经熔融、冷却、琢磨、抛光等过程而制成，其本质为石英玻璃。主要用于模仿无色水晶。

21. N

【答案解析】自限性是晶体固有的性质，因此所有的晶体均具有自限性。晶体是否能够生长成为规则的几何多面体与其生长的环境密切相关。水热法和助熔剂法生长晶体可具有规则的几何多面体形态。

22. N

【答案解析】塑料欧泊的本质是塑料，属于人造宝石。

23. N

【答案解析】焰熔法无法生长合成祖母绿，可以生长祖母绿的方法主要为水热法和助熔剂法。

24. N

【答案解析】详见填空题 34 题。

25. N

【答案解析】人工宝石中可出现晶体包体，例如合成祖母绿中可出现硅铍石晶体包体。此外，籽晶也属于晶体包体。

26. N

【答案解析】将天然宝石拼合成一个整体的宝石，为拼合石，属于人工宝石，不属于宝石的优化处理。

27. N

【答案解析】自然界虽然不存在宝石级的碳硅石，但是自然界存在碳硅石这种矿物，因此人工生产的碳硅石很显然在自然界有对应物，因此应属于“合成宝石”。

注 1：合成宝石的天然对应物不一定必须可以作为宝石的矿物，类似的还包括合成立方氧化锆。

注 2：虽然含有天然玻璃这种天然玉石，但由于人工生产的玻璃与天然玻璃在成分上有较大的差异，因此玻璃属于人造宝石；类似的还有塑料也属于人造宝石。

四、单项选择题

1. A

【答案解析】详见是非题 6 题。

2. D

【答案解析】A 选项，天然紫晶与合成紫晶的致色元素均是 Fe^{3+}，在晶格中形成$[FeO_4]^{4-}$色心；此外，黄晶的致色元素同样为 Fe^{3+}，颜色成因与 Fe^{3+}-O^{2-}电子跃迁有关。

B 选项，合成水晶与天然水晶的颜色均可均匀，因此颜色均匀仅可作为辅助性鉴定证据，另外，合成水晶中可见流动状构造导致颜色分布不均匀，籽晶的引入可产生平行于种晶板的色带；此外，籽晶也常常与寄主宝石具有不同的颜色；可出现一组平行于种晶板的色带。

C 选项，天然水晶可见三角锥状的色区，而合成水晶无此鉴定特征。

D 选项，面包渣状包体是合成水晶典型的鉴定特征，是锥辉石微小的雏晶，也可以是未溶解的原料或细小的气液两相包体。

3. B

【答案解析】A 选项，高温高压法合成钻石在长波紫外线下无荧光呈惰性，短波紫外线下为无-中的淡黄色、绿黄色、绿黄色不均匀的荧光，局部可有磷光。

B 选项，由于高温高压法合成钻石使用触媒，可作为包裹体存在于合成钻石中，该内含物可使钻石具有磁性。

C 选项，高温高压法合成钻石呈八面体与立方体的聚形。

D 选项，为 CVD 法合成钻石的鉴定特征。

4. B

【答案解析】详见填空题 27 题。

5. C

【答案解析】目前合成欧泊的方法为化学液相沉淀法，其基本的原理为：

使用高纯度有机硅化合物，通过控制水解作用产生单色二氧化硅球体，使分散的二氧化硅球体在控制酸碱度的溶液中沉淀，自动呈现最紧密排列方式。最后通过压实作用，形成合成欧泊。

6. D

【答案解析】A 选项，钻石与合成碳化硅均具有较高的硬度，因此均具有锋利的刻面棱。

B 选项，合成碳硅石的硬度低于钻石，但是硬度测试属于有损测试，不符合快速鉴定的条件。

C 选项，钻石与合成碳硅石具有相近的热导率，因此使用热导仪无法进行区分。

D 选项，钻石为等轴晶系宝石，无双折射率，合成碳化硅为一轴晶宝石，双折射率为 0.043，放大观察可见明显的刻面棱重影，使用放大镜或显微镜即可快速区分。

注：使用偏光镜也是一种快速鉴定的方法。

7. B

【答案解析】A 选项，水晶为非均质体宝石，折射率为 1.544 ~ 1.553，双折射率为 0.009，一轴晶正光性，玻璃为均质体宝石，折射率常为 1.47 ~ 1.70，虽然折射率能够很好地区分玻璃与水晶，但相对于偏光镜，并不够快速，因此不选。

B 选项，水晶在偏光镜下显示四明四暗现象，并可见牛眼状或螺旋桨式干涉图；玻璃常见异常消光，因此偏光镜可快速区分玻璃与水晶。

C 选项，水晶与玻璃均不具有非常典型的吸收光谱，因此分光镜较难区分玻璃与水晶

D 选项，水晶的二色性相对较弱，玻璃为均质体宝石，因此二色镜较难进行区分。

注：类似的题目，要注意“快速”二字的含义，以操作简单，耗时短为特征。

五、多项选择题

1. ABCE

【答案解析】详见填空题 6 题。

2. ABCDEF

【答案解析】可通过宝石的表面特征、内含物特征以及宝石荧光三个方面进行区分，见表 3-17。

表 3-17　宝石的表面特征、内含物特征以及宝石荧光

项目		合成星光刚玉	天然星光刚玉
表面特征	星光	星光浮在表面、异常明亮、不柔和	星光发自晶体内部、柔和
	星线	星线连续且细直均匀，星线焦点清晰且交汇处无加宽加亮现象	星线宽窄不一，呈波浪状向前延伸，星线交汇处加宽加亮
内部特征		可观察到弯曲生长纹、极细白色粉末、极细的金红石包裹体	可见棱角状包裹体，针状金红石针、且颜色有分带现象
紫外荧光	长波	合成星光红宝石呈很强的亮红色	天然星光红宝石呈弱红色
	短波	合成星光红宝石呈极强的亮红色，合成星光蓝宝石呈蓝白色	天然星光红宝石呈弱红色，天然星光蓝宝石呈惰性

3. ADE

【答案解析】A、D、E 选项，所使用的装置均含有观察口，可观察宝石的生长状态。

B 选项，水热法所使用的装置之一为高压釜，为密闭的环境，无法观察宝石的生长状态。

C 选项，高温高压法所使用的设备之一为六面体压机，为封闭的环境，无法观察宝石的生长状态。

4. ABDE

【答案解析】详见填空题 29 题。

5. ABCE

【答案解析】详见填空题 13 题。

6. AB

【答案解析】详见填空题 20 题。

7. ABCD

【答案解析】提拉法和焰熔法两者具有一定的相似性：

（1）生长过程均为“边旋转边生长”，因此具有弯曲生长纹。A 选项正确。

（2）所使用的原料均为粉末，因此常含有未熔粉末包裹体，此外，具有未熔粉末的还包括冷坩埚熔壳法、区域熔炼法等。B 选项正确。

（3）均是熔体直接结晶形成晶体，因此常具有气泡等包裹体，具有气相包裹体的还包括冷坩埚熔壳法、区域熔炼法等。C 选项正确。

（4）生长过程中都有扩肩这一过程，原石均为梨晶，D 选项正确。

8. BDGH　BCDEFGH

【答案解析】A 选项，助熔剂法与水热法合成祖母绿常具有相对较低的折射率和双折射率。详见是非题 6 题。

B 选项，合成祖母绿在滤色镜下一般呈强红色，部分合成祖母绿不变红，例如吉尔森 N 型祖母绿。

C 选项，波状纹理是水热法合成祖母绿的鉴定特征。

D 选项，助熔剂法和水热法合成祖母绿均可具有两相包体，但具有本质的区别，其中，助熔剂法合成祖母绿的两相包体通常为气-固两相包体，其形状是一个充满流体的腔，中间有一个气泡，有的也可在大的钉状包裹体的头部出现。水热法合成祖母绿的两相包裹体由硅铍石晶体和孔洞组成钉状。

E 选项，助熔剂法合成祖母绿可见无色透明、形态完整的硅铍石晶体，此外，水热法合成祖母绿中也常见硅铍石，但常与空洞组成钉状包体。

F 选项，助熔剂法合成祖母绿的生长环境中由于没有水的参与，因此红外光谱中不含水的吸收峰。水热法合成祖母绿可同时具有Ⅰ型水和Ⅱ型水的红外光谱特征，但与天然祖母绿具有一定的差异。

G 选项，助熔剂法和水热法合成祖母绿在生长过程中均使用了坩埚，因此常见贵金属包裹体。

H 选项，助熔剂法合成祖母绿常见色带，色带可呈平直状或交叉成六边形状；水热法合成祖母绿大多平行于种晶板。

9. ADE

【答案解析】由于人造钛酸锶没有对应的天然宝石，因此其鉴定主要依靠其宝石学性质，详见填空题 37 题。

10. ABCDE

【答案解析】CVD 法合成钻石的鉴定特征见表 3-18。

表 3-18　CVD 法合成钻石的鉴定特征

<table>
<tr><th colspan="2">宝石学性质</th><th>特征描述</th></tr>
<tr><td colspan="2">结晶习性</td><td>原石呈板状。CVD 法合成单晶钻石使用天然钻石、高温高压合成钻石或 CVD 法合成钻石切成平行{100}晶面或与{100}交角很小的薄片作为种晶，因此原石多为板状，有大致呈{100}方向的大的顶面，偶尔可在边部见到小的八面体和菱形十二面体</td></tr>
<tr><td rowspan="8">光学性质</td><td>颜色</td><td>暗褐色和浅褐色，也包括近无色和蓝色。
Ⅰb型：掺氮多，绝大多数带褐色调（个别带灰色调），经高温高压处理后可减弱褐色调。
Ⅰa型：掺氮少，为近无色。
Ⅱb型：掺硼，为浅蓝～深蓝色。
Ⅱa型：除氢外无其他杂质的高纯度 CVD 合成钻石，近无色</td></tr>
<tr><td>光性</td><td>强烈的异常消光，不同方向上的消光有所不同。
垂直立方体面观察，可见由残余内应变而导致的格子状、斑点状或镶嵌状的异常消光，显示低的异常干涉色，围绕一些缺陷可见到高干涉色。
垂直{111}和{110}面为近平行的板条状。
整体上其异常双折射弱于天然钻石</td></tr>
<tr><td>紫外荧光</td><td>LW：多数 CVD 合成钻石在长短波紫外灯下的反应变化很大，可呈惰性到橙色。
SW：弱橘黄色荧光，但变化很大</td></tr>
<tr><td>钻石观测仪观察</td><td>掺氮钻石呈现强橙色到橙红色的荧光，并且在垂直{100}的切面上可看到密集的斜条纹，是 CVD 合成掺氮钻石一个重要的鉴别特征。
经高压高温处理的掺氮 CVD 合成钻石主要呈绿色。
高纯度的 CVD 合成钻石不显橙色荧光，但有些样品有微弱的蓝色发光，可能与晶格中的位错有关。
掺硼钻石呈亮蓝色荧光，同样显示条纹或是凹坑或两者都有，这一特征未见于天然Ⅱb型蓝色钻石，部分呈绿蓝色，有磷光反应，可持续几秒至几十秒</td></tr>
<tr><td>光致发光</td><td>DiamondPLus 检测，可见 737 nm 荧光峰，并可见 637 nm、575 nm 发光峰</td></tr>
<tr><td>阴极发光</td><td>呈灰蓝、灰绿、灰紫、橙色等多种色调的单色均匀分布，并显示较明显的层状生长纹理</td></tr>
<tr><td>紫外可见光光谱</td><td>365 nm、520 nm、596 nm 和 625 nm 吸收</td></tr>
<tr><td>红外光谱</td><td>与 H 有关的 8753、7354、6856、6425、5564、3323、3123 cm^{-1} 是 CVD 合成掺 N 钻石的特征吸收峰，但高温高压处理后可消失。天然钻石中与 H 有关的位于 3107 cm^{-1}，在 CVD 法合成钻石经高温高压处理后亦可出现</td></tr>
<tr><td colspan="2">内含物特征</td><td>不规则深色包体、点状包体。
掺氮合成钻石的生长表面具“生长阶梯“现象，由“生长台阶”和将它们分隔开的倾斜的“立板”构成。
部分 CVD 法合成的钻石在垂直晶体生长方向（即平行于{100}面的方向）进行放大观察时，可看到颜色呈层状分布。
在掺氮的褐色钻石中可见褐色的条带，而在掺硼的蓝色钻石中可见蓝色的条带</td></tr>
</table>

宝石学性质	特征描述
X 射线形貌分析	在 CVD 合成钻石平行于生长方向的切面上进行 X 射线形貌分析显示明显的柱状结构，在垂直生长方向的切面上可观察到许多暗色斑点或呈模糊的格子状。这种柱状结构是钻石晶体生长过程中的一些位错从基片分界面或靠近分界面处出现并开始向上延伸的结果

11. ABCD

【答案解析】拼合石具有如下意义：

（1）使一块较小的天然宝石经拼合制成较大的宝石，如拼合钻石。

（2）使宝石的颜色和外观更漂亮，例如使用彩色胶作为黏结剂，可增加宝石的颜色。

（3）使宝石表面更耐磨且光泽更强，例如欧泊三层石的冠部可以使用玻璃、水晶、合成尖晶石、合成蓝宝石等作为拼合材料，增强欧泊的耐久性，且光泽更强。

（4）为又薄又易损坏的天然宝石的薄片，提供坚硬的底托，例如欧泊较薄而易碎，将其拼合在其他坚硬的材料上，如玉髓等，可增强宝石的耐久性。

（5）增加宝石的亮度和透明度，例如将非透明的衬底物质加到宝石的后背上，起到反光的作用。

（6）产生特殊光学效应，例如使用彩色物质作为底衬，可以将较弱的星光效应映衬的更加明显；或采用刻线衬底模拟天然宝石定向排列的针状或管状包体，产生猫眼或星光效应。

12. ABC

【答案解析】水热法合成祖母绿的鉴定特征如下：

（1）外观：一般颜色均匀、色调饱和、净度好。原石多呈厚板状晶体。

（2）红外光谱：天然祖母绿同时含有Ⅰ型水和Ⅱ型水，水热法祖母绿通常只含有Ⅰ型水。部分厂商已经能够合成出具有Ⅱ型水的合成祖母绿，但与天然祖母绿相比，其Ⅱ型水的红外光谱吸收有偏移现象。

（3）籽晶片：水热法合成祖母绿晶体使用了籽晶，而籽晶局部先被溶解再进行生长，显微镜下可观察到籽晶片的残留。

（4）铂金片：多呈六边形或三角形，在反射光中具有银白色外观。

（5）生长纹理及色带：波状或锯齿状生长纹或色带，大多平行于种晶板，与 Z 轴的交角在 22°～40°，且具有不规则的亚颗粒边界，近垂直于色带，形成角状图案。

（6）其他内含物特征：针状或钉状硅铍石包裹体，且总出现在一个个平面上，并且位于同一平面上的包裹体互相平行排列，且具有含硅铍石的二相、三相包裹体，天然祖母绿中的钉状固液包裹体随机分布，不在同一个平面上；我国桂林合成品有金绿宝石、绿柱石客晶，有时钉状包裹体密集成群，呈麦苗状。莱切雷特纳产品具有平行于台面的层状结构，层间见色带；精炼池法产品有云翳状、面纱状包裹体，并含 Cl。

（7）特殊光学特征：用强光源照射水热法合成祖母绿时，某些角度会出现红色，此外水热法合成祖母绿颜色浓艳，有较强的红色荧光，在查尔斯滤色镜下呈鲜亮的红色。

13. CD

【答案解析】A 选项，是助熔剂法合成红宝石的鉴定特征。

B 选项，羽状愈合裂隙在水热法合成红宝石和天然红宝石中均存在。水热法合成红宝石的鉴定特征如下：

（1）外观特征：原石呈板状，颜色为浅红-深红色，透明度较高，具有较高的净度。

（2）发光特征：无荧光，或弱-强荧光，荧光强度与体色相关，体色浓者荧光强，浅粉色几乎没有荧光。

（3）种晶片：与两侧的红宝石有明显的界线，可发育一些不规则的晶芽或雾状气泡，种晶可以是合成红宝石片晶，也可是天然红宝石片晶，与两侧红宝石具有不同的包体，或者包体在种晶部位具有截断现象。

（4）生长纹：生长纹颜色深浅不一，可呈锯齿状、波纹状，沿光轴方向观察可以发现两个方向的生长纹，交织成网状。

（5）金属包体：呈分散状或局部聚集分布，为一些合金，可具有三角形、四边形等多边形形状，透射光下不透明，反射光下具有金属光泽。

（6）钉状包体：生长过程有水的参与，其内部常有“钉状”流体包体，较大的钉状包体中心存在深色的液态充填物，有时针状包体十分细小，表现为一根根细针密集而定向排列。

六、问答题

1. 焰熔法是合成宝石重要的方法之一，请回答下列问题：

（1）描述焰熔法生长宝石的鉴定特征，并描述该方法有何优缺点？

答：（1）焰熔法生长宝石的鉴定特征详见填空题 6 题。

（2）焰熔法生长宝石具有如下优点：

① 生长过程不需要坩埚，节省制作坩埚的耐高温材料，又可避免坩埚带来的污染。

② 氢氧火焰温度可高达 2900 °C，可生长熔点较高的宝石晶体，如合成刚玉、合成金红石等。

③ 晶体生长速度快，短时间内可获得较大尺寸的晶体，如每小时可生长约 10 g 重的晶体，直径可达 15 ~ 20 mm，长度达 500 ~ 1000 mm。通常一个喷头 4 h 生长一个 50 ~ 60 g 重的合成红宝石梨晶。

④ 生长设备简单，劳动生产率高，适用于工业化生产，一个车间可以同时装备多台焰熔炉，产量较大。

（3）焰熔法生长宝石具有如下缺点：

① 由于火焰温度梯度大，造成结晶层的纵向温度梯度和横向温度梯度均较大，晶体质量欠佳。

② 发热源为燃烧的气体，温度不够稳定，温度的变化易产生较大的内应力，导致晶体位错密度较高，需进行高温退火处理，以改善晶体质量。

③ 对粉料的纯度、粒度要求严格生长过程中有 30%的粉料在结晶过程中损失，提高了原料成本。

④ 对易挥发和易氧化的材料通常不能用此法生长宝石，如合成祖母绿。

（2）焰熔法生长宝石需进行退火处理，请问退火的原理是什么？

答：焰熔法生长宝石经退火的原理如下：

（1）降低宝石内应力：焰熔法生长出的宝石由于温度梯度或温度的变化导致晶体内应力较大，在加工和使用过程中容易破裂，退货处理可降低宝石中的内应力。

（2）形成星光效应：合成星光刚玉中的退火的目的是使 TiO_2 在高温下发生扩散作用，均匀分布，通过降温使 TiO_2 生成金红石矿物以针状析出，产生星光效应。

（3）改善晶体外观：例如，合成金红石由于高温下缺氧使 Ti^{4+} 变成 Ti^{3+}，产生晶格缺陷，晶体呈黑色不透明状。在氧化气氛中缓慢退火可得到略带淡黄色调的无色透明晶体。若在真空或缺氧条件下加热处理，缺氧 1%可获得蓝色或淡蓝色的合成金红石晶体。

（3）如何制作焰熔法合成刚玉所需的 γ-Al_2O_3 粉料？请写出相关的化学方程式。

答： γ-Al_2O_3 粉料通过焙烧铝铵钒来获得的，各阶段的反应式如下：

（1）铝铵矾脱水阶段。

$$(NH_4)_2Al_2(SO_4)_3 \cdot 24H_2O \rightarrow (NH_4)_2SO_4 \cdot Al_2(SO_4)_3 \cdot H_2O + 23H_2O\uparrow$$

$$(NH_4)_2SO_4 \cdot Al_2(SO_4)_3 \cdot H_2O \rightarrow (NH_4)_2SO_4 \cdot Al_2(SO_4)_3 + H_2O\uparrow$$

（2）无水硫酸铝铵分解阶段。

$$(NH_4)_2SO_4 \cdot Al_2(SO_4)_3 \rightarrow Al_2(SO_4)_3 + 2NH_3\uparrow + SO_3\uparrow + H_2O\uparrow$$

（3）硫酸铝分解阶段。

$$Al_2(SO_4)_3 \rightarrow \gamma\text{-}Al_2O_3 + 3SO_3\uparrow$$

（4）焰熔法能够生长哪些宝石晶体，请列举四例描述他们的鉴定特征。

答： 焰熔法能够生长的宝石包括合成红宝石、合成蓝宝石、合成尖晶石、合成金红石、人造钛酸锶等等。

（1）合成红宝石与合成蓝宝石的鉴定特征见表 3-19。

表 3-19　合成红宝石与合成蓝宝石的鉴定特征

宝石学性质		合成红宝石	合成蓝宝石
晶体原石		梨晶	
光学性质	折射率	同天然	
	双折射率		
	相对密度		
	颜色	过于纯正、艳丽、给人不真实感	与天然相似
	多色性	台面可见多色性	
	发光性	强于天然红宝石	淡蓝-白色或淡绿色荧光，天然蓝宝石多为惰性
	吸收光谱	较天然红宝石清晰	缺失 450 nm 吸收线或吸收带
内含物特征	生长线	弯曲生长纹	弯曲生长纹，但宽于焰熔法合成红宝石
	其他内含物	拉长状气泡、未熔粉末	拉长状气泡，气泡周围常见蓝色物质聚集
其他			普拉托法观察可见呈 60°角相交的两个方向的直线

（2）合成尖晶石的鉴定见表 3-20。

表 3-20　合成尖晶石的鉴定

宝石学性质		合成尖晶石
晶体原石		
光学性质	折射率	1.728，天然多为 1.718
	相对密度	3.64，天然多为 3.60
	颜色	颜色浓艳均一、呆板
	光性特征	由于 Al 含量过量，常出现格子状、波纹状异常消光； 正交偏光镜下可见染色剂斑点
	发光性	含 Cr 的红色合成尖晶石发红色荧光，且强于天然红色尖晶石； 合成的蓝色尖晶石因含钴在滤色镜下呈红色，并且在短波紫外光下显强蓝白色荧光，在长波紫外光下显强红色荧光
	吸收光谱	（1）钴蓝色：红区和蓝区全透过，544、575、595 和 622 nm 有宽吸收带，缺失天然蓝色尖晶石中的 585 nm 吸收线。 （2）绿色（带黄色荧光）：425 nm 为强吸收线，445 nm 为模糊带。 （3）绿蓝色：有 425 nm 强吸收线，443 nm 模糊带，及复杂的 544、575、595、622 nm 极弱的钴吸收。 （4）合成变色尖晶石：400～480 nm 宽吸收带，480～520 nm 透过带，580 nm 为中心的宽吸收带，685 nm 窄线
力学性质	相对密度	多为 3.64，天然尖晶石常为 3.60
内含物特征	生长线	弯曲生长纹，由于生长速度缓慢，明显程度不及红宝石
	其他内含物	偶见气态包裹体呈伞状、酒瓶状、串珠状或异形； 平行排列的长软管状气态包体； 晶轴垂直方向上出现裂纹

（3）合成金红石、人造钛酸锶的宝石学性质详见填空题 37 题。
（4）焰熔法合成星光刚玉的鉴定特征详见多项选择题 2 题。

（5）对比不同颜色合成蓝宝石与天然蓝宝石之间的荧光特征及光谱特征。

答：不同颜色合成蓝宝石与天然蓝宝石之间的荧光特征及光谱特征见表 3-21。

表 3-21　不同颜色合成蓝宝石与天然蓝宝石之间的荧光特征及光谱特征

颜色	成因	SW	长波	光谱
蓝色	合成	粉蓝色或黄绿色（弱-中等）	惰性	缺失天然蓝宝石的特征吸收线或吸收带
	天然	常呈惰性	极少荧光（某些斯里兰卡蓝宝呈深橙-红色）	450 nm、460 nm、470 nm，1～3 条吸收线或吸收带
绿色	合成	暗红色（较弱）	橙色（较弱）	有 3 条特征谱线和 530 nm 的吸收线
	天然	惰性	惰性	仅有三条特征谱线

颜色	成因	SW	长波	光谱
黄色	合成	橙红色（弱）	惰性	690 nm Cr 吸收线和 460 nm 荧光线截止边
	天然	浅黄-黄或暗黄色	特殊的橙-橙红或惰性	有 3 条特征谱线或无
无色	合成	蓝白色（弱）	惰性	
	天然	橙-橙红-红色	橙-橙红-红色	
粉红色	合成	桃红紫色	红色（中-强）	
	天然	橘红色（极弱）	深橘红色	
变色	合成			690 nm、474 nm 吸收线
	天然			仅有 Cr 吸收线

（6）如何鉴定焰熔法合成星光刚玉？

答：详见多项选择题 2 题。

（7）描述焰熔法生长宝石的生长过程。

答：详见填空题 5 题。

2. 水热法是生长宝石的重要方法之一，请回答下列问题：

（1）水热法合成宝石的基本原理是什么？该方法有何优缺点？

答：（1）水热法生长宝石的基本原理详见名词解释。

（2）水热法生长宝石晶体的优点。

① 能够生长存在相变或在接近熔点时蒸气压高或要分解的材料。

② 能够生长出较完美的优质大晶体，并且能够很好地控制材料的成分。

③ 与自然界生长晶体的条件相似，模拟自然界热液成矿作用，宝石晶体与天然宝石晶体宝石学特征最为接近。

（3）水热法生长宝石晶体的缺点。

① 需要材料比较特殊的高压釜和相应的安全防护措施。

② 需要大小适当、切向合适的优质籽晶。

③ 整个生长过程无法观察。

④ 投料是一次性的，晶体的大小受高压釜容器大小的限制。

（2）高压釜是水热法生长宝石重要的设备，请问应如何选择高压釜？

答：详见填空题 8 题。

（3）水热法生长宝石的过程中，影响宝石晶体的因素包括哪些？

答：详见填空题 13 题。

（4）利用水热法生长宝石时，常使用矿化剂，请问矿化剂的用途是什么？

答：详见填空题 13 题。

（5）水热法合成宝石常使用种晶板，请问种晶板的作用是什么？

答：详见填空题 13 题。

（6）在选用种晶时，为什么要对其进行定向？

答：详见填空题 13 题。

（7）简述水热法合成祖母绿的基本原理及流程。

答：（1）水热法合成祖母绿的基本原理：水热法合成祖母绿选择 SiO_2 与 $Al(OH)_3$、$Be(OH)_2$ 和少量的 $CrAl_3 \cdot 6H_2O$ 等作为原料，在有水存在及矿化剂的高温高压条件下发生化学反应，并在籽晶上结晶长大，其化学反应方程式为：$SiO_2+Be(OH)_2+Al(OH)_3 \rightarrow Be_3Al_2Si_6O_{18}+H_2O$。

（2）水热法合成祖母绿的流程。

首先在合成祖母绿晶体的高压釜内加入培养料、矿化剂、籽晶等，其中培养料为 SiO_2、Al_2O_3、BeO 以及致色剂 Cr_2O_3，将高压釜密封后进行加热，随着温度和压力的升高，SiO_2 组分在高压釜顶部溶解，其他组分在溶解区溶解，由于溶解区温度相对较高，产生对流，溶质在生长区相遇，反应生成 $Be_3Al_2Si_6O_{18}$，当浓度达到高饱和时，随即在籽晶上沉淀结晶。随着祖母绿晶体不断生长，培养料不断减少，晶体生长到一定程度后，生长速度放缓，直至晶体的生长与溶解相平衡，即停止生长。

（8）水热法能够合成宝石的种类包括哪些？列举三例描述他们的主要鉴定特征是什么？

答：水热法能够合成的宝石品种包括合成红宝石、合成蓝宝石、合成水晶、合成祖母绿、合成海蓝宝石及其他绿柱石等。他们的鉴定特征统计见表 3-22 ~ 表 3-24。

表 3-22　水热法合成刚玉的鉴定特征

宝石学性质		合成刚玉（红、蓝宝石）
晶体形态		多为厚板状-板状，常见的单晶有六方双锥，次为菱面体，偶见复三方偏三角面体及平行双面
晶面条纹		六方双锥晶面上普遍发育有各种生长花纹，常见舌状或乳滴状生长丘、阶状生长台阶、格状生长纹理和不规则生长斜纹，偶见放射纤维状条纹。生长花纹与晶体生长过程中的温度、压力、矿化剂、溶液流向和温度梯度密切相关，是晶体内部镶嵌结构及生长位错的一种表现形式
开裂现象	合成红宝石	沿籽晶面开裂或沿（$22\bar{4}3$）晶面上呈规则的网状开裂。 原因： ① 沿籽晶面开裂主要是由于晶体与籽晶之间存在较大的应力所致。当籽晶表面被一层固体包裹体覆盖时，便造成晶体与籽晶之间的结构失配而形成缺陷； ② 或者是升温过程中溶液对籽晶溶蚀严重，使籽晶表面出现蚀坑，进而蚀坑发育使晶体与籽晶之间产生结构缺陷； ③ 网状开裂则是由晶体结构及生长条件所决定的。由于红宝石晶体在（$11\bar{2}0$）方向上的八面体存在空位及铝氧八面体键 $Al\text{-}O_6$ 与（$11\bar{2}0$）面平行，所以晶体中沿（$11\bar{2}0$）面的缺陷比较发育。该缺陷投影到（$22\bar{4}3$）面上便成了网状裂隙

续表

宝石学性质		合成刚玉（红、蓝宝石）
开裂现象	合成黄色蓝宝石	一是沿晶体菱面体方向二组裂开；二是沿籽晶片中央裂开；三是沿籽晶与晶体结合面裂开。形成原因较复杂，可能与籽晶和晶体间的晶格失配或晶格畸变有关，而晶体中某些可溶性杂质或胶状机械混入物的掺入，以及生长过程中不均匀的热流冲击所产生的热波动等都可能是导致合成黄色蓝宝石晶体裂开的缘由
内含物特征	气液包裹体	由于生长过程中有水的参与，常见气液包裹体，与天然宝石相似，其区别在于形态上的不同。 广西桂林的水热法合成刚玉类宝石中的气液包裹体,既可以少量单体形式存在，也可以指纹状包裹体形式存在。其中指纹状包裹体多沿愈合裂隙而呈面状分布，似网状，比天然刚玉类宝石的指纹状包裹体立体感强且较为规则；而单体包裹体依据宝石颜色不同而略有不同。 合成红宝石内的单体包裹体边缘圆滑且较规则，气液体积比约为 20%。 合成黄色蓝宝石晶体中存在的单个或呈串珠状分布的气液两相包裹体。大小约 0.02 ~ 0.05 mm，椭圆或不规则状，气液体积比约为 15% ~ 25%，一般远离籽晶并孤立分布，其外形特征与天然黄色蓝宝石中的流体包裹体极为相似，二者在放大镜下不易区分
	气泡群	早期的水热法合成红宝石内部含有的气泡群较多。多密集分布在籽晶片、籽晶罩或挂金丝处，直径约为 0.01 mm，目前合成刚玉类宝石晶体内一般难以见到
	籽晶片或种晶板	种晶片与其两侧的刚玉有着明显的界线，种晶片的两侧可有一些发育不规则的晶芽或雾状气泡，种晶可以是合成红宝石的片晶，也可以是天然红宝石的片晶，因此种晶有可能含有与两侧红宝石不同的包体或者包体在种晶部位截断的现象
	生长纹或色带	深浅不一，呈锯齿状、波纹状，沿光轴方向观察可以发现两个方向的生长纹，交织成网状。 在暗域照明下，合成红宝石晶体存在暗红与橙红色生长纹理呈平直带状相间分布，外观似聚片双晶。 在亮域照明下（辅以蓝色滤色片），部分合成黄色蓝宝石晶体内微波纹状生长纹理较发育，其分布多具方向性，并沿籽晶片方向展布。 部分合成黄色蓝宝石晶体内，橙黄与棕黄色带呈不规则状或条带状相间分布，与天然黄色蓝宝石截然不同
	金属包体	黄金包体：呈点絮状或团絮状分布的黄金微晶集合体，反射光下为金黄色，金属光泽。这种黄金微晶残余物主要来自高压釜内的黄金。 铂金包体：三角形、四边形等多边形的形状的金属包体，透射光下观察不透明，反射光下观察具有金属光泽，呈分散状或局部聚集分布
	钉状包体	较大的钉状包体中心存在着深色的液态充填物。有时钉状包体变的十分细小，表现为一根根细针密集而定向排列
	其他固体包体	合成红宝石晶体：可见一种灰白色的 $Al(OH)_3$ 粉末，外形似面包屑，不透明，在晶体中多沿籽晶片附近呈星点状、面状分布。 合成黄色蓝宝石晶体：可见可溶性杂质包裹体，多呈不规则的枝晶状、放射状或不规则粒状，无色透明，中突起，正交镜下干涉色级序较高（与其厚度有关），多沿晶体与籽晶结合面的裂开处呈不均匀分布；还可观察到外形呈规则或不规则网状的胶状机械混入物，为无色或浅黄绿色，透明，中高突起，仅存在于晶体或籽晶片的裂开处，并常与可溶性杂质包裹体或流体包裹体伴生

续表

宝石学性质	合成刚玉（红、蓝宝石）
紫外可见光光谱	广西桂林宝石研究所生长的合成红宝石紫外可见光光谱的紫外截止边位于362 nm，天然的通常在320 nm以下。显示典型的贫铁含铬吸收光谱特征
红外光谱	广西桂林水热法合成红宝石普遍存在3307、3231、3184、3013 cm^{-1}的Al-OH伸缩振动谱带和2364、2348 cm^{-1}的$KHCO_3$中O-H伸缩振动谱带。 黄色合成蓝宝石在3600～3000 cm^{-1}范围内有一系列的O-H或结晶水振动的红外吸收光谱
紫外荧光特征	水热法合成红宝石可以没有荧光，或具弱—强的荧光。荧光的强弱与体色有密切的关系，体色浓者荧光强，而一些浅粉红色品种几乎没有荧光，所以鉴定时需要有相同颜色的天然样品对照才可下结论。 水热法合成黄色蓝宝石晶体在长波（LW）下呈惰性；多数晶体在短波（SW）下荧光具分带性，籽晶片为中-弱的蓝白色荧光，少数晶体在短波下也呈惰性

（2）合成水晶的鉴定特征统计见表3-23。

表3-23　合成水晶的鉴定特征

宝石学性质		合成水晶
晶体形态		板状
颜色和透明度		无色合成水晶具有统一的高透明度； 彩色水晶表面表现出均匀、统一的颜色； 有时受着色剂浓度的影响，颜色可有过深或过浅的现象
内含物特征	种晶	可见种晶板，种晶板有无色、彩色两种。种晶板与后期生长水晶之间有清楚的界限和颜色差异。 受高压釜内过饱和溶液或釜内温度波动的影响，一些杂质或自发形成的微晶粒落在种晶板的晶面上或有缺陷的部位，形成微小双晶，即花絮状双晶。在显微观察中这些杂质或絮双晶表面为灰白色雾状。 种晶板的附近还常出现应力裂纹，这些裂纹十分细小，裂隙面呈弯折状，与种晶板成一定夹角排列，在已加工好的宝石顶部，常可见到这种雁行排列的裂纹
	固体包裹体	面包渣状包体，为锥辉石，或石英的微晶核，或未溶粉末，当水晶生长条件较稳定时，“面包渣”就十分稀少，单个或几个出现；当水晶生长条件不稳定时，特别是在合成水晶生长阶段发生中断时，在平行于种晶板的一些平面内“面包渣”大量出现，犹如“桌面灰尘”，一层甚至两三层贯穿于整个晶体中
	生长纹或色带	仅出现一组色带，色带平行于种晶板。 在合成紫晶中，种晶板平行于正菱面体面或负菱面体面，晶体生长的主要方向平行于种晶板，因此合成紫晶仅有平行于菱面体方向的色带，以及与色带平行的密集的生长纹。 在合成黄晶中，种晶板平行于晶体的底面，即垂直于晶体的光轴，因此在合成黄晶中可看到垂直于晶体光轴的平行色带和密集的晶体生长纹

续表

宝石学性质	合成水晶
红外光谱	红外光谱： 合成水晶：缺失 3595、3484 cm^{-1}，以 3585 或 5200 cm^{-1} 吸收明显为特征； 合成紫晶：明显的 3545 cm^{-1} 谱带； 合成烟晶：缺失 3595 cm^{-1}、3484 cm^{-1} 吸收
双晶	存在凹面型、多面体、鼓包状和花絮状双晶
其他	可能存在位错、腐蚀隧道和生长条纹等缺陷

（3）合成绿柱石的鉴定特征统计见表 3-24。

表 3-24　合成绿柱石的鉴定特征

宝石学性质		合成祖母绿	合成海蓝宝石	合成粉红色绿柱石
晶体形态		呈扁平状，延长方向平行于籽晶片方向		呈扁平状，延长方向平行于籽晶片方向，具有一组或两组$\{10\bar{1}0\}$晶面或$\{22\bar{2}0\}$晶面、$\{10\bar{1}2\}$晶面或$\{11\bar{2}2\}$晶面，以及其他晶面
表面特征		晶面多数情况下相对光滑平坦（除了非常小的生长丘）。其中$\{10\bar{1}0\}$面覆盖了大多数的表面，沿着籽晶的外边有成直角的压痕和小凹坑，是由于生长环境呈酸性而引起的。 {0001}和$\{11\bar{2}4\}$面相对平滑但非常小，或者在某些晶体上缺失。 一些相对粗糙的面平行籽晶，垂直于生长最快的晶面。这些并不是呈现晶面而是呈现与晶体内部 V 形生长区相关的生长丘特征		
光学性质	折射率	低于天然祖母绿 Ne=1.566～1.576 No=1.571～1.578		高于天然粉红色绿柱石 Ne=1.571～1.574 No=1.576～1.580
	双折射率	0.005～0.006，低于天然祖母绿		与天然相近 0.006～0.008
	多色性	与天然相似		中等-强 紫红色/橙红～橙棕色 天然为紫红/红～橙红
	荧光	有较强的红色荧光		
	滤色镜观察	亮红色		
	其他	在黑色底衬条件下，用强光源照射水热法合成祖母绿时，在某些角度会出现红色		

宝石学性质		合成祖母绿	合成海蓝宝石	合成粉红色绿柱石
内含物特征	种晶板	种晶片周围有云雾状的两相包体分布		
	生长纹或色带	波状或锯齿状生长纹和色带，大多平行于种晶板，且具不规则的亚颗粒边界，近垂直于色带，形成角状图案		没有明显的色带，从垂直于籽晶片的方向可以清楚地观察到V字形交叉的生长纹，平行于籽晶方向观察也能发现近似波浪形的生长纹
	固态包体	铂金属片，呈六边形或三角形，在反射光中具银白色外观		
	钉状包体	硅铍石晶体和孔洞组成钉状包体		在籽晶附近偶尔可发现钉头状包裹体，“钉头”为有色或无色的固体，“钉身”为空洞或液相或气液两相包裹体
	愈合裂隙			平直或弯曲的愈合裂隙，大多数呈复杂形状，而且含有小的液态或气液两相包裹体
	金属线	有时可见生长过程中用来悬挂晶体的金属线残余		
红外光谱		同时含Ⅰ型水和Ⅱ型水，但与天然祖母绿红外光谱不同 4357、4052、3490、2995、2830、2745 cm^{-1}	只含有Ⅰ型水，无Ⅱ型水吸收峰	
紫外可见光光谱				与Ni有关的410 nm吸收线和与Co有关的530～590 nm的尖锐吸收峰 400 nm以下较宽的吸收带，420～470 nm吸收带，400～600 nm包含一个窄的中等强度的吸收带，吸收峰主要集中在530、545、560 nm，其中545、560 nm吸收峰很强，570、590 nm还有两个尖锐的吸收峰
成分测试		无K	Fe^{2+}含量高并存在Ni和Cr元素而无Mg和Na	存在Cu、Co、Rb和Ni，Co和Ni为最重要的元素

（9）简述水热法生长宝石的共性特征。

答：（1）晶体形态：水热法合成宝石晶体受籽晶以及高压釜容器的限制，其晶体形态常呈平行籽晶的板状晶体，可发育部分晶面。

（2）内含物特征：详见填空题 12 题。

3. 合成水晶常使用水热法，请回答下列问题：

（1）合成水晶的工艺条件是什么？

答：生长区温度为 300 ~ 340 °C，矿化剂 x(NaOH)=0.5 ~ 0.1 mol，x(KOH)=0.5 ~ 1.0 mol，x(Na_2CO_3)=0.25 mol，x(K_2CO_3)=0.25 ~ 0.5 mol，生产无色水晶采用 NaOH 和 $CaCO_3$ 作矿化剂，彩色水晶采用 KOH 和 K_2CO_3 作矿化剂；充填度为 75% ~ 85%；原料为熔炼石英；籽晶定向为 *y* 或 *z* 片。染色添加剂：$2CoCO_3 \cdot 3Co(OH)_2 \cdot nH_2O$，$CoCl_2$-$6H_2O \cdot Co(NO_3)_2 \cdot 6H_2O$，$KMnO_4$，$K_2Cr_2O_7$，$Fe(OH)_3$，$Fe(SO_4)_3 \cdot nH_2O$ 等。

（2）水热法合成紫水晶为什么要进行辐照处理？

答：详见是非题 16 题。

4. 助熔剂法是宝石生长的重要方法之一，请回答下列问题：

（1）什么是助熔剂法？助熔剂法生长宝石的基本原理是什么？

答：（1）助熔剂法的定义详见名词解释。

（2）助熔剂法合成宝石的基本原理详见填空题 20 题。

（2）如何选择助溶剂？助溶剂的种类包括哪些？

答：（1）助溶剂的选择原则如下：

① 对晶体材料具有足够强的溶解能力，在晶体生长的温度范围内，助熔剂的溶解度要有足够大的变化范围，以便获取足够高的晶体产量。

② 应具有尽可能低的熔点和尽可能高的沸点，以便选择理想的和较宽的晶体生长温度范围。

③ 应具有尽可能小的黏滞性，以便得到较快的溶质扩散速度和较高的晶体生长速度。

④ 挥发性要低（蒸发法除外），毒性和腐蚀性要小，不易与坩埚材料发生反应。

⑤ 应易溶于对晶体无腐蚀作用的溶剂中，以便容易将晶体从助熔剂中分离出来。

⑥ 最好含有与生长的晶体有一种以上的相同离子，又不含可能以置换形式进入晶格的离子，并且助熔剂中的阳离子与晶体中的阳离子相比，他们的离子半径、电荷数差异较大，不易污染晶体。

（2）助熔剂的主要类型详见填空题 19 题。

（3）助熔剂法生长宝石的共性特征是什么？

答：助熔剂法生长宝石具有如下共性特征。

（1）固态包裹体：助熔剂法生长的宝石内常含有结晶相包裹体、助熔剂残余包裹体、未融化熔质包裹体和坩埚金属材料包裹体等固态包裹体。

（2）气态包裹体：主要由助熔剂的挥发造成的，由于熔体黏滞性较大，熔体搅拌不均匀，某些助熔剂的气体未能完全挥发出去，从而被包裹体在晶体中；有时气态和固态包裹体会同时存在，形成气固两相包裹体。

（3）生长条纹：助熔剂法生长的晶体有时可观察到平直的生长条纹，是由组成成分的相对浓度变化或杂质浓度的周期性变化引起的。此外，生长条纹与晶体中存在着很细的包裹体有关，也与温度的波动和对流引起的震荡有关。

（4）位错：助熔剂法生长宝石多含有螺旋位错，螺旋位错在晶面上终止时，表面会形成生长丘或卷线，是由大量的晶层堆叠而成，生长位错中心可由自发成核形成，或由包裹体产生。

（5）替代性杂质及成分不均匀性：助熔剂法生长的晶体由于受坩埚材料和助熔剂的污染而受到影响，经成分测试，其晶体内常含有助熔剂的金属阳离子，可作为鉴定助熔剂法合成宝石的重要特征。

（4）助熔剂法生长宝石的优缺点包括哪些？

答：（1）助熔剂法生长宝石晶体的优点：

① 适用性很强，几乎对所有的宝石材料，均可找到一些适宜的助熔剂，从中将宝石晶体生长出来。

② 生长温度低。许多高温难熔的化合物可生长出完整的单晶，并且以避免高熔点化合物所需的高温加热设备，耐高温的坩埚和较高的能源消耗等问题。

③ 对于挥发性组分并在熔点附近会发生分解的宝石晶体。

④ 可生长在在较低温度下会发生固态相变的晶体。

⑤ 助熔剂法生长的晶体质量比焰熔法生长的晶体质量好。

⑥ 助熔剂法生长晶体过程中热量输送对晶体生长的影响可忽略不计。

⑦ 所需设备简单，是一种很方便的晶体生长技术。

（2）助熔剂法生长宝石晶体的缺点：

① 生长速度慢，生长周期长。例如助熔剂法生长祖母绿的生长速度为 0.33 mm/月，在 12 个月内仅可生长出 2 cm 的晶体。

② 晶体尺寸较小。由于生长速度较慢，生长周期较长，因此晶体通常具有较小的尺寸。

③ 容易夹杂助熔剂阳离子。助熔剂法生长宝石中常含有助熔剂阳离子，通过电子探针、X 射线荧光光谱仪等仪器可测定出相关成分的存在，如合成祖母绿中可见 Mo、Bi 等元素的存在。

④ 助熔剂具有不同程度的毒性，其挥发物常腐蚀或污染炉体。

（5）助熔剂法能够生长的宝石包括哪些？并以其中一种合成宝石为例，说明助熔剂法的工艺流程。

答：（1）助熔剂法可合成的宝石包括助熔剂法能够生长的宝石晶体包括合成祖母绿、合成红宝石、合成蓝宝石、人造钇铝榴石等。

（2）以合成祖母绿为例说明其工艺流程。

① 助熔剂放在坩埚内，多采用锂钼酸盐和五氧化二钒混合助熔剂，绿柱石籽晶挂在坩埚中部。原料 SiO_2 以玻璃形式加入，Al_2O_3、BeO、CrO_3 以粉末烧结块的形式通过导管加入，并沉于坩埚底部，然后将坩埚置于高温炉中。通常底部料 2 天补充 1 次，顶部料 2 ~ 4 周补充 1 次。

② 加热坩埚。温度升至 800 °C，坩埚底部的 Al_2O_3、BeO、Cr_2O_3 溶解于助溶剂中并向上扩散，溶解的 SiO_2 向下扩散，在铂栅栏下相遇发生反应，形成祖母绿分子。

③ 当祖母绿溶液达到过饱和时，在铂栅栏下面的籽晶上生长，生长速度约为 0.33 mm/月。

④ 生长结束后，将助熔剂倒出，在铂坩埚中加入热硝酸进行溶解处理 50 小时，待温度缓慢降低至室温后，即可得到干净的祖母绿晶体。

（4）其他宝石的工艺流程。

① 合成红宝石的生长工艺流程。

a. 原料为 Al_2O_3 和少量的 Cr_2O_3，助溶剂采用 PbO-B_2O_3 或 PbF_2-PbO。

b. 将原料和助熔剂置于铂金或黄金坩埚内在电炉中加热至 1300 °C，并旋转坩埚，使坩埚内的助熔剂和原料完全熔融。

c. 停止加热，以 2 °C/h 的速度缓慢冷却至 915 °C，晶体缓慢生长。

d. 生长结束后倒出助熔剂，用稀硝酸溶解残存的助熔剂，即得到干净的合成红宝石晶体。

② 人造钇铝榴石的生长工艺流程。

a. 原料采用 Y_2O_3 和 Al_2O_3，加入少量的 Nd_2O_3 做稳定剂，助溶剂为 PbO-PbF_2-B_2O_3。

b. 将原料及助溶剂混合后放入铂坩埚内，置于炉中加热，升温至 1300 °C 保持恒温 25 h，待原料熔化。

c. 以 3 °C/h 的速度降至 1260 °C，在底部加水冷却，将籽晶浸入坩埚底部中心水冷区，再按 20 °C/h 的速度降至 1240 °C，然后以 0.3 ~ 2 °C/h 的速度降至 950 °C 至晶体生长结束。

d. 将坩埚自炉中取出，倒出熔融液，再将晶体放入炉内，冷却至室温，用硝酸去除助溶剂，即可得到人造钇铝榴石晶体。

（6）助溶剂在合成宝石的过程中起什么作用？

答：详见填空题 20 题。

（7）请解释助熔剂法合成宝石的鉴定特征与合成方法之间的联系。

答：（1）助溶剂残余：宝石生长于助熔剂中，对宝石的影响不可避免，在宝石生长过程中进入宝石，形成内含物。

（2）籽晶残余：助熔剂法常使用籽晶，残留在宝石内部形成特征的内含物。

（3）晶体形态：若使用籽晶，其形态受籽晶的影响，呈板状晶体；若使用自发成核法，其形态较为规则，与天然宝石具有一定的相似性。

（4）金属片：助熔剂法需使用坩埚，为避免与熔体发生反应其内部常有贵金属的内衬，对宝石的污染不可避免，形成金属片包裹体。

（5）微量元素：助溶剂常为 Pb、Li、Mo 等化合物，可进入到宝石晶格或以内含物的形式存在。

（6）气相包裹体：多由助熔剂的挥发性质引起，也可与助熔剂共同形成气固两相包裹体。

（7）硅铍石晶体：由于用于生长祖母绿的原料包括硅铍石的所有成分，另外，在合成过程中的环境的不稳定性，为硅铍石的生长提供了条件，祖母绿将其包裹，形成包裹体。

（8）吸收光谱：由于致色元素与对应的天然宝石相同，因此吸收光谱相同，但吉尔森 N 型祖母绿中加入了 Fe 元素，形成 427 nm 的吸收峰。

（9）红外光谱：由于助熔剂法生长宝石无水的加入，因此红外光谱中无水的吸收峰。

5. **提拉法是生长宝石的重要方法之一，请回答下列问题：**

（1）提拉法生长宝石的基本原理是什么？影响晶体质量的因素包括哪些？

答：（1）提拉法生长宝石的基本原理如下：

将待生长的晶体原料放在耐高温的坩埚中，加热融化，然后调整炉内温度场，使熔体上部处于稍高于熔点状态；籽晶杆上安放一颗籽晶，让籽晶接触熔融液面，待籽晶表面稍熔后，降低温度至熔点，提拉并转动籽晶杆，使熔体顶部处于过冷状态而结晶于籽晶上，在不断提拉和旋转过程中，生长出圆柱状晶体。

（2）影响晶体质量的因素详见填空题 23 题。

（2）提拉法的优缺点是什么？

答：（1）提拉法的优点包括：

① 在晶体生长全过程可直接进行测试与观察，有利于即使掌握生长情况，控制生长条件。

② 生长的晶体不与坩埚相接触，没有锅壁寄生成核和锅壁对晶体的压应力。

③ 使用优质定向籽晶和“缩颈”技术，可减少晶体缺陷，获得所需取向的晶体。

④ 能以较快的速度获得质量较高的优质单晶体，位错密度低，光学均一性高。

（2）提拉法的缺点包括：

① 高温下，坩埚及其他材料对晶体的污染不可避免。

② 熔体中复杂的液流作用对晶体的影响难以克服。

③ 机械传动装置的振动和温度的波动，在一定程度上影响晶体的质量。

（3）晶体提拉法对坩埚的要求是什么？

答：详见填空题 22 题。

（4）提拉法能够生长的宝石包括哪些？它们的共性特征是什么？请列举一例描述其工艺流程。

答：（1）提拉法能够生长的宝石包括合成无色蓝宝石、合成红宝石、人造钇铝榴石、人造钆镓榴石、合成变石、合成尖晶石等。

（2）提拉法生长宝石晶体的鉴定特征如下：

① 原石晶体呈梨晶，与所对应的天然宝石形态不同。

② 成分中含有 Mo、W、Ir、Bo 等金属元素。

③ 内含物中常见气泡、未熔粉末、弯曲生长纹等。

④ 合成变石的折射率相对天然金绿宝石较低。

（3）以合成蓝宝石为例描述其工艺流程：

① 将纯净的 α-Al_2O_3 原料装入铱、钨或钼坩埚中。坩埚上方装有可旋转和升降的提拉杆，杆的下端装有籽晶夹，其上装有一粒定向的无色蓝宝石籽晶；

② 将坩埚加热至 2050 °C 以上，降低提拉杆，使籽晶插入熔体中；

③ 控制熔体的温度，使液面温度略高于熔点，熔去少量籽晶以保证晶体能在籽晶的清洁

表面上开始生长；

④ 当籽晶与熔体充分沾润后，缓慢向上提拉和转动籽晶杆，控制转速与拉速，同时缓慢降低加热功率，籽晶逐渐长粗；

⑤ 调节加热功率，使液面温度等于熔点，实现宝石晶体的缩颈—扩肩—等径生长—收尾的生长全过程。整个生长装置安放在一个外罩里，以便抽真空后充入惰性气体，使生长环境保持所需的气氛和压强。通过外罩上的窗口可观察晶体生长情况，以便随时调节使晶体生长过程正常进行。

（5）熔体导模法的特点是什么？其生长出的宝石晶体具有哪些鉴定特征？

答：（1）熔体导模法具有如下特点：

① 能够直接从熔体中拉制出各种特殊形状的晶体，简化了晶体加工程序，节省晶体材料和能源，降低了晶体器件的成本，经济效益明显。

② 能够获得成分均匀的掺杂晶体。宝石具有颜色均匀和色彩鲜艳的特点。

③ 易于生长出具有恒定组分的共熔体化合物晶体，克服了提拉法这类晶体所发生的相分离作用。

④ 易于生长出无生长纹的、光学均匀性好的晶体。

（2）熔体导模法生长出的宝石晶体具有如下鉴定特征

① 固态包裹体：可能存在倒模金属的固体包裹体。

② 籽晶及其缺陷：可见籽晶痕迹，且籽晶的缺陷也可继承于导模法生长的晶体中。

③ 气态包裹体：常含气态包裹体，直径在 0.25 ~ 0.5 μm，且气泡分布不均匀。

6. 区域熔炼法是宝石生长的重要方法之一，请回答下列问题：

（1）区域熔炼法合成宝石的基本原理是什么？其工艺流程是什么？

答：（1）区域熔炼法的基本原理是：在进行区域熔炼的过程中，物质的固相和液相在相对密度差的驱动下发生运移，可以控制或重新分配存在与原料中的可熔性杂质或相，让熔结的原料棒沿同一方向重复熔化-结晶的过程除去杂质，可以有效地消除分凝效应，也可将所期望的杂质均匀地掺入到晶体中区，在一定程度上控制和消除位错、包裹体等结构缺陷。

（2）区域熔炼法生长宝石的工艺流程为：将生长晶体及的原料粉末先烧结或压制成棒状，然后用两个卡盘将两端固定，垂直置入保温管内，旋转并下降烧结棒或移动加热器。烧结棒经过加热区，材料局部熔化，当烧结棒缓慢离开加热区时，熔体缓慢冷却并发生重结晶，形成单晶体。旋转烧结棒热源逐渐从烧结棒一端移至另一端，直至整个烧结棒变成单晶体。

（2）区域熔炼法能够合成哪些宝石？区域熔炼法生长的宝石具有哪些鉴定特征？

答：（1）区域熔炼法可以生长的宝石包括合成变石、合成红宝石、人造钇铝榴石等。

（2）区域熔炼法生长的宝石具有如下鉴定特征：

① 对于高质量的合成变石和合成刚玉类宝石，荧光强于相对应的天然宝石的荧光，分光镜下吸收谱线少于相对应的天然宝石谱线；宝石表面加工精细程度不高，有火痕等。

② 由于晶体生长过程中工艺条件的突变，可产生质量较差的宝石晶体，其特征是生长纹混乱、晶体颜色不均匀等。

7. 冷坩埚熔壳法是生长合成立方氧化锆的重要方法，请回答下列问题：

（1）冷坩埚熔壳法的技术特点和基本原理是什么？

答：（1）冷坩埚熔壳法技术特点如下：

① 用高频感应电源作加热源，温度不受限制，可达 3000 °C 或更高的温度。

② 用水冷坩埚做外壳，未熔化炉料做内壳坩埚，可解决耐高温耐腐蚀的容器问题，还可以保护熔体不受坩埚材料污染。

③可在真空或各种气氛条件下工作。

④ 熔融状态下能导电的非金属材料晶体均有可能使用该方法进行生长。

⑤ 冷坩埚可以多次重复使用。

（2）冷坩埚熔壳法的基本原理如下：

① 由于氧化锆的熔点为 2750 °C，一般坩埚无法承受如此高的温度，不能采用高熔点金属坩埚，因此采用氧化锆本身的“壳”做坩埚，其外层通过冷却水管装置保证其不发生熔化，形成一层未熔壳，起到坩埚的作用。

② 加热时并不直接对坩埚进行加热，而是通过高频线圈向坩埚内发射高能电磁波，使坩埚内的熔体升温熔融。

③ 固体氧化锆粉末不导电，但是氧化锆熔体以及锆金属导电，因此在其原料中加入金属锆，通过高频线圈加热的方式引燃金属锆，形成一个高温的小熔池，并逐渐蔓延扩大熔区。

④ 通过缓慢降温的方式使晶体发生结晶作用，生长合成立方氧化锆。

⑤ 常温下立方氧化锆不稳定，需加入稳定剂 Y_2O_3。

⑥ 合成立方氧化锆易于着色，可加入稀土元素或过渡族元素使其产生颜色。

（2）合成立方氧化锆的工艺流程是什么？

答：合成立方氧化锆的工艺流程如下：

（1）首先将生长立方氧化锆晶体所使用的粉料 ZrO_2 与稳定剂 Y_2O_3 按物质的量比 9∶1 比例混合均匀，装入紫铜管围成的杯状“冷坩埚”中，在中心投入 4 ~ 6 g 金属锆片或锆粉用于“引燃”。

（2）接通电源，进行高频加热，起燃 1 ~ 2 min 后，原料开始熔化。先产生小熔池，然后由小熔池逐渐扩大熔区。在此过程中，锆金属与氧反应生成氧化锆。同时，紫铜管中通入冷水冷却，带走热量，使外层不熔，形成“冷坩埚熔壳＂。

（3）待冷坩埚内原料达到完全熔融要求后，使熔体稳定 30 ~ 60 min。

（4）坩埚以 5 ~ 15 mm/h 的速度逐渐下降，温度降低，造成熔融液过冷却。熔体底部开始结晶出立方氧化锆晶体。

（5）生长完毕后，慢慢降温退火一段时间，然后停止加热。冷却到室温后，取出熔块，用小锤轻轻拍打，一颗颗立方氧化锆单晶体便分离出来。

（3）合成立方氧化锆的鉴定特征有哪些？

答：详见填空题 37 题。

8. 高温高压法是合成宝石的重要方法之一，请回答下列问题：

（1）高温高压法合成钻石的基本原理是什么？

答：钻石中碳原子的 2S、2px、2py、2pz 四个轨道形成四个 sp3 杂化轨道，形成四面体配位，每个碳原子与周围的四个碳原子形成共价饱和键。石墨的碳原子分布在六角环上，每个碳原子为相邻的三个碳原子所围绕，相邻两层碳原子错位堆积，键力相对较弱。根据钻石与石墨相图，在高温高压下，使非 sp3 杂化转化，从而使钻石成核生长。

（2）什么是触媒？触媒的作用是什么？

答：触媒是为降低合成钻石所需的温度和压力所添加的一种物质，多为过渡金属，在合成钻石过程中同时起着溶剂和催化剂的作用。随着温度的增加，触媒熔融，石墨溶解于触媒当中，当石墨在熔融金属中达到过饱和时，碳便以钻石的形式结晶，沉积于种晶上。

（3）晶种触媒法合成钻石的优点和缺点是什么？

答：（1）晶种触媒法合成钻石的优点：

① 与其他钻石合成法相比，晶种触媒法可控制晶体生长中心的数目。

② 可避免由于石墨转变成钻石而在生长中心附近产生的压力降，可获得晶体生长的长时间稳定条件，从而使生长优质大单晶成为可能。

（2）晶种触媒法合成钻石的缺点：

① 对生长条件的要求十分苛刻，生长周期长，生产成本高。

② 生长晶体的驱动力来自反应腔内的温度梯度，且梯度一般设计得较小，因此生长速度慢，周期长，为此要求反应腔内的温度和压力能保持长时间的稳定，在生长区之间建立的温度差也必须适当。

③ 需控制好晶种的初始生长。

（4）如何鉴定高温高压法合成钻石？

答：（1）颜色：多数高温高压法合成钻石以黄色、橘黄色、褐色为主。

（2）晶形及晶面特征：多以八面体与立方体的聚形为主，晶形完整，晶面上常出现不同于天然钻石表面特征的树枝状、蕨叶状、阶梯状等图案。由于在合成钻石中形成多种生长区，不同生长区中所含氮和其他杂质含量不同，会导致折射率的轻微变化，在显微镜下可观察到生长纹理及不同生长区的颜色。

（3）内部特征：

① 触媒：常见细小的铁或镍铁合金触媒，呈长圆形、角状、棒状平行晶棱或沿内部生长区分界线定向排列，或呈十分细小的微粒状散布于整个晶体中，在反光条件下可见金属光泽，呈金黄色、银白色、黑色，透射观察为不透明，该类包裹体有时可使钻石具有磁性；

② 种晶及种晶幻影区：若种晶残留在钻石成品中，可见种晶残余。种晶常在加工过程中

切磨掉，但可保留种晶幻影区，即在合成钻石内沿四方形种晶片向外生长形成的、边缘由相对明亮的细线构成的四方单锥状生长区，多位于钻石中央，呈较规则的四方形轮廓，边缘有似贝克线的细亮线；沿幻影对角线方向展布的十字形细线指向立方体生长区。

③ 色带：散射照明下，可见颜色分布不均匀，常显示或清晰或模糊的沙漏状、马耳他十字或其他几何图案，如四边形、八边形、柱形等色带或色区。

（4）吸收光谱：缺失无色～浅黄色天然钻石中常见的 415 nm 吸收线。

（5）异常双折射：较弱，干涉色变化不明显，偶尔出现十字形交叉的亮带。

（6）荧光：长波下呈惰性，短波下因受自身不同生长区的限制，其发光性具有明显的分带现象，为无-中等的淡黄色、橙黄色、绿黄色不均匀的荧光，局部可有磷光。

（7）阴极发光：八面体生长区发黄绿色光，分布于晶体四个角顶，对称分布，呈十字交叉状；立方体生长区发黄色光，位于晶体中心呈正方形；菱形十二面体生长区位于相邻八面体与立方体生长区之间，呈蓝色长方形。由于合成钻石以八面体和立方体晶面为主，因此通常显示占绝对优势的黄-黄绿色光，与天然钻石的蓝色形成对比。

（8）生长纹：相对于天然钻石生长纹发育，八面体常发育平直的生长纹，并可有褐红色针状包体伴生；立方体生长区没有生长纹，但可见黑十字包体；四角三八面体生长区边部发育平直生长纹。

（9）光致发光光谱：可见 637 nm、727 nm 发射峰。

（10）红外光谱：高温高压法合成钻石多为 Ib 型，具有 1130 cm^{-1}、1344 cm^{-1} 振动峰；

（11）成分测试：利用 X 射线荧光光谱仪分析可检测出金属助熔剂 Fe、Ni 或 Co 的成分。

（5）高压法合成翡翠的基本原理是什么？如何鉴定合成翡翠？

答：（1）合成翡翠的基本原理如下：

根据翡翠的化学式 $NaAlSi_2O_6$ 使用硅酸钠和硅酸铝作为原料，在高温低压下，发生化学反应生成硬玉分子，其化学反应式为 $Na_2SiO_3+Al_2(SiO_3)_3 = 2NaAlSi_2O_6$。

（2）合成翡翠的鉴定特征如下：

① 透明度差，发干，水头不足。

② 颜色不正，比较呆板。

③ 没有天然翡翠所具有的毛毯状结构，几乎见不到苍蝇翅特征。

④ 滤色镜下变红，Cr 离子未进入晶格。

9. 化学沉淀法是生长宝石的重要方法之一，请回答下列问题：

（1）合成欧泊的原理是什么？如何鉴定合成欧泊？

答：（1）合成欧泊的基本原理如下：

在合成过程中，使用有机硅化合物为原料，在催化剂的作用下，通过有控制的水解作用生成单色二氧化硅球体，然后在控制酸碱度的溶液中沉淀，自动呈现最紧密排列的形式。通过自然干燥或高压釜内超临界干燥取出空隙中的液体，最后使用树脂、硅胶或 ZrO_2 等黏结剂充填空隙，压实固结或高温烧结，形成欧泊。

（2）合成欧泊的鉴定特征如下：

① 结构特征：色斑呈柱状排列，具有三维形态，垂直柱体观察，柱体界线明显，边缘呈锯齿状，被紧密排列的交叉线所分拨，产生镶嵌状结构。每个镶嵌块内有蜥蜴皮状、蜂窝状或阶梯状结构。此外，合成火欧泊中还可见到苔藓状多棱包体。天然欧泊的色斑是二维的，色斑呈不规则片状，边界平坦较模糊。

② 荧光：合成白色欧泊长波下具有中等强度蓝到黄色荧光，无磷光，短波下具有中到强的蓝到黄色荧光，弱磷光。天然欧泊有的持续的磷光。

③ 紫外线透过性：合成欧泊在长波紫外线照射下比天然欧泊更透明。

④ 相对密度：通常以树脂或硅胶为黏结剂者密度偏低，常在 2.00 以下，但仅可作为指示性证据；

⑤ 红外光谱：多数合成欧泊在 3650 cm^{-1} 左右有明显的尖锐吸收峰，而天然欧泊则在 5250 cm^{-1}、6842 cm^{-1} 及 7088 cm^{-1} 左右有明显吸收峰。一些新型合成欧泊在 5250 cm^{-1} 及 7050～7100 cm^{-1} 处也有与天然欧泊类似的吸收峰，但是这些合成欧泊在 4681 cm^{-1}、5817 cm^{-1}、5954 cm^{-1} 处的一组次级峰可作为识别依据。此外，以树脂为黏结剂的合成欧泊可以出现 1730 cm^{-1} 和 1432 cm^{-1} 处的有机物振动峰。

⑥ 化学成分：合成欧泊中常具有较高含量的 Zr 元素，天然欧泊该元素含量相对较低。

（2）CVD 法合成单晶钻石的原理是什么？如何鉴定 CVD 法合成钻石？

答：（1）CVD 法合成单晶钻石的原理如下：

将甲烷和氢气导入反应仓，利用电热丝、火焰、直流电弧等设备，将碳从化合物分解成原子，在反应腔内形成等离子体。甲烷中的碳原子已具备四个键的结构，在氢的催化作用下，使每一个碳原子与四个碳原子结合形成钻石结构，并逐渐沉淀生长在预先制备好的“基座上”，形成钻石晶体。

（2）CVD 法合成钻石的鉴定特征详见多选题 10 题。

10. 籽晶对于宝石的生长具有非常重要的作用，请回答以下问题：

（1）什么是籽晶？哪些宝石生长方法使用籽晶？请说明籽晶在宝石生长中起的重要作用。

答：（1）详见名词解释。

（2）常使用籽晶的生长晶体方法包括焰熔法、助熔剂法、水热法、晶体提拉法、高温高压法和 CVD 法等。

（3）籽晶起到引导晶体生长的作用，为了提高晶体生长速度和得到优质的籽晶，需要选择适合生长的面网为附生面。使生长的晶体形成与同种天然晶体不同的晶形和生长带，在切磨的宝石中还可能留下种晶的残余。

（2）举例说明应用了籽晶的人工宝石的鉴定特征。

答：应用籽晶合成宝石的鉴定特征如下：

（1）种晶残余：如水热法合成宝石中，种晶板常呈板状，且与寄主宝石具有清晰的界线，例如颜色上具有明显的差异，同时，在种晶板附近可形成大量的包裹体，如垂直或斜交的种晶面平行包体，平行等长的管状包体，麦苗状的包裹体。

（2）生长带：如水热法合成宝石常具有平行种晶板的平直状的色带，此外，还可形成平行于种晶板的波状纹理；再如，高温高压法合成钻石可形成种晶幻影区。

（3）晶体形态：如水热法合成宝石，由于受到种晶板的限制，其晶体形态常形成板状。

11. 塑料是重要的人工宝石之一，请问如下问题：

（1）塑料的主要鉴定特征是什么？

答：塑料的鉴定特征如下：

（1）外观特征：常显示出铸模仿制品的性质，例如铸模痕迹、凹陷刻面、“橘子皮”效应，圆滑的刻面棱等。

（2）光泽：多显油脂光泽-亚玻璃光泽，保存较长时间的塑料显示暗淡的蜡状光泽。

（3）断口：常呈贝壳状至不平坦状且显示亚玻璃至暗淡的断口光泽。

（4）显微特征：常显示流动线构造及各种形状的气泡，当气泡达到宝石的表面时，会形成半球形空穴。

（5）硬度：莫氏硬度 1 ~ 3，易于刻划、磨损，形成麻点。

（6）光性特征：正交偏光镜下常显示强烈的异常双折射效应，多表现为蛇皮状条带。也常见应力产生的干涉色。

（7）相对密度：1.05 ~ 1.55。

（8）导热性：触摸时有明显温热感。

（9）热针效应：多数塑料仿制品发生熔化或烧焦，通常大多数伴有辛辣难闻的气味，如醋味、樟脑味、甲醛味、鱼腥味、石碳酸味和水果味等。

（2）如何区分象牙与其塑料仿制品？

答：象牙与其塑料仿制品可通过表 3-25 中的方法进行区分。

表 3-25　区分象牙与其塑料仿制品

宝石学特征	象牙	塑料
外观	旋转引擎纹	无旋转引擎纹，条纹更规则
折射率	1.535 ~ 1.540 点测常为 1.54	1.50 ~ 1.52
热针测试	收缩	特殊的气味

（3）如何区分琥珀与其塑料仿制品？

答：琥珀与塑料仿制品可通过表 3-26 中方法进行区分。

表 3-26　区分琥珀与其塑料仿制品

宝石学性质	琥珀	塑料
内含物特征	动物或植物残骸 气泡、旋涡纹	气泡、流动状构造

续表

宝石学性质	琥珀	塑料
折射率	1.54	1.49～1.66
相对密度	1.08 饱和食盐水中漂浮	聚苯乙烯：1.05，饱和食盐水中漂浮 其他塑料：相对密度＞1.13，饱和食盐水中下沉
热针测试	芳香味 不熔化，只留下烧斑	特殊的气味 熔化

（4）如何区分玳瑁与其塑料仿制品？

答：玳瑁与塑料仿制品可从表 3-27 特征进行区别。

表 3-27　区分玳瑁与其塑料仿制品

宝石学特征	玳瑁	塑料
色斑	由多球粒颗粒组成，色点越密集，颜色越深，多呈黄色、褐色、黄褐色相混杂	颜色为条带状，色带有明显的界线
表面特征	光滑，可见抛光纹	具有铸模的痕迹
内含物特征	无气泡、无流动状构造	气泡、流动状构造
折射率	1.55	1.50～1.55
相对密度	1.2	1.49
热针测试	头发烧焦的气味	辛辣味等特殊气味
与酸反应	被硝酸侵蚀	与酸不发生反应

12. 人造钇铝榴石是重要的人工宝石之一，请回答下列问题：

（1）人造钇铝榴石可通过哪些方法合成？

答：可生长人造钇铝榴石的方法包括助熔剂法（底部籽晶水冷法和自发成核法）、晶体提拉法、熔体导模法、区域熔炼法等。

（2）列举两例描述不同合成方法的工艺流程？

答：以助熔剂法（底部籽晶水冷法）和晶体提拉法为例。

（1）助熔剂法生长人造钇铝榴石：

选用 $PbO\text{-}PbF_2\text{-}B_2O_3$ 作为助熔剂，选用 Y_2O_3 和 Al_2O_3 作为原料，少量 Nd_2O_3 作稳定剂，选用 YAG 晶体，底面为（110）晶面作为籽晶，将上述材料放入铂金材料坩埚内。置于炉中加热，升温至 1300 °C，恒温 25h，以 3 °C/h 的速度降至 1260 °C；在底部加水冷却，并将籽晶浸入坩埚底部中心水冷去，按 20 °C/h 的速度降至 1240 °C，然后以 0.3～2 °C/h 的速度降至 950 °C，生长结束，将晶体提拉离开熔融液面，然后使晶体随炉冷却至室温，晶体出炉。

（2）晶体提拉法生长人造钇铝榴石：

使用 Y_2O_3 和 Al_2O_3 作为原料，放入刚玉坩埚中，反复加热压片形成多晶片。将原料放入坩埚加热至 1950 °C 以上，降低提拉杆，使籽晶插入熔体中，控制熔体的温度，使页面温度略高于熔点，熔去少量籽晶以保证晶体能在籽晶的清洁表面上开始生长。在实现籽晶与熔体充分沾润后，缓慢向上提拉和转动晶杆，控制拉速与转速，同时缓慢降低加热功率，晶体逐渐生长，完成缩颈—扩肩—等径生长—收尾生长全过程。加热炉内使用 Ar 对其进行保护。

（3）如何区分人造钇铝榴石与祖母绿？

答：（1）人造钇铝榴石的折射率为 1.834，单折射，大于折射仪的测试范围，且在偏光镜下呈全消光，无多色性，经抛光后呈现亚金刚光泽；而祖母绿在折射率为 1.566 ~ 1.589，为双折射率宝石，双折射率为 0.005 ~ 0.007，在折射仪的测试范围内，并且在偏光镜下为四明四暗，二色镜下具有中-强多色性，外观上主要为玻璃光泽。

（2）绿色人造钇铝榴石长波下为强红色，短波下为弱红色荧光；而祖母绿一般无荧光，有时在长波紫外线下，呈无-弱绿色荧光，弱橙红带紫色的红色荧光；短波下少数呈红色荧光。

（3）人造钇铝榴石内部通常洁净，偶见气泡等包裹体；而祖母绿常含有裂隙、天然包裹体等内含物。

（4）人造钇铝榴石的相对密度为 4.55，大于祖母绿的相对密度 2.67 ~ 2.71。

注：该类题目也可使用列表的方式进行回答。

13. 玻璃是重要的人工宝石之一，请回答下列问题：

（1）玻璃的主要鉴定特征是什么？

答：（1）外观特征：刻面棱圆滑，刻面中可见由玻璃冷却收缩形成的凹陷；表面常见麻点和凹坑。

（2）光学特征：折射率通常为 1.47 ~ 1.70，铅玻璃和稀土玻璃可高于 1.70，单折射，偏光镜下常见异常消光；色散值随铅含量或稀土元素含量变化而变化，火彩弱-强；特殊光学效应可见砂金效应、变色效应、猫眼效应、变彩效应等；

（3）力学性质：相对密度随成分的变化而变化，为 2.20 ~ 6.30；具有典型的贝壳状断口；硬度为 5 ~ 6，常见划痕等磨损现象。

（4）显微特征：常见气泡、流动状构造等特征，其中气泡常呈球形，也可呈椭圆形、拉长形甚至管状，若切磨至表面，可见半球形凹坑。

（2）玻璃为什么能够模仿各类宝石？

答：（1）光泽上的相似性：玻璃主要为玻璃光泽，与多数宝石的光泽相近，例如水晶、蓝宝石等；另外，玻璃随成分的变化可具有较高的折射率和色散值，因此同样可模仿具有金刚光泽和强火彩的宝石，例如钻石。

（2）颜色上的相似性：玻璃的颜色可随成分的变化而变化，可出现各种与天然宝石相近的颜色，例如绿色玻璃可用于模仿翡翠。

（3）特殊光学效应的相似性：玻璃的内含物变化较多，可形成砂金效应、猫眼效应、变彩效应等；也可由于其元素的变化形成变色效应。

（3）星彩玻璃是如何形成的？如何区别星彩玻璃与日光石？

答：（1）星彩玻璃是在玻璃的制作过程中，加入氧化铜，在还原的气氛下，铜原子逐渐聚集成一个个小金属铜核，由于铜具有特有的金属光泽，而发出星点状的闪光，形成砂金效应，类似于日光石。

（2）可通过如下方法区别星彩玻璃与日光石

① 内含物特征：玻璃的棱角状的铜粒，呈三角形、六边形等，同时具有气泡、流动状构造等玻璃典型的内含物特征；日光石的内含物主要为片状的赤铁矿和针铁矿，为红色或金色。

② 力学性质的差异：玻璃无解理，具有贝壳状断口；日光石的主要成分为斜长石，具有解理；玻璃的相对密度通常小于 2.65，日光石的相对密度为 2.62 ~ 2.67。

③ 光学性质的差异：玻璃的折射率通常为 1.54，而日光石的折射率与玻璃相近为 1.537 ~ 1.547，但为双折射宝石。

（4）如何制作玻璃猫眼？其主要鉴定特征是什么？

答：（1）制作方法：

由几种不同玻璃的光纤以立方或六方的形式排列并熔结在一起形成“光纤面板”，每平方厘米内有 150000 根光纤，能产生极好的猫眼效应。

（2）主要鉴定特征：

玻璃猫眼的折射率为 1.50，相对密度 4.58，硬度 6，颜色包括鲜艳的红色、绿色、蓝色、黄色、橙色、紫色或白色，与天然宝石差异较大；放大观察可见蜂窝状结构。

（5）翡翠和玛瑙的玻璃仿制品的主要鉴定特征是什么？

答：（1）两者的折射率不同。玻璃的折射率为 1.47 ~ 1.70，变化范围较大，翡翠的折射率为 1.66。

（2）两者的硬度不同。玻璃的硬度为 5，表面可见磨伤、划痕等现象；翡翠的硬度为 6.5 ~ 7，大于玻璃，并且由于硬玉具有差异硬度，表面常见橘皮效应。

（3）两者的断口不同。玻璃具有典型的贝壳状断口；翡翠的断口为参差状。

（4）两者的结构不同。玻璃为均质体，偏光镜下常见异常消光；翡翠的为非均质集合体，具有粒状交织结构、纤维胶质结构等，偏光镜下为全亮。

（5）吸收光谱不同。玻璃不具有典型光谱特征；翡翠具有典型的 437 nm 吸收线，并在红区 630 ~ 690 nm 处出现三条阶梯状吸收谱带。

（6）内含物特征不同：玻璃中常见气泡，流动状构造，由于脱玻化作用，可见树枝状、羊齿脉状雏晶；由于硬玉具有两组完全解理，放大检查可见解理反光，杂质矿物主要为绿辉石、霓石、角闪石、钠长石等，并可见粒状或纤维交织结构。

14. 合成碳硅石是重要的人工宝石之一，请回答下列问题：

（1）合成碳硅石的宝石学性质是什么？

答：详见填空题 37 题。

（2）哪些方法可将合成碳硅石与钻石进行区分？

答：可通过表 3-28 中方法进行区分。

表 3-28　区分合成碳硅石与钻石

测试内容	钻石	合成碳硅石
偏光镜测试	全暗或异常消光	四明四暗
显微观察	钻石中常见矿物包体、云雾状包体、羽状纹等	1.白线状细长的管状物、不规则空洞、小的 SiC 晶体、负晶 2.深色具有金属光泽的球状物，三粒或多粒呈现状排列 3.呈云雾状、分散的针点状包体 4.气泡 5.刻面棱重影
紫外-可见光光谱测试	可具有 415、423、465、478、503、494（495）nm、537 nm 的吸收线	在 425 nm 以下有一弱吸收
590 型无色合成碳硅石/钻石测试仪	紫外光可以穿透钻石	对紫外光有强烈的吸收
红外光谱测试	可具有 1130 cm^{-1}（孤氮）、1175 cm^{-1}（B 集合体）、1282 cm^{-1}（双原子氮）、1370 cm^{-1}（片晶氮）吸收峰	1800 cm^{-1} 以下吸收，2000 ~ 2600 cm^{-1} 波数内有几条强的吸收峰
润湿性测试	具有亲油疏水性	不具有亲油疏水性

15. 常见的再造宝石包括哪些？请列举两例，描述他们的鉴定特征。

答：（1）常见的再造宝石包括再造琥珀、再造绿松石和再造青金石等。

（2）再造琥珀的鉴定特征：

① 内部特征：定向排列的扁平拉长状气泡及明显的流动构造，并产生清澈与云雾状相间的条带，琥珀颗粒间可见颜色较深的表面氧化层；糖浆状的搅动构造，有时含有未熔物。

② 放大观察：可见粒状结构或“血丝”状构造，在抛光面上可见相邻碎屑因硬度不同而表现出凹凸不平的界线。

③ 正交偏光镜下：再造琥珀表现为异常双折射，天然琥珀的典型特征是局部发亮。

④ 相对密度：再造琥珀的密度略低于天然琥珀，一般为 1.03 ~ 1.05 g/cm^3。

⑤ 紫外荧光：在短波紫外光下，再造琥珀强于天然琥珀，其中再造琥珀表现为明亮的白垩状蓝色荧光，天然琥珀为浅蓝白、浅蓝或浅黄色荧光。

⑥ 颜色：天然琥珀的颜色通常为黄色、棕色、红色等；再造琥珀一般为橙黄或橙红色。

⑦ 乙醚测试：再造琥珀放在乙醚中几分钟后变软，而天然琥珀无反应。

（3）再造绿松石鉴定特征：

① 绿松石碎块胶结。

颜色：蓝色、蓝绿色、绿色、黄绿色，碎块之间颜色有差异、不连续过渡，碎块间为黑色或褐色胶结物，呈网状分布。

成分特征：碎块成分同天然绿松石，胶结物成分为树脂型胶粘剂、黑色染料及其他物质的粉末。

放大检查：可见碎块边界，碎块间结构不一致、无连续性，胶结物中黑色染料浓集、针刺进时出现凹坑。

红外吸收光谱特征：可见树脂的红外光谱特征，丙烯酸酯类红外光谱特征为红外吸收光谱在 1732 cm^{-1} 附近出现较强的吸收峰，同时出现 2927 cm^{-1}、2853 cm^{-1} 附近吸收峰，且 1732 cm^{-1} γ（C=O）吸收峰的积分面积大于 2853 cm^{-1} 附近 γ_5（CH_2）吸收峰的积分面积。含双酚 A 型环氧树脂红外光谱特征为 1510 cm^{-1}、1610 cm^{-1} 附近吸收峰，以及酸酐与环氧树脂固化形成的酯基等所致 1732 cm^{-1} 附近吸收峰。在其拉曼光谱中，见 1610 cm^{-1} 附近特征峰，以及 3060 cm^{-1} 附近的特征峰。

发光图像分析：常见不同碎块间荧光颜色、强度有差异。

② 绿松石粉末压制。

颜色：均匀的蓝色，可有人造黑色网纹。

成分：主要为绿松石粉末、树脂型胶粘剂和黑色染料等。

放大检查：见均匀的尘点状蓝色绿松石，缺失天然绿松石中自然分布的杂质矿物，黑色网纹中见染料浓集。

红外吸收光谱：有时 3087 cm^{-1} 附近绿松石结晶水所致吸收峰不完整，可见树脂的红外光谱特征。

16. 拼合石的意义是什么？如何鉴定拼合石？

答：（1）拼合石的意义象限多项选择题 20 题。

（2）拼合石具有如下鉴定特征：

① 红圈效应：如石榴石玻璃二层石，将其台面朝下，在纸上可见到石榴石顶部显示出的红圈效应。

② 红旗效应：采用白光进行测量宝石的折射率时，将目镜去掉测量石榴石和玻璃二层石折射率时，在刻面尺上宝石影像底部会呈现出红光反射作用。

③ 侧面观察：可发现平直的黏合线，并且黏合线两侧的光泽、颜色、硬度等存在一定的差异，颜色上的差异在浸液中观察更明显，若胶层为有色层，则可观察到颜色沿平面分布的特征。

④ 放大检查：冠部与亭部的内含物特征存在一定的差异，且不连续；由于胶层与宝石之间存在一定的折射率差异，在不同的方向上可观察到由薄膜干涉引起的闪光现象。其内部可观察到压扁的气泡、颜色呈单一层状分布等特征。

⑤ 折射率测量：当冠部与亭部所采用的材料不同时，存在折射率的差异。

⑥ 荧光特征：荧光特征显示分层现象，不同部位以及拼合层部位显示各自的荧光特征。

⑦ 光谱特征：不同部位光谱特征存在差异，显示各自的紫外-可见光光谱、红外光谱、拉曼光谱等。若拼合石使用有机质进行粘合，可见有机质的特征红外光谱及拉曼光谱。

第四章　宝石的优化处理

内容概述

本章的主要内容宝石的优化处理方法，包括热处理、扩散处理、高温高压处理、辐照处理、充填处理、激光处理、染色处理、覆膜处理以及漂白处理等，其中，热处理和漂白均为优化；扩散处理、高温高压处理、激光处理均属于处理；辐照处理、充填处理、染色、覆膜既可以是优化，可以是处理，针对不同的宝石以及优化程度需注意区分。学习本章时，需掌握以下内容：

1. 能够正确判断优化处理方法，例如充填处理的类型，是否属于优化。

2. 掌握优化处理的目的，主要包括改善宝石的美观度、耐久性以及可用性。

3. 掌握优化处理的方法的基本原理及鉴定特征。经优化处理的鉴定通常与宝石所经历的过程密切相关，结合优化处理方法的基本原理及基本过程更有助于记忆。

4. 宝石经优化处理后，宝石学性质通常发生一定的变化，借此可用于宝石优化处理的鉴定。例如颜色特征、折射率、相对密度、内含物特征、荧光特征、光谱特征等。

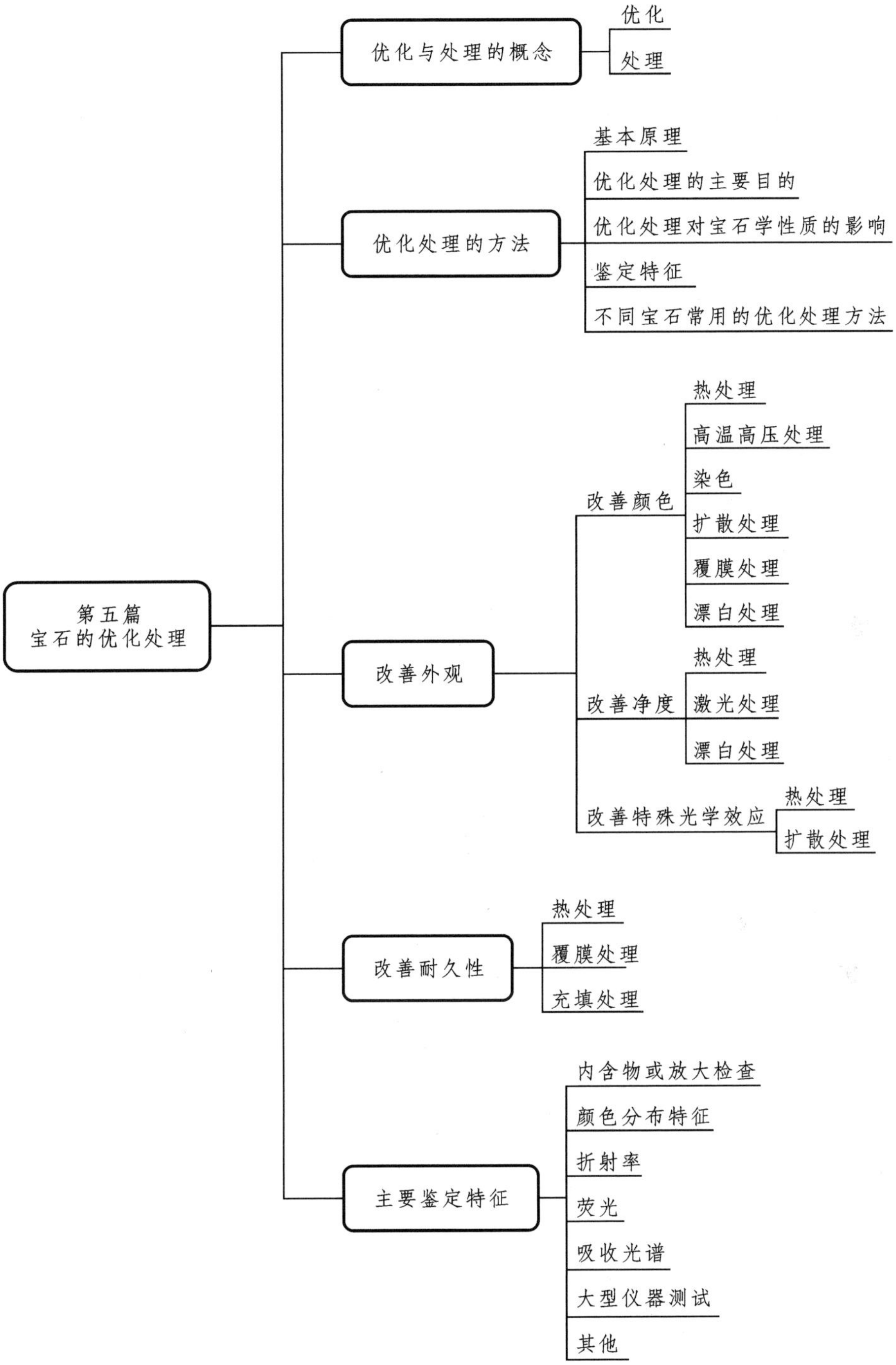
第五篇
宝石的优化处理
优化与处理的概念
优化
处理
优化处理的方法
基本原理
优化处理的主要目的
优化处理对宝石学性质的影响
鉴定特征
不同宝石常用的优化处理方法
改善外观
改善颜色
热处理
高温高压处理
染色
扩散处理
覆膜处理
漂白处理
改善净度
热处理
激光处理
漂白处理
改善特殊光学效应
热处理
扩散处理
改善耐久性
热处理
覆膜处理
充填处理
主要鉴定特征
内含物或放大检查
颜色分布特征
折射率
荧光
吸收光谱
大型仪器测试
其他

图 4-1　第四章内容概述

第一节 重点例题讲解

【例题 1】根据优化处理类别，下列选项中，属于优化的是（　　　　）；属于优化（应附注说明）的是（　　　　）；属于处理的是（　　　　）。

A. 祖母绿浸无色油　　B. 欧泊浸无色油　　C. 玛瑙染色　　D. 水晶辐照

E. 琥珀覆无色膜　　F. 珊瑚的漂白　　G. 琥珀加热　　H. 石英岩的染色

I. 绿松石浸蜡　　J. 绿松石致密度优化

【参考答案】ABCDFGI　EJ　H

【答案解析】1. 热处理、漂白处理均属于优化，因此 F、G 选项均为优化；

2. 覆膜处理：常见的覆膜处理有两种，一种是无色覆膜，即在珠宝玉石表面覆着无色薄膜，以改善珠宝玉石的光泽或对珠宝玉石起到保护作用；另一种是有色覆膜，即在珠宝玉石表面覆着有色薄膜，以改变珠宝玉石的颜色。覆膜处理对应的优化处理类别有两个，分别为优化（应附注说明）和处理。

（1）优化（应附注说明）：

天然有机宝石具有硬度低、难抛光等特点，加工时常会在其表面覆着一层无色膜，起到改善光泽、防止划伤的作用。鉴于这种加工特点，国家标准将在天然有机宝石表面覆无色膜，旨在改变光泽或起保护作用的这种方法归为优化（应附注说明），因此 E 选项为优化（应附注说明）。

在定名时，直接使用天然有机宝石基本名称，应在相关质量文件中附注说明具体优化方法。例如覆无色膜琥珀定名“琥珀”，应附注说明“经覆膜”或“覆无色膜”。

（2）处理：

除天然有机宝石外，在天然宝石和天然玉石表面覆无色膜，或在珠宝玉石表面覆有色膜，改变其颜色或产生特殊效应，由于具有较大的欺骗性，必须如实向消费者揭示，因此将其均归为处理。定名时需添加相应的修饰词，例如覆有色膜琥珀定名“覆膜琥珀”或“琥珀（覆膜）”或“琥珀（处理）”同时附注说明“覆膜处理”。

3. 染色、辐照均属于处理，但这两种处理方式中有一定的特例，其中，玉髓的染色属于优化、水晶的辐照处理属于优化，因此 C、D 选项为优化，H 选项为处理。

4. 浸蜡处理在新国标中已经归属至充填处理，并且使用无色油、蜡、天然树脂充填珠宝玉石属于优化，因此将 A、B、I 选项为优化。

对于充填处理，为了科学客观地对其优化处理类别进行划分，将宝石中的可填充缺陷根据其特性划分为四种类型分别为缝隙、裂隙、空洞和孔隙，根据充填物是否传统以及对宝石的改善程度，将充填划分为优化、优化（应附注说明）、处理三个类别。宝石的改善程度包括宝石经充填后外观（净度、透明度、光泽等）和耐久性/可用性的改善程度、对宝石价值的提升程度，主要的影响因素包括充填物类型、充填缺陷类型、充填物量、宝石品种等。进行充填优化处理类别划分时应依据如下：

（1）若充填物为传统且已被人们广泛接受的物质（如无色油、蜡等），应归为优化类别；

（2）若充填物为非传统的物质（如人工树脂、玻璃），有以下三种情况：

① 充填目的主要基于对珍稀珠宝玉石资源的保护和有效利用，已作为一种宝石加工工艺程序逐渐为人们所接受，缝隙中少量充填物残留，对宝石改善作用轻微时归为优化类别；

② 充填目的主要用于改善宝石净度等外观，少-中量充填物残留，对宝石改善作用轻微-中等时归为优化（应附注说明）类别；

③ 充填目的主要用于改善宝石耐久性/可用性，中-大量充填物残留，对宝石有明显改善作用时归为处理类别。

（3）若充填物为非传统、尚不被人们广泛接受（如含 Pb、Bi 等玻璃）的物质，应归为处理类别。详见表 4-1。

表 4-1　进行充填优化处理类别划分

<table>
<tr><th>充填物类型</th><th>充填缺陷类型</th><th>充填物量</th><th>宝石改善程度</th><th>优化处理类别</th><th>珠宝玉石品种</th></tr>
<tr><td>无色油、蜡、天然树脂</td><td>全部类型</td><td>少～大量</td><td>—</td><td>优化</td><td>所有珠宝玉石</td></tr>
<tr><td rowspan="9">人工树脂、玻璃</td><td>全部类型</td><td>微量</td><td>几乎无</td><td>优化</td><td>所有珠宝玉石</td></tr>
<tr><td rowspan="2">缝隙</td><td>少量</td><td>轻微</td><td>优化</td><td rowspan="2">所有珠宝玉石；
祖母绿的此种方法归为优化（应附注说明）</td></tr>
<tr><td>中等</td><td>轻微～中等</td><td>优化
（应附注说明）</td></tr>
<tr><td rowspan="4">空洞
裂隙</td><td>少量</td><td>轻微～中等</td><td>优化
（应附注说明）</td><td rowspan="2">祖母绿、红宝石、翡翠等</td></tr>
<tr><td>中～大量</td><td>明显</td><td>处理</td></tr>
<tr><td>少～中等</td><td>轻微～中等</td><td>优化
（应附注说明）</td><td rowspan="2">碧玺、琥珀等</td></tr>
<tr><td>大量</td><td>明显</td><td>处理</td></tr>
<tr><td rowspan="2">孔隙</td><td>少量
（浅表/局部）</td><td>轻微～中等</td><td>优化
（应附注说明）</td><td rowspan="2">绿松石等</td></tr>
<tr><td>中～大量</td><td>明显</td><td>处理</td></tr>
<tr><td>含 Pb、Bi 等玻璃</td><td>全部类型</td><td>少～大量</td><td>—</td><td>处理</td><td>所有珠宝玉石</td></tr>
</table>

4. 祖母绿充填优化处理类别的划分及表示如下：

（1）若充填物为传统且已被广泛接受的物质（如无色油、蜡、天然树脂）时归为优化类别。

（2）若充填物为非传统的物质（如人工树脂），有以下三种情况：

① 充填目的主要用以改善祖母绿净度等外观，缝隙中残留少-中等量充填物时归为优化（应附注说明）类别，也可称为净度优化。由于祖母绿不同程度的净度优化对其价值有不同程度的影响，可根据其净度优化程度进行附注说明；祖母绿净度优化程度将其划分为五个级别（见表 4-2）。

② 充填目的主要用以改善祖母绿外观和耐久性/可用性，祖母绿表面裂隙、空洞可见少量充填物时归为优化（应附注说明），备注“经充填”。

表 4-2　祖母绿净度优化级别及特征

级别		观察特征
未经净度优化	N	无净度优化迹象
不明显	IF	只有达表面小缝隙
轻微	F1	台面不多于 1 个中缝隙或其他位置不多于 3 个中缝隙
中等	F2	台面不多于 1 个大缝隙或不多于 3 个中缝隙或其他位置不多于 2 个大缝隙
明显	F3	台面有 1 个以上大缝隙或其他位置 2 个以上大缝隙或贯穿缝隙

③ 充填目的主要用于改善祖母绿耐久性，表面裂隙、空洞中残留中 ~ 大量充填物归为处理类别。详见表 4-3。

表 4-3　祖母绿充填优化处理类型

祖母绿充填处理	类型划分	备注
优化	无色油、蜡、天然树脂	
优化（应附注说明）	1. 充填目的主要用以改善祖母绿净度等外观，缝隙中残留少 ~ 中等量充填物时归为优化（应附注说明）类别，也可称为净度优化。由于祖母绿不同程度的净度优化对其价值有不同程度的影响，可根据其净度优化程度进行附注说明。 2. 充填目的主要用以改善祖母绿外观和耐久性/可用性，祖母绿表面裂隙、空洞可见少量充填物时归为优化（应附注说明），备注“经充填”	充填物为非传统的物质（如人工树脂）
处理	充填目的主要用于改善祖母绿耐久性，表面裂隙、空洞中残留中 ~ 大量充填物归为处理类别	

5. 致密度优化即常所说的扎克利（Zachery）处理方式，其主要原理是模拟美国金曼绿松石矿富钾长石成矿背景下形成的睡美人绿松石。处理后的绿松石表面颜色如更鸟蛋般艳丽，微晶结构细腻均匀，孔隙度低，无肉眼可见的铁线等杂质，玻璃光泽，硬度与天然优质瓷松相当或略高。目前将该类处理方法归类为优化（应附注说明），因此 I 选项为优化（应附注说明）。

【**例题 2**】热处理可改变宝石的__________、__________、__________、__________等宝石学性质。

【**参考答案**】颜色　净度　荧光　特殊光学效应

【**答案解析**】宝石热处理对宝石宝石学性质的影响包括颜色、净度、荧光、特殊光学效应、光泽、荧光、光谱、折射率、晶体结构等。

1. 对颜色的影响：是热处理最重要的作用之一，颜色的变化及基本原理见表 4-4。

表 4-4　宝石热处理的颜色变化与基本原理

宝石名称	颜色变化	基本原理
红宝石	氧化环境：消减红宝石中多余的蓝色	Fe^{2+}转变为 Fe^{3+}，减少 Fe^{2+}-Ti^{4+} 离子对
蓝宝石	氧化环境：减少或去除蓝色	Fe^{2+}转变为 Fe^{3+}，减少 Fe^{2+}-Ti^{4+} 离子对
	还原环境：诱发或加深蓝色	Fe^{3+}转变为 Fe^{2+}，增加 Fe^{2+}-Ti^{4+} 离子对

宝石名称	颜色变化	基本原理
斯里兰卡乳白色蓝宝石	同上	同上
浅黄、黄绿色蓝宝石	氧化条件：橘黄色-金黄色蓝宝石	Fe^{2+}转变为 Fe^{3+}，产生 Fe^{3+}-O^{2-}离子对
含 Fe^{2+}浅蓝色刚玉		
海蓝宝石	还原环境：去掉黄色，使绿变蓝，颜色更纯净	Al^{3+}位置导致黄色的 Fe^{3+}转变为 Fe^{2+}
摩根石	还原环境：去除黄色调	
Fe、Mn 致色橙黄色绿柱石	粉红色绿柱石	
烟晶	变浅或褪去	破坏 AlO_4^{4-}色心
	产生绿黄色和蓝色	
紫晶	变浅、黄色	破坏 FeO_4^{4-}色心
	还原条件：绿色	Fe^{3+}转变为 Fe^{2+}
	橙色、褐红色	产生铁氧化物
钙铝榴石	由浅黄色变为橘黄色	
蓝色尖晶石	900 °C 变绿色	
棕红色尖晶石	去除棕色，变为鲜艳的红色尖晶石	
天河石	失去蓝色	破坏色心
条纹长石	透明度增加	重新发生类质同象替代
碧玺	可褪去碧玺的粉色或红色组分，使红色变为淡红或无色，褐红或褐色变成粉色，紫或某些褐色变蓝或暗绿，橙色变黄	着色在氧化环境中进行 褪色在还原环境中进行
锆石	还原条件：天蓝色、无色	
	氧化条件：金黄色、无色	
褐或橙色托帕石	粉色或带粉色调	
巴西黄色、橙色托帕石	粉色、红色	
黄、绿或褐色托帕石	无色或蓝色	
蓝色托帕石	过热无色	破坏色心
坦桑石	氧化条件：产生紫色、蓝色	V^{3+}转变为 V^{4+} 消除其他色心
翡翠	黄色、棕色、褐色转变成鲜艳的红色	褐铁矿失水，转变为赤铁矿
玛瑙	氧化条件：产生鲜艳红色	
黄褐色虎睛石	氧化条件：产生鲜艳红色	
虎睛石	还原条件：灰黄色、灰白色	
暗蓝至黑色萤石	变为蓝色	

宝石名称	颜色变化	基本原理
琥珀	产生红、棕色	表面的有机成分经过氧化
合成金红石	氧化条件：黑色变略带淡黄色调的无色	$Ti^{3+} \rightarrow Ti^{4+}$ 消除由 Ti^{3+} 引起的色心
	真空或缺氧：黑色变蓝色或淡蓝色	
人造钛酸锶	氧化条件：深黑色变无色	$Ti^{3+} \rightarrow Ti^{4+}$ 消除由 Ti^{3+} 引起的色心
	还原条件：深黑色变蓝色	

2. 对内含物的影响：内含物的变化是鉴定热处理的重要证据之一，经过热处理的宝石，具有如下特征：

（1）颜色分布特征：例如刚玉热处后可出现颜色不均匀现象，包括特征的格子状色块、不均匀的扩散晕等，原色带颜色发生变化，色带清晰度变得模糊等。

（2）包裹体可发生熔融作用：例如自形程度较高的矿物变得圆滑；再如针状或丝状的金红石等包裹体发生熔融，随熔解程度的不断加强转变成断续的丝状、微小的点状等形态，有时高温处理的红、蓝宝石表面可见到一种白色丝斑，也是金红石高温破坏后的产物。这种针状或丝状包裹体的熔融可消除宝石不完美的星光效应，如红蓝宝石的热处理。

（3）产生盘状裂隙：由于矿物包裹体与寄主宝石的热膨胀系数不同，可产生盘状裂隙。

（4）促进金红石针等包裹体的出溶：通过加热作用并缓慢降温，可使以固溶体存在的 Ti 发生固溶体分离，产生金红石，促进星光效应的发生，例如红蓝宝石、含铁铝榴石组分的石榴石中常含一定含量的 Ti，通过热处理可促进星光效应的产生。

3. 对透明度的影响：对宝石透明度的影响主要与宝石颜色、内含物的变化、晶体结构的变化有关：

（1）透明度降低：主要与宝石的颜色加深有关，例如浅蓝色蓝宝石经热处理后变为深蓝色，透明度相应降低；热处理翡翠由于褐铁矿转变为赤铁矿，原来被胶体矿物褐铁矿掩盖的翡翠矿物颗粒间隙显露出来，同时伴随许多细小裂隙，导致透明度下降。

（2）透明度升高：主要与以下原因有关

① 颜色变浅：宝石的透明度与颜色深浅呈正比，即颜色越深，透明度越低，宝石颜色变浅可提高宝石的透明度。

② 内含物的溶蚀：宝石中的包裹体影响光波在宝石中的传播路径，内含物的溶蚀或溶解，可提高宝石的透明度，例如翠榴石热处理后，马尾丝状包体经轻微的熔解，可在一定程度上提升翠榴石的透明度。

③ 气泡的排除：气泡的大量存在影响光波在宝石中的传播路径，降低宝石的透明度，排除气泡可提升宝石的透明度，例如琥珀经过热处理作用，可排除其内部的气泡，透明度增高。

④ 晶体结构变化：例如条纹长石经热处理可重新发生类质同象替代的发生，导致透明度增高。

4. 对特殊光学效应的影响：主要与宝石中的内含物变化有关，例如红蓝宝石、含铁铝榴石成分的石榴石。

（1）消除不完美星光效应：例如刚玉中针状或丝状包体发生熔解，进而达到消除不完美星光效应的目的。

（2）产生星光效应：例如刚玉中促进刚玉中重新发生固溶体分离，产生针状或丝状的金红石包体，进而产生星光效应。

（3）产生猫眼效应：例如锆石的热处理引起的重结晶还可产生纤维状微晶，形成猫眼效应。

5. 对光泽的影响：例如镁铝榴石、铁铝-锰铝榴石热处理后，从玻璃光泽转变为亚金刚光泽-半金属光泽。

6. 对荧光的影响：宝石的荧光主要与宝石中的微量元素和晶格缺陷有关，热处理可改变宝石中的晶格缺陷类型，因此热处理可伴随着荧光的变化，例如经热处理的蓝宝石可见弱的淡绿色或淡蓝色荧光。

7. 对光谱的影响：热处常会改变宝石的颜色特征，而宝石的颜色与宝石对光的选择性吸收有关，因此热处理常伴随光谱特征的变化，例如经热处理的蓝宝石缺失 450 nm 吸收带。

8. 宝石表面特征的影响：

（1）产生麻坑：由于高温溶解作用，经过热处理的宝石表面常出现局部熔融的现象，进而产生麻坑等鉴定特征，同时导致宝石的光泽减弱。为消除麻坑，宝石常做二次抛光，破坏原琢型的完整性，出现双腰棱、多面腰棱现象。

（2）附晶生长：刚玉在高温条件下可出现附晶生长现象，即在宝石表面形成新生的小晶体，常经过二次抛磨后消除。

9. 对折射率的影响：例如热处理琥珀的折射率可升至 1.57。

10. 对晶体结构的影响：例如锆石中 U、Th 等放射性作用对晶格产生损伤，从高型锆石转变为低型锆石；热处理可将锆石的晶体结构恢复，形成高型锆石；再如，热处理与辐照处理为一对互逆过程，热处理可消除辐照处理产生的不稳定色心，托帕石在辐照处理后产生稳定的蓝色色心和黄色色心，组成褐色或棕褐色，热处理可消除黄色不稳定色心，稳固蓝色色心，从转变为蓝色托帕石。

【例题 3】下列选项中，可以改善宝石的颜色的包括（　　）；可以改善宝石净度的包括（　　）；可以改善宝石的耐久性的包括（　　）；可以改善宝石光泽的包括（　　）；可以改善宝石透明度的包括（　　）；可以改善宝石特殊光学效应的包括（　　）

A. 热处理　B. 扩散处理　C. 辐照处理　D. 充填处理　E. 染色处理
F. 漂白处理　G. 覆膜处理　H. 高温高压处理　I. 激光处理

【参考答案】ABCEFGH　ADI　DG　ADFG　A

【答案解析】宝石优化处理对宝石学性质的主要影响见表 4-5，但是对这些宝石学性质的影响并不均是改善，例如久达刚玉的热处理后透明度可增高，部分热处理宝石的透明度会降低，例如翡翠的热处理，在改善翡翠颜色的同时，透明度降低。

表 4-5　优化处理对宝石学性质的影响统计见表

宝石学性质	热处理	扩散	辐照	充填	染色	漂白	覆膜	HPHT	激光
颜色	√	√	√		√	√	√	√	
净度	√			√					√
耐久性				√			√		

续表

宝石学性质	热处理	扩散	辐照	充填	染色	漂白	覆膜	HPHT	激光
透明度	√			√					
荧光	√	√	√	√	√	√	√	√	
光谱	√	√	√		√				
折射率		√		√		√			
光泽	√			√		√	√		

1. 热处理对宝石学性质的影响详见例题 2。

2. 扩散处理对宝石学性质的影响详见例题 5。

3. 辐照处理对宝石学性质的影响详见例题 6。

4. 充填处理对宝石学性质影响如下：

（1）改善宝石的净度及透明度：充填处理主要应用在裂隙发育的宝石中，还包括经过激光处理的钻石以及经漂白处理的翡翠、石英质玉石等。由于充填物质与寄主宝石之间的折射率差值小于空气与寄主宝石之间的差值，因此会降低裂隙的可见度，充填物与寄主宝石之间的折射率差值越小，则裂隙的可见度越低，透明度与净度越高。

（2）对内含物特征的影响：由于充填物进入宝石内部，使得充填处理宝石具有典型的内含物特征，例如充填物的流动状构造、包裹的气泡以及由薄膜干涉产生的闪光现象等。

（3）改变宝石的光泽特征：由于充填物与寄主宝石之间的折射率存在差异，导致两者之间的光泽存在差异，例如经玻璃充填的红蓝宝石光泽相对较弱；经漂白充填后的翡翠呈油脂或蜡状光泽。

（4）荧光特征的变化：充填物与寄土宝石之间的荧光特征存在差异，荧光会呈现与裂隙分布有关的特征，例如 B 货翡翠具有较强的荧光，铅玻璃充填红宝石中，充填物具有强蓝色荧光，与红宝石的红色荧光具有明显的对比。

（5）对折射率的影响：受充填物的影响，宝石的折射率可能会降低，例如充填处理的绿松石折射率一般低于 1.61。

（6）对相对密度的影响：受充填物的影响，宝石的相对密度通常偏低。

（7）对宝石光谱特征的影响：使用红外光谱、拉曼光谱等，可见充填物的特征吸收光谱，例如树脂充填处理的祖母绿，红外光谱可见 2960 cm^{-1}、2930 cm^{-1}、2875 cm^{-1} 及 3045 cm^{-1} 附近的树脂吸收峰。

5. 染色对宝石学性质的影响如下：

（1）对颜色改变：经过染色处理的宝石颜色发生变化，与染色剂密切相关，并且颜色沿着宝石的裂隙或矿物颗粒间分布。

（2）多色性特征：对于具有多色性的彩色宝石，表现为颜色浓郁，但多色性较弱。

（3）荧光的变化：与充填处理原理相近，多呈染剂的荧光特征，例如染色红宝石可有橙黄—橙红色荧光。

（4）对光谱特征的影响：整体上显示染色剂的吸收光谱特征，与对应颜色的天然宝石明显不同，例如经铬盐染色翡翠吸收光谱显示红区 650 nm 的吸收带，而天然绿色翡翠则显示若干条吸收线。红外光谱与拉曼光谱可见染剂的特征光谱。

6. 漂白对宝石学性质的影响如下：

（1）颜色的变化：有机宝石的漂白可去除产生不良颜色的有机物质，起到增白的作用；对于无机宝石，尤其是翡翠、石英质玉石等，主要作用是去除影响宝石整体外观的杂质矿物。

（2）结构的变化：对于无机宝石的漂白处理，常使用强酸、强碱等腐蚀性较强的物质，在去除杂质矿物的同时，对寄主宝石产生一定的影响，导致结构疏松，为了增强其耐久性，常伴有充填处理，例如 B 货翡翠。

7. 覆膜处理对宝石学性质的影响

（1）折射率的影响：覆膜本身并不会影响宝石本体的折射率，但在测定折射率时，所测数据通常为“膜”的折射率，与寄主宝石存在较大的差异，例如覆膜翡翠的折射率为 1.56 左右，而天然翡翠的折射率为 1.66；

（2）对颜色的影响：覆有色膜的主要目的是改善宝石的颜色，但并不会改变宝石本体的颜色特征，同时，颜色仅分布在宝石表面，在膜的破损处，可见宝石本体的颜色特征，与膜之间的颜色存在较大的差异。

（3）对多色性的影响：其影响特征与染色处理相近，表现为颜色鲜艳、浓郁，但多色性不明显。

（4）对光泽的影响：覆膜处理后，宝石整体呈现“膜”的光泽，而不是宝石本身的光泽特征，例如覆膜翡翠的光泽较弱，呈现树脂光泽。

（5）对光谱特征的影响：整体显示膜的吸收光谱特征叠加在寄主宝石吸收光谱之上，呈现较为异常的特征。红外光谱与拉曼光谱可见“膜”相应的光谱特征，例如钻石增生膜的拉曼光谱在 1332 cm^{-1} 附近（多晶及内应力都会造成 Raman 峰的频移），强度降低，半高宽增大至 3.5 cm^{-1}；质量差的钻石膜该峰出现更大偏移，强度更弱，半高宽可达 9.0 cm^{-1} 甚至在 1500 cm^{-1} 附近又出现一个宽峰。

8. 高温高压处理对宝石学性质的影响如下：

（1）改善宝石的颜色：例如 IIa 型褐色钻石可提升至 D-G 色级（GE 钻石）；Ia 型钻石可处理为黄色-黄绿色、粉色、蓝色等彩色钻石（NOVA 钻石）。

（2）内含物的影响：例如 GE 钻石中常见羽状裂隙，并伴有反光，裂隙常出露到钻石表面，部分愈合的裂隙、解理以及形状异常的包体、包裹体边缘石墨化。

（3）对晶体结构的影响：例如 GE 钻石主要用于修复钻石中的晶格缺陷，从而提升钻石的颜色色级；NOVA 钻石是在原有晶格缺陷的基础上，进一步加强其塑性变形，从而产生颜色。

（4）对光谱特征的影响：例如 NOVA 钻石的近红外光谱显示较强烈的红区吸收和明显的蓝区吸收，并以 495 nm（H4）、503 nm（H3）和 986 mn（H2）的吸收组合为特征，红外光谱 1282 cm^{-1}（A 心）、1370 cm^{-1}（B 心）和 1130 cm^{-1}（C 心）吸收共存是高温高压处理的标志。

9. 激光处理：

对宝石学性质的影响主要为净度的改善，通过激光处理，产生激光孔道或诱发裂隙，进而产生开放的通道，对内含物进行处理，达到改善净度的目的。

【例题 4】常见经充填处理的宝石有__________、__________、__________等。常见经扩散处理的宝石包括__________、__________、__________等。

【参考答案】红宝石　蓝宝石　祖母绿　红宝石　蓝宝石　尖晶石

【**答案解析**】宝石常用的优化处理方法统计见表 4-6。

表 4-6 常见宝石的优化处理方法

宝石品种	热处理	扩散	辐照	充填	染色	漂白	覆膜	HPHT	激光
钻石			√	√			√	√	√
刚玉	√	√	√	√	√		√		
绿柱石	√		√	√	√		√		
金绿宝石	√								
猫眼	√								
水晶	√		√	√	√		√		
石榴石	√	√			√				
尖晶石	√								
长石	√	√	√	√			√		
碧玺	√		√	√	√		√		
锆石	√		√						
托帕石	√	√	√	√			√		
辐照处理托帕石	√								
红柱石	√								
蓝晶石				√	√				
方柱石			√						
蓝柱石			√						
锂辉石			√						
坦桑石	√						√		
翡翠	√			√	√	√	√		
和田玉				√	√				
石英质玉	√			√	√	√			
欧泊				√	√		√		
蛇纹石玉				√	√				
绿松石				√	√				
青金石				√	√				
孔雀石				√					
萤石	√		√	√			√		
方解石 大理岩			√	√	√		√		
菱锰矿				√					
蔷薇辉石					√				
查罗石				√	√				
鸡血石				√	√		√		

续表

宝石品种	热处理	扩散	辐照	充填	染色	漂白	覆膜	HPHT	激光
寿山石	√			√	√		√		
青田石				√	√		√		
巴林石				√	√		√		
昌化石				√	√		√		
滑石					√		√		
羟硅硼钙石					√				
苏纪石				√	√				
云母质玉				√			√		
绿泥石					√				
天然珍珠					√	√			
养殖珍珠			√		√	√			
珊瑚				√	√	√	√		
琥珀	√		√	√	√		√		
象牙				√	√	√			
猛犸象牙				√	√	√	√		
贝壳									
焰熔法生长宝石	√				√		√		
合成紫水晶			√						

【例题 5】扩散处理常使用的扩散元素包括____________、____________、____________、____________等；经表面扩散处理的宝石颜色呈____________状；扩散处理可影响的宝石学性质包括____________、____________、____________等。

【参考答案】Cr　Fe　Ti　Co　Ni　Cu（任选四个即可）；蛛网；颜色　折射率　荧光多色性　吸收光谱　内含物特征　表面特征　特殊光学效应　拉曼光谱　结构特征（任选三个即可）

【答案解析】1. 常见的扩散元素与相应宝石所产生的颜色统计见表 4-8；经表面扩散处理的宝石，颜色仅集中在宝石表面，并且在刻面棱处富集，整体颜色呈蛛网状，在浸液中观察明显。

表 4-8　常见的扩散元素与相应宝石所产生的颜色统计

宝石名称	Be	Cr	Co	Fe+Ti	Cr+Ni	Cu	Cr+Co	Cr+Fe
红宝石		红色						
蓝宝石	黄、橙、粉、红、棕		钴蓝色	蓝色	橙黄色			
尖晶石			蓝色					
长石						红色		
托帕石			蓝绿色				蓝、蓝绿、蓝紫、绿色	
钙铝榴石			绿色					橘黄色

2. 扩散处理对宝石学的性质影响如下：

（1）颜色的影响：表面颜色深于宝石内部，尤其是表面扩散处理的宝石尤为明显，颜色沿刻面棱、开放裂隙分布，呈现“蛛网状”分布特征；在浸液中观察明显；此外，宝石的表面还可见色斑等现象，例如扩散处理的托帕石表面不均匀地聚集黄绿、灰蓝绿、褐色斑点。

（2）折射率的影响：扩散处理可导致宝石折射率升高，尤其是使用原子量相对较大致色剂进行扩散时，例如扩散处理的红宝石以及 Co 扩散处理的蓝宝石折射率可高达 1.80。

（3）荧光的影响：例如表面扩散处理的红宝石在短波紫外光下可有斑块状蓝白色磷光；某些表面扩散处理蓝宝石在短波紫外光下可有白垩状蓝色或绿色荧光，而另一些样品在长波紫外光下可有蓝色、绿色甚至于橙色荧光。

（4）多色性的影响：例如扩散处理红宝石，可具有模糊的二色性，有时表现出一种特殊的黄-棕黄色二色性。

（5）可见光谱特征的影响：例如扩散处理蓝宝石缺失 Fe^{3+}离子引起的光谱特征，450 nm 的吸收；经 Co 扩散处理的蓝宝石可见 Co 谱，即橙、黄、绿三区有三条吸收带。

（6）内含物的影响：由于扩散处理的温度相对较高，可见包裹体的熔融、重结晶、内扩散等。

（7）表面特征的影响：刚玉在任何高温环境下均会出现附晶生长的现象。例如 Be 扩散处理的蓝宝石表面，小晶体呈细小的板状存在于表面的空洞中，而不是覆盖整个宝石刻面。

（8）对特殊光学效应的影响：例如表面扩散处理刚玉可产生星光红宝石或星光蓝宝石。

（9）拉曼光谱的影响：例如经过 Co 扩散处理的托帕石，可见由 Co^{2+}-O 弯曲振动衍生的 731、627、504 cm^{-1} 个宽谱带及 200 cm^{-1} 的锐锋。

（10）结构特征的影响：例如扩散处理的托帕石扫描电镜下显示其表层具有由缺陷导致的交错叠片状结构。

【例题 6】目前常用于宝石优化处理的射线类型有__________、__________、________等。

【参考答案】α 射线　β 射线　X 射线

【答案解析】1. 辐照处理的基本原理：通过粒子（电子、质子、中子、α 粒子）或射线（X 射线、γ 射线）与宝石中离子、原子或电子相互作用，在宝石中形成电子-空穴心或离子缺陷心，从而产生颜色，其本质是通过激活电子、格位离子或原子发生位移，被辐照的宝石诱发辐照损伤心，进而产生或改变颜色。辐照处理常使用的辐照源包括以下几种类型：

（1）带电粒子：由于静电作用，使得带电粒子获得能量，可引起核外电子的激发和电离，若被电离的电子仍具有足够大的动能，还可进一步引起另一个原子核外电子的激发和电离，引起宝石中原子的位移和相应的化学变化。

① α 粒子：是放射性元素衰变放射出来的高速飞行的氦原子核，也可依靠氦离子在回旋加速器中获得，带有两个正电荷，质量接近 4。α 射线在通过物质时主要与处理粒子径迹附近的原子或原子中的电子发生碰撞，引起激发与电离而损失能量，需通过多次碰撞速度才会逐渐减慢，但方向基本保持不变。α 粒子损失的能量使其径迹附近形成大量的激发原子或离子。放射性同位素发射的 α 粒子能量在 4 ~ 10 MeV 之间，通常在空气中能穿行 2 ~ 8 cm，一定能量的 α 粒子在同一物质中穿过的最大距离大体上相同。

② 高能电子或 β 射线：高能电子包括放射性元素核转变时释放出来的 β 射线（电子或正电子）以及电子加速器产生的能量接近单一的电子束。一般放射性核素的 β 射线能量为 0.015 ~ 2 MeV，电子加速器产生的电子能量一般为 0.2 ~ 10 MeV 之间。高能电子在通过物质时，主要

与电子相互碰撞而产生能量损失，从而引起物质中原子或离子的激发与电离，但由于电子质量小（1/1840），在与介质中的电子碰撞时不仅会失去较多的能量，且运动方向会发生大角度偏转。此外，由于电子质量小，与具有相同能量的重带电粒子相比，其运动速度快得多，因此，高能电子穿透物质的能力较强，射程也较大。

（2）中子：是质量约为一个原子质量单位的不带电粒子。主要来源有核辐照源、重核裂变、轻核聚变。分为热中子（0.025 eV）、慢中子（0.03 ~ 100 eV）、中能中子（100 eV ~ 10 keV）和快中子（10 keV ~ 10 MeV）。由于中子不带电荷，不与核外电子发生作用，而是直接与原子核发生碰撞（弹性碰撞、非弹性碰撞、核反应、俘获反应等），产生新的带电粒子或引起离子位移，这些粒子或离子将引起另外的原子或离子电离或激发，产生被电离的位移原子。这些被电离的位移原子实际上是重的荷电粒子，它可以引起进一步的电离和原子位移。

（3）射线或电磁辐射：电磁辐射不带电，无静止质量，在物质中的穿透能力强于带电粒子，主要包括 γ 射线和 X 射线，有时紫外射线也可用于辐照物质。

① γ 射线：是放射性元素衰变过程中产生的波长极短的电磁辐射，波长短于 0.01 埃，能量一般在 0.04 ~ 4 MeV。

② X 射线：X 射线的频率和能量仅次于伽马射线，频率范围 30 PHz ~ 300 EHz，对应波长为 1 pm ~ 10 nm，能量为 124eV ~ 1.24MeV。由于 X 射线穿透能力不强，因此颜色改变通常只局限于宝石表面，且不稳定，在太阳光照射下褪色，改色后的珠宝玉石无人工放射性。

2. 辐照处理引起的颜色变化，详见表 4-9。

表 4-9　辐照处理引起的颜色变化

宝石名称	原色	改色	放射源
钻石	褐色	天蓝色、绿色	中子辐照
	粉红色	红色或紫红色	
	灰色	深蓝色	
蓝宝石	无色	黄色	
	粉红色	橙红色	
含 Fe^{3+} 水晶	无色	紫色	γ 射线
含 Al 水晶	无色	茶色	
芙蓉石	粉色	颜色加深	
含 Fe^{3+} 合成水晶	无色	紫色	
含 Fe^{2+} 合成水晶		柠檬黄	
含 Co^{2+} 合成水晶		浅蓝色	
含 Mn^{2+} 合成水晶		墨绿色	
含 Al 合成水晶		茶色	
Maxixe 蓝色绿柱石	无色、暗蓝色、绿色、黄色、粉色的	蓝色	γ 射线

续表

宝石名称	原色	改色	放射源
海蓝宝石或含 Fe^{2+} 的绿柱石	无色	黄色	γ射线或中子辐照
	粉红色	橙色	
其他绿柱石	无色	金黄色	β射线
	绿色	蓝绿色	
新疆碧玺	浅粉色	红、深红色	γ射线
	浅绿色	粉红、红、深红色	
	双色碧玺	红绿、红紫色	
	无色	粉红、红、深红色	
碧玺	无色或粉红色	红色	γ射线
锆石	无色	深红色、褐红色、或紫色、橘黄色	X射线
	蓝色	褐色-红褐色	
托帕石	无色	褐色、棕褐色，热处理之后产生蓝色	γ射线
	无色	蓝绿色（为棕、黄、蓝色心叠加所致），热处理后产生蓝色	β射线
方柱石	无色或黄色	紫色，不稳定，遇光褪色	
锂辉石	无色、近于无色	粉色	
	紫色	暗绿色（加热或见光会褪色）	
		亮黄色	中子辐照
萤石	无色	紫色（不稳定，见光褪色）	
大理石	白色	蓝色、黄色和浅紫色（不稳定，遇光会褪色，遇热也会颜色变浅）	
珍珠	浅色	蓝灰色、浅灰蓝色、孔雀绿色和黑色（淡水比海水易改变颜色）	γ射线
钙铝榴石		黄绿色，不稳定易褪色	
透长石		烟色，不稳定，阳光照射褪色	
奥长石		橙色、绿色，不稳定，阳光照射褪色	
琥珀	黄色	橙红或血红色	γ射线
合成碳化硅	无色	蓝色、绿色、海蓝色	

3. 辐照处理引起的其他宝石学性质的变化：

（1）颜色分布特征：颜色的分布与宝石的琢型和辐射方向有关，例如经辐照处理的钻石，沿亭部辐照处理的钻石颜色呈伞状；轰击冠部时，则钻石的腰棱处显示一深色色环；轰击侧面时，则靠近轰击源一侧颜色明显加深；此外，经辐照处理钻石的裂隙中可见辐照斑点；再如经辐照处理的珍珠，可见辐照晕斑。

（2）荧光特征：经辐照处理的部位色心浓度偏光，与其他部位呈现的荧光颜色与强度均可不同。

（3）内含物特征：例如经加速电子辐照处理的琥珀可产生植物根系状包裹体，也称利希滕贝格图形，是因辐照而积蓄于琥珀中的电荷过量而产生击穿放电的击穿路径及其应力裂隙（圆盘状、似贝壳状断口）构成的图案。击穿放电的出发点位于样品的凹坑、裂隙等薄弱部位。“根系”于触发点处密集，远离触发点逐渐散开、稀疏，树枝状分布。

（4）光谱特征：例如辐照处理的黄色钻石由 H_3（503.2 nm）和 H_4（496 nm）色心引起，且以 H_4 色心占优势，天然钻石 H_3 或 H_4 色心不明显。出现 H_4（496 nm）色心一般认为是经过辐照处理的直接证据之一。此外还可存在 595 nm 色心引起的吸收线，但经过加热后可消失，同时在红外光谱区将出现 H1b（2024 nm）和 H1c（1936 nm）线，这些谱不能同时出现。

第二节　课后练习

一、名词解释

热处理　扩散处理　辐照处理　充填处理　激光钻孔　染色处理　覆膜　高温高压处理　漂白　内部扩散　致密度优化

二、填空题

1. 优化处理宝石的工艺要求是__________、__________和__________。宝石优化处理可改善宝石的外观特征包括__________、__________、__________、__________、__________等。

2. 下列优化处理方法中，请填写优化处理类别：祖母绿注无色油属于__________，水晶辐照处理属于__________，琥珀覆无色膜属于__________，玛瑙染色属于__________。

3. 热处理的作用包括改善宝石的__________、__________、__________、__________等。

4. 经热处理的红蓝宝石颜色特征包括__________，__________、__________。

5. 热处理可使海蓝宝石去除__________色成分，保留__________色成分，可使摩根石去除__________色，产生更纯的__________色。

6. 紫晶经过热处理后可产生__________色和__________色，无色水晶经辐照处理后可产生__________色。

7. 琥珀常进行的优化处理方法包括__________和__________，“太阳光芒”的存在说明琥珀经过了__________处理。

8. 热处理的控制因素有__________、__________、__________、__________、__________、__________等。

9. 扩散处理可改善宝石的外观特征包括__________、__________。

10. 蓝宝石的扩散处理中，Be 扩散可产生__________色、__________色等颜色；Cr、Ni 扩散可产生__________色。Co 扩散常应用在__________、__________、__________等宝石中，可产生漂亮的________色。若使蓝宝石产生星光效应，则选择的扩散元素为__________。长石的扩散处理常使用的元素为__________。

11. 宝石中的可填充缺陷根据其特性划分为四种类型，分别为__________、__________、__________和__________。影响宝石改善程度的因素包括__________、__________、__________、__________等。

12. 充填处理常用的材料包括__________、__________、__________、__________等。染色处理常使用的材料包括__________、__________、__________等。

13. 用于有机宝石漂白的试剂常有__________和__________等。

14. 高温高压常用于钻石的颜色改色。其中 GE 公司处理的钻石类型为__________型，Nova 处理的钻石类型为__________型。

15. 常见的辐照损伤色心包括__________色心和__________色心。

16. 常进行漂白处理的宝石包括__________、__________等。

三、是非题

1. 宝石的热处理，既可以使宝石的透明度升高，也可使宝石的透明度降低。 （ ）
2. 宝石的热处理，既可以使宝石中不完美的星光消除，也可使宝石中产生星光。（ ）
3. 宝石的热处理，既可以产生颜色，也可以使宝石褪色。 （ ）
4. 宝石的热处理只有通过显微镜观察才能进行鉴定。 （ ）
5. 热处理时，氧化条件可使蓝宝石的颜色加深，还原条件下可使宝石的颜色变浅。（ ）
6. 经热处理形成的黄色蓝宝石缺乏 450 nm 吸收带。 （ ）
7. 斯里兰卡乳白色蓝宝石热处理必须要将其控制在氧化条件。 （ ）
8. 焰熔法合成红宝石经过热处理后，可降低弯曲生长纹的明显程度。 （ ）
9. 大多数的蓝色锆石都是热处理的产物。 （ ）
10. Be 在蓝宝石中不直接产生颜色。 （ ）
11. Co 扩散处理宝石只能产生蓝色。 （ ）
12. 同一种元素扩散在不同的宝石中产生的颜色一般相同。 （ ）
13. 表面扩散处理的颜色和星光效应均局限于宝石表面。 （ ）
14. 扩散处理不需要对氧化还原环境进行控制。 （ ）
15. 高温高压法既可以修复钻石中的晶格缺陷，也可以诱发新的晶格缺陷。 （ ）
16. 绿松石浸蜡属于优化，在鉴定证书中可不必说明。 （ ）
17. 充填处理属于优化，覆膜属于处理。 （ ）
18. 注无色油属于充填处理，注有色油属于染色处理。 （ ）
19. 玛瑙的染色处于优化，石英岩的染色属于处理。 （ ）
20. 经染色的宝石，在命名时“染色”二字必须参与命名。 （ ）
21. 595 nm 的吸收线可作为辐照改色钻石的诊断性依据。 （ ）
22. 辐照处理所使用的射线源必须为带电粒子。 （ ）
23. 辐照处理的基本原理是在宝石中产生色心。 （ ）
24. 漂白属于优化，在鉴定证书中可不予显示。 （ ）
25. 人工宝石也会经历优化处理。 （ ）
26. 热处理是辐照作用的逆行为。 （ ）
27. 只有有机宝石可进行漂白处理，无机宝石则无法漂白。 （ ）
28. 经净度优化的钻石不进行净度分级。 （ ）
29. 经优化处理产生的内含物均属于次生包体。 （ ）

四、多项选择题

1. 下列宝石的热处理改色，其原理与脱水作用有关的是（ ）；与电价变化有关的是（ ）；与消除色心有关的是（ ）；与蜕晶质结构的逆转有关的是（ ）。

A. 玛瑙　　B. 虎睛石　　C. 翡翠　　D. 和田玉
E. 水晶　　F. 蓝宝石　　G. 绿柱石　　H. 坦桑石
I. 红宝石　　J. 锆石　　K. 钻石　　L. 碧玺

M. 合成金红石　　N. 人造钛酸锶

2. 热处理可能出现的鉴定特征包括（　　）；扩散处理可能出现的鉴定特征包括（　　）。

A. 盘状裂隙　　B. 色带界线变得模糊　　C. 出现异常多色性
D. 异常高的折射率　　E. 包裹体熔融　　F. 表面增生
G. 内扩散　　H. 颜色分布在宝石表面

3. 下列优化处理方法中，可使宝石出现异常多色性的包括（　　）；宝石的颜色分布特征可能与琢型有关的包括（　　）；颜色分布特征仅出现在宝石表面的是（　　）可出现异常折射率的包括（　　）；可产生盘状裂隙的包括（　　）；可降低宝石耐久性的是（　　）。

A. 热处理　　B. 辐照处理　　C. 扩散处理
D. 覆膜处理　　E. 高温高压处理　　F. 漂白处理
G. 染色处理　　H. 激光钻孔

4. 扩散处理中，下列扩散元素能够产生星光的是（　　）；可产生红色的是（　　）；可产生蓝色的是（　　）；可产生橙色的是（　　）；可产生绿色的是（　　）。

A. Fe　　B. Fe，Ti　　C. Ti
D. Co　　E. Cu　　F. Be
G. Ni　　H. Cr，Ni

5. 在进行热处理时，需控制其环境为还原条件的包括（　　），需控制其环境为氧化条件的包括（　　）。

A. 蓝色锆石　　B. 斯里兰卡乳白色蓝宝石　　C. 海蓝宝石
D. 粉红色绿柱石　　E. 坦桑石　　F. 颜色过深的蓝宝石
G. 颜色过浅的蓝宝石　　H. 去除红宝石中的蓝色心　　I. 去除红蓝宝石中的丝状包体
J. 使宝石产生星光效应　　K. 将黄色蓝宝石处理为橙色蓝宝石

6. 经过淬裂而产生裂隙的焰熔法合成红宝石的鉴定特征有（　　）。

A. 表面的熔蚀现象　　B. 裂隙中有充填物
C. 有弯曲的生长纹　　D. 较强的红色荧光

7. 下列经辐照处理的宝石中，哪种宝石的颜色不稳定见光易褪色？（　　）。

A. 黄色的绿柱石　　B. 粉红色的黄玉
C. 绿色的紫锂辉石　　D. 紫色的水晶

8. 激光处理钻石应用的原理是（　　）。

A. 钻石的可燃性　　B. 钻石内含物的可燃性　　C. 钻石内含物的热膨胀性
D. 钻石的解理　　E. 钻石的导热性

9. 下列选项中，常使用 Co 扩散处理的宝石是（　　）。

A. 蓝宝石　　B. 尖晶石　　C. 碧玺
D. 托帕石　　E. 长石

10. 应用 Co 元素对宝石进行扩散处理，可产生的颜色包括（　　）。

A. 蓝色　　B. 绿色　　C. 红色
D. 紫色　　E. 蓝绿色

11. 对红宝石进行热处理的目的是（　　）。

A. 除去褐色调　　B. 弥合裂隙　　C. 消除蓝色调　　D. 除去包体

12. 鉴别染色红宝石最有效的鉴定仪器是（　　）。

A. 紫外荧光灯　　B. 二色镜　　C. 热导仪

D. 折射仪　　E. 显微镜

五、问答题

1. 热处理是一种常用的优化处理方法，请回答以下问题：

（1）热处理方法的主要机理是什么？请举例说明。

（2）如何鉴定热处理的宝石？请举例说明。

（3）人工宝石经热处理的作用包括哪些？

2. 扩散处理是一种常用的优化处理方法，请回答以下问题：

（1）扩散处理的主要机理是什么？

（2）如何鉴别扩散处理？请举例说明。

3. 辐照处理可以很好地改善宝石的颜色，请回答如下问题：

（1）辐照处理的基本原理是什么？常用的辐照源有哪些？

（2）常见的辐射损伤色心有哪些？

（3）简述经辐照处理的托帕石，为什么要经过热处理？

（4）简述合成紫水晶为什么要经过辐照处理？

4. 充填处理可很好地改善宝石的外观，请回答以下问题：

（1）充填处理属于优化还是处理？如何进行划分？

（2）常用的充填物质有哪些？如何鉴别经充填处理的宝石？

5. 染色处理是常用的优化处理方法，请问哪些宝石的染色处理属于优化，哪些属于处理？如何鉴别经颜色处理的宝石？

6. 关于覆膜处理，请回答如下问题：

（1）覆膜处理能够改善宝石的哪些性质？

（2）覆膜处理属于哪种优化处理类别？请举例说明。

（3）如何鉴定经覆膜处理的宝石？

7. 给出下列宝石的一种处理方法，并给出鉴定特征。

（1）无色蓝宝石→深蓝色蓝宝石

（2）浅绿色祖母绿→深绿祖母绿

（3）无色珊瑚→粉红色珊瑚。

8. 宝石的优化处理对宝石的内含物特征有何影响？

第三节　参考答案

一、名词解释

1. 热处理

答：热处理是指通过人工控制温度和氧化还原环境等条件，对珠宝玉石进行加热，以改善或改变珠宝玉石颜色、净度和/或特殊光学效应的一种优化处理方法，属于优化，常用于热处理的宝石包括红宝石、蓝宝石、琥珀等。

2. 扩散处理

答：扩散处理是指在一定温度条件下，使外来元素进入珠宝玉石，以改变珠宝玉石颜色或产生特殊光学效应的一种优化处理方法，属于处理。可分为表面扩散和体扩散。常用于扩散处理的宝石包括红宝石、蓝宝石、尖晶石等。

3. 辐照处理

答：辐照处理是指用高能射线照射珠宝玉石，常附加热处理，以改变珠宝玉石颜色的一种优化处理方法，除水晶的辐照处理为优化外，其余宝石的辐照处理均为处理。常用于辐照处理的辐照源包括带电粒子、中子以及电磁辐射等。常用于辐照处理的宝石包括钻石、托帕石、绿柱石等。

4. 充填处理

答：充填处理是指用无色油、蜡、玻璃或树脂等材料充填珠宝玉石的缝隙、（开放）裂隙、空洞，或灌注多孔隙、多裂隙的珠宝玉石，以改善或改变珠宝玉石的净度、外观和耐久性。常用于充填处理的宝石包括红宝石、祖母绿、尖晶石等。根据充填物类型、充填缺陷类型、充填物量、宝石品种等，可将充填处理分为优化、优化（附注说明）和处理三种类型。

注：无色油属于充填处理，有色油属于染色处理

5. 激光钻孔

答：激光钻孔是钻石常用于改善净度的一种优化处理方法，属于处理，是指用激光束和化学品去除钻石内部深色包体，留下管状、漏斗状或其他形状的激光痕。

6. 染色处理

答：染色处理是指将致色物质（如有色油、染料等）渗入珠宝玉石，以改善或改变珠宝玉石颜色的一种优化处理方法，除玉髓（玛瑙、碧石）的染色处理为优化外，其余宝石的染色处理均为处理。常用于染色的宝石包括红宝石、翡翠、石英岩等。

7. 覆膜

答：覆膜是指用涂、镀等方法在珠宝玉石表面覆着薄膜，以改变珠宝玉石的光泽、颜色、

产生特殊效应或对珠宝玉石起到保护作用。可分为优化（应附注说明）和处理两类，其中，天然有机宝石覆无色膜为优化（应附注说明），天然宝石和天然玉石覆无色膜，和所有天然珠宝玉石覆有色膜为处理。常用于覆膜的宝石包括琥珀、翡翠、祖母绿等。

8. 高温高压处理

答：高温高压处理是指在高温高压条件下对珠宝玉石进行处理，主要用于改善或改变珠宝玉石的颜色的一种优化处理方法，属于处理。常用于高温高压处理的宝石主要为钻石。

9. 漂白

答：漂白采用化学溶液对珠宝玉石进行浸泡，使珠宝玉石的颜色变浅或去除杂质的一种优化处理方法，属于优化，常用于漂白的宝石包括珍珠、象牙、珊瑚等。

10. 内部扩散

答：内部扩散是指在热处理的蓝宝石中，在金红石晶体周围出现一个蓝色晕圈或在金红石先前的所在位置出现蓝色的斑点的现象。

11. 致密度优化

答：致密度优化是绿松石常用的一种优化处理方法，其基本原理为在一定温度、压力和电解质的作用下，不同程度地改善绿松石表层、近表层的质地以及光学、力学性质，又称质地改善，属于优化（附注说明）。

二、填空题

1. 美观　耐久　无害　颜色　净度　透明度　光泽　特殊光学效应

【答案解析】（1）优化处理宝石的工艺要求与特点包括三个方面，分别为美观、耐久和无害。

① 美观：部分宝石经过优化处理后可将潜在的美观度展现出来，例例如部分宝石经热处理后可改善颜色、净度、透明度、光泽、产生或去除不完美特殊光学效应等；

② 耐久：宝石经过优化处理后，宝石的颜色、结构等性质不会发生明显的改变，例如热处理的红蓝宝石的颜色耐久性相对较好；但是经辐照处理的方柱石颜色不稳定，遇光容易发生褪色现象。

③ 无害：尤其针对辐照处理、染色处理、充填处理等优化处理方法，要求经辐照处理的宝石无残留放射性；染色与充填物质对人体无害。

（2）不同的优化处理方法对宝石的宝石学性质的影响详见例题 2、例题 3、例题 5、例题 6。

2. 优化（附注说明）　优化　优化（附注说明）　优化

【答案解析】详见例题 1。

3. 颜色　透明度　产生星光　消除丝光

【答案解析】详见例题 2。

4. 颜色不均匀　格子状色块　不均匀扩散晕

【答案解析】红蓝宝石的热处理可以很好地改善宝石的颜色，经热处理后，颜色可出现不均匀的现象，如格子状色块、不均匀的扩散晕等；颜色会向边界扩散，使色带界线模糊，甚至变形。

5. 黄绿　蓝　黄　粉红

【答案解析】绿柱石中同时含有 Fe^{2+}和 Fe^{3+}，并在绿柱石中有两种存在方式：

（1）取代绿柱石中 Al 的位置，使绿柱石呈黄色，并随三价铁含量的增多，颜色从无色变成金黄色。

（2）存在于绿柱石结构的孔道中，使绿柱石呈现绿色和黄色。

在还原气氛下，将 Al 位置上的 Fe^{3+}转变为 Fe^{2+}，消除黄色色调，使得海蓝宝石的颜色更加纯净，摩根石产生更纯的粉色，由 Fe、Mn 致色的橙黄色绿柱石变成粉红色绿柱石。

6. 黄　绿　烟

【答案解析】（1）热处理：

① 烟晶：颜色变浅或褪去，褪色过程中可产生绿黄色和蓝色水晶。

② 紫晶：可使其颜色变浅；加热至 450°C 可产生黄色；至更高的 500 ~ 575 °C，产生由铁氧化物引起的橙色或褐红色；部分紫晶加热到 400 ~ 500 °C，可产生绿色。

③ 有的石英经过高温热处理（500°C 下保持 24 h）还可产生乳白色外观，用以模仿月光石。

（2）辐照处理：

① 无色水晶：可变为烟晶，颜色范围从黑色、褐色到带淡红、淡黄或淡绿色调的烟色。

② 含 Fe 的石英：可产生蓝紫色到红紫色的紫晶。

③ 其他：辐照处理还可产生黄绿色、粉红色。

注：辐照处理产生的颜色在光照下稳定，部分经过热处理可减色或褪色。

（3）其他优化处理方法：包括染色、覆膜等。

7. 热处理　染色处理　热处理

【答案解析】琥珀常使用的优化处理方法包括热处埋、染色处理、充填处理、辐照处理和覆膜等。

"太阳光芒"实际上属于一种盘状裂隙，是琥珀在热处理过程中气泡炸裂引起的。可呈现金黄色和红色，分别是绝氧条件与氧化条件环境下的产物。

8. 升温速率　最高温度　恒温时间　冷却速率　气氛控制　压力控制

【答案解析】热处理的控制因素如下：

（1）升温速度：需缓慢加热，防止由于过快的温度变化导致宝石炸裂。

（2）最高温度：是宝石热处理的关键因素，不同宝石热处理的温度不同，例如红蓝宝石的热处理温度通常超过 1000 °C，而水晶的热处理温度通常在 400 ~ 500 °C 范围内。

（3）恒温时间：是指最高温度下持续的时间。时间的长短直接影响热处理的效果，例如，对于含 TiO_2 的刚玉，加热到 1600 °C 并保持 24 h 后缓慢冷却，可使 TiO_2 出溶，形成金红石针并定向排列，产生星光效应。

（4）冷却速度：即从最高温度冷却至室温的冷却速度及冷却时任一保持温度的梯级。不同宝石的冷却速度不同，即使针对同一种宝石，不同的冷却速度得到的结果也往往不同，例如，为消除蓝宝石中的丝状包体或去除不完美的星光效应，则需快速冷却，以防金红石析出，但为了产生星光效应，则需要缓慢冷却。

（5）炉内气氛控制：尤其针对变价元素致色的宝石，需控制炉内的氧化还原条件，例如加深蓝宝石颜色需使用还原气氛，而去除蓝色则需使用氧化气氛；氧化气氛可通过吹氧或空气、添加氧化剂来实现；还原气氛可通过添加活性炭、氢气、一氧化碳来实现。

（6）压力控制：根据实验要求，炉内压力可以控制常压、减压还是加压，均需要安装特殊的装置。

9. 颜色　产生特殊光学效应

10. 黄　橙　橙　蓝宝石　尖晶石　托帕石　钴蓝　Ti　Cu

【答案解析】9～10题详见例题5。

11. 缝隙　裂隙　空洞　孔隙　充填物类型　充填缺陷类型　充填物量　宝石品种

【答案解析】详见例题1。

12. 无色油　人造树脂　蜡　玻璃　有色油　有机染料　无机染色剂

【答案解析】充填处理的材料包括无色油、蜡、天然树脂、人造树脂、玻璃、铅玻璃、钴玻璃、铋玻璃等。

染色处理常使用的材料包括有色油、天然有机染料、有机染料（如苯胺类、氨基染料等）、无机染料（如铬盐、铁盐、镍盐、钴盐、铜盐、硫氧化钾等）等。

13. 双氧水　氯气

【答案解析】（1）有机宝石常单纯的使用漂白处理方式，例如珍珠、象牙、珊瑚等，漂白常使用的试剂包括双氧水、氯气、次氯酸、亚硫酸盐等。其主要目的是通过氧化剂的氧化作用去掉宝石中的杂质。

（2）无机宝石，尤其是玉石的漂白主要目的是用于去除玉石中的杂质矿物，常用的试剂为强酸、强碱等。由于试剂的腐蚀性较强，可使宝石的结构疏松，需进行充填处理才可保持良好的耐久性。例如翡翠、石英岩玉等。

14. IIa　Ia

【答案解析】整体上，高温高压法既可以修复钻石中的晶格缺陷，又可以诱发钻石中的晶格缺陷。

（1）GE 钻石主要处理 IIa 型褐色钻石，该类钻石的颜色主要与晶格缺陷有关，通过高温高压处理可将晶格缺陷修复，提高钻石的颜色色级，处理后的颜色色级在 D-G 范围内。正是因为该方法可修复钻石中的晶格缺陷，因此该类型又称为高温高压修复型。

（2）Nova 钻石，该类钻石主要处理 Ia 型褐色钻石，该类型钻石的颜色主要与 N 元素有关，对于该类钻石，主要是诱发强的塑性变形，进而产生颜色，使得转成变为鲜艳的黄色-绿色钻石。因此该类型又称为高温高压增强型钻石。

15. 电荷缺陷　离子缺陷

【答案解析】辐照处理宝石，往往是多种色心的组合，主要包括电荷缺陷色心和离子缺陷色心。

（1）电荷缺陷色心：指宝石晶格点阵上的原子或离子仅在带电性质上发生变化而形成的色心。当宝石受辐射时，辐射粒子与晶格位上的原子或离子外层电子发生相互作用，将辐射能量传递给电子，电子在吸收一定能量后，克服原子或离子的束缚逃逸，形成电荷缺陷色心。

（2）离子缺陷色心：指正常晶格位的离子在位置上发生变化，形成正负离子空位、空位聚集、填隙离子等缺陷。钻石晶格位上原子或离子的电离或激发和中子与钻石晶体中原子核的相互作用，可导致钻石晶格位上离子的迁移，钻石晶格位上出现正、负离子空位或空位聚集和滑移线系。例如辐照 Ia 型和黄色钻石的过程中，辐射粒子进入钻石与晶体中的碳原子发生弹性碰撞，碰撞过程中彼此间发生能量转移，从而使碰撞粒子的运动状态发生显著改变，将钻石中的碳原子从其初始位置激离，从而产生 GR1 色心，形成蓝绿色钻石。

16. 珊瑚　象牙

【答案解析】常进行漂白处理的宝石包括珊瑚、象牙、珍珠、玉髓、翡翠、石英岩等。

三、是非题

1. Y

2. Y

3. Y

【答案解析】1 ~ 3 题详见例题 2。

4. N

【答案解析】放大观察是鉴定宝石经热处理的重要方法，但并不是唯一的鉴定方法，其他方法同样可提供鉴定证据，例如经热处理的黄色和蓝色蓝宝石在台式分光镜下观察，缺失 450 nm 吸收带，某些热处理的蓝色蓝宝石在短波紫外光下显示弱的淡绿色或淡蓝色荧光。

5. N

【答案解析】详见例题 2。蓝宝石的热处理主要改变 Fe^{2+}-Ti^{4+}离子对的数量，该离子对数量越多，颜色越深，相反颜色越浅，因此针对颜色过深的宝石，需通过氧化作用，将 Fe^{2+}转变为 Fe^{3+}，进而减少 Fe^{2+}-Ti^{4+}离子对，最终使颜色变浅；相反，在还原条件下，Fe^{3+}转变为 Fe^{2+}，增加了 Fe^{2+}-Ti^{4+}，使颜色变深。

6. Y

【答案解析】详见是非题 4 题。

7. N

【答案解析】斯里兰卡乳白色刚玉存在 Fe^{3+}和 Ti^{4+}，为使其产生蓝色，需产生 Fe^{2+}-Ti^{4+}离子对，因此需选择还原环境，Fe^{3+}转化为 Fe^{2+}，进而产生 Fe^{2+}-Ti^{4+}间的电荷迁移，颜色转变为蓝色。

8. Y

【答案解析】焰熔法合成宝石在晶体生长结束之后，均需进行退火处理，可降低晶体的内应力，降低晶体破裂的风险，此外，热处理可修复晶格缺陷，使晶体结构趋于完美，因此会降低与晶格缺陷有关的现象，例如弯曲生长纹。此外焰熔法合成红宝石通过热处理作用诱发裂隙，伴有染色处理，可掩盖合成宝石的鉴定特征。

9. Y

【答案解析】（1）多数蓝色锆石是热处理的产物，其环境条件为“还原环境”。

（2）在氧化条件下进行热处理，温度达 900 °C 时可产生金黄色和无色的锆石，有些样品可呈红色。

10. Y

【答案解析】（1）刚玉的 Be 扩散可产生黄色、橙色或棕色，并且随着 Be 扩散深度的不断增加，颜色发生规律性的变化：黄-橙黄-粉橙-橙粉-橙色-橙红-红色，主要将无色或近无色的刚玉处理成各种黄色和橙色，也可降低蓝宝石中过重的蓝色色调（黄色与蓝色为补色）。

（2）Be 属于主族元素，并不直接参与这些颜色的形成，而是起活化剂或拓展空位的作用。Be^{2+}不等价的方式替换 Al^{3+}，产生大量的阳离子空位，进而产生空穴心（V 心），是产生颜色的主要原因。

11. N

12. N

【答案解析】11 ~ 12 题详见例题 5。

13. Y

【答案解析】（1）颜色的分布特征：传统的表面扩散的颜色主要分布宝石的表面，此外，即使是可以使宝石整体成色的 Be 扩散处理，颜色仍然呈现外深内浅的特点。

（2）星光效应："星光"完美，星线均匀，类似合成星光蓝宝石，星光仅局限在样品表面，弧面型宝石表面有一层极薄的絮状物，由细小的白点聚集而成，显微镜下无法发现天然星光宝石中存在的三组的定向排列的金红石针。

14. N

【答案解析】在使用 Cr、Ni 对蓝宝石进行扩散处理时，需在氧化条件下进行，可产生橙黄色扩散层。Be 扩散处理是在高温氧化条件下进行的。

15. Y

【答案解析】详见填空题 14 题。

16. Y

17. N

【答案解析】16 ~ 17 题详见例题 1。

18. Y

【答案解析】根据充填处理以及染色处理的定义（详见名词解释），注无色油属于充填处理，注有色油属于染色处理。

19. Y

【答案解析】详见例题 1。

20. N

【答案解析】（1）玉髓、玛瑙、碧石的染色属于优化，因此，经染色后，"染色"二字不必参与命名。

（2）属于处理的宝石，"染色"二字不一定参与命名，例如染色红宝石可命名为"染色红宝石""红宝石（染色）""红宝石（处理）"并附注说明。

21. Y

【答案解析】并不是所有经辐照处理的钻石均会出现 595 nm 吸收线，另外，该线经过热处理后可消失，但同时出现 H_1b（2024 nm）和 H_1c（1936 nm），因此 595 nm 和 H_1b（2024 nm），H_1c（1936 nm）不能同时出现，但均可作为辐照处理钻石的鉴定证据。

22. N

23. Y

【答案解析】22 ~ 23 题详见例题 6。

24. Y

【答案解析】详见例题 1。

25. Y

【答案解析】人工宝石也常见优化处理，主要作用包括以下几个方面：

（1）降低宝石的内应力：由于焰熔法生长宝石，由于温差较大，导致宝石的内应力较大，容易造成宝石开裂，通过热处理的方式，可释放宝石的内应力（本质为退火）。

（2）改变宝石中变价元素的价态：例如合成金红石和人造钛酸锶，由于宝石在生长过程中，Ti 主要以 Ti^{3+}的形式存在，造成宝石中存在阳离子空位，颜色呈现黑色或过深，在氧化条件下进行热处理，可将 Ti^{3+}转变为 Ti^{4+}，可获得近无色的样品。

（3）产生星光效应：例如合成星光刚玉，宝石生长结束之后，TiO_2 以固溶体的形式溶解于刚玉中，通过热处理，TiO_2 在刚玉中结晶，形成金红石针状包体，进而产生星光效应。

（4）促进裂隙的产生，模仿天然宝石：为了掩盖宝石中弯曲生长纹等鉴定特征，通过加热、冷却等方式，促使宝石裂隙的产生，同时为了掩盖裂隙，在其内部充填有其它物质，例如乙酸苯胺树脂等。

（5）扩散处理：合成蓝宝石常经扩散处理，同样是为了掩盖合成宝石的鉴定特征，用于模拟天然宝石。

（6）产生颜色：例如合成紫水晶需经过进一步的辐照处理，合成紫水晶的过程中，Fe 进入水晶晶格中替代 Si，形成$[FeO_4]^{5-}$色心，该色心几乎不吸收可见光，经辐照处理后$[FeO_4]^{5-}$转变为$[FeO_4]^{4-}$色心，可吸收可见光中的 560 ~ 530 nm 的黄绿色光，产生紫色色调。合成钻石也可高温高压处理获得各种艳丽的颜色。

26. Y

【答案解析】辐照处理与热处理互为逆行为。辐照处理是通过带电粒子、中子或 γ 射线等与宝石中的离子、原子或电子相互作用，使宝石中形成电子-空穴心或离子缺陷心，进而产生颜色或改变宝石的颜色。热处理能够使宝石中产生的色心释放，破坏色心，消除颜色。

很多宝石的辐照处理往往伴随热处理，主要的目的是消除经辐照处理后产生的不稳定色心，起到固化颜色的目的。例如经辐照处理的托帕石会产生褐色，该颜色是有不稳定的黄色色心和稳定的蓝色色心组成的，经热处理后，会消除不稳定的黄色色心，稳固蓝色色心，从而产生稳定的蓝色托帕石。但是，若继续加热，蓝色色心同样遭受破坏，使得托帕石转变为无色托帕石。

27. N

【答案解析】详见填空题 13 题。

28. Y

【答案解析】钻石分级标准仅针对未经覆膜、裂隙充填等优化处理的钻石。

29. Y

【答案解析】次生包体形成于寄主宝石之后，宝石经过优化处理之后，包裹体发生变化，应属于次生包体。优化处理对宝石包体的影响如下：

（1）热处理：包裹体在高温条件下发生熔融现象，主要表现为：

① 低熔点包裹体如长石、方解石、磷灰石等发生部分溶融，原柱状晶体边缘变得圆滑；甚至完全熔化后凝固呈白色或灰色的球状体或似球状体，称之为“雪球”。

② 针状包裹体发生熔融，从而转变为断续的丝状、微小的点状等形态，同时可造成宝石（如红宝石、蓝宝石等）出现白色丝斑。

③ 原生流体包裹体在高温作用下发生胀裂，流体浸入新胀裂的裂隙中，形成树枝状等形态。

④ 原气液包裹体发生胀裂，例如琥珀，形成盘状裂隙，或称之为“太阳光芒”。

⑤ 原固体包裹体与寄主宝石热膨胀系数不同，形成围绕固体包裹体的盘状裂隙、环礁状或放射状应力纹（晕），部分熔融体还可能溢入裂隙，使之部分愈合。

⑥ 颜色变化：出现格子状色块、不均匀的扩散晕等，原色带颜色发生变化，例如山东蓝宝石热处理后，原蓝色带可变为无色色带；色带的界线模糊甚至变形。

（2）扩散处理：由于扩散处理同样是在高温作用下进行的，因此具有与热处理相似的内含物特征，此外，还具有独特的内含物特征。

① 颜色分布特征：表面扩散处理的颜色仅分布在宝石表面，在刻面棱及开放裂隙处浓集，形成蛛网状。

② 裂纹与小气泡：主要分布在着色层。利用强光侧面观察，可出现乳光效应，也是产生雾状外观的原因之一（如表面扩散处理红宝石）。

③ 包裹体熔融与重结晶：例如 Be 扩散处理蓝宝石，高熔点的锆石包裹体变为不规则的白色小点，常含气泡，或相变为斜锆石；斜锆石熔融包裹体表面呈特征的蜂窝状或溶蚀凹坑，并伴有羽状张裂隙，熔融的锆石熔体流入周围圆盘状裂隙中，并随温度降低发生重结晶，在裂隙中形成不透明的蕨叶状麦穗状等。

④ 产生裂隙：如 Be 扩散处理蓝宝石出现盘绕的小溪状或网状条纹。

⑤ 内扩散：通常出现在 Be 扩散处理的红宝石、黄-橙色蓝宝石中，呈现蓝色的晕圈或斑点。

⑥ 附晶：产生数量较多的新生附晶，呈细小的板状存在表面的空洞、裂隙或其他瑕疵处，并伴有次生玻璃质残余充填，透射光下，附晶外观浑浊，定向随机，正交偏光镜下可见与主晶消光位不同。

（3）辐照处理：主要体现在颜色分布上，例如钻石，颜色常局限在宝石表面，且颜色由表及里逐渐变浅，色带、色斑及形状与琢型和辐照方向有关，如明亮珠型，从亭部轰击时颜色呈伞状围绕亭部分布，从冠部轰击时，腰棱处显示深色色环。

（4）充填处理：由于充填物的存在，可出现与充填物有关的内含物特征：

① 闪光现象：由于充填与寄主宝石折射率之间存在一定的差异，可产生薄膜干涉，转动宝石时可观察到闪光现象。

② 流动状构造与气泡：可观察到充填物的流动状的构造以及所包裹的气相包裹体。

③ 光泽差异：充填处的表面光泽通常弱于寄主宝石。

④ 油痕：若为注油处理，则可观察到油痕的存在，其反光比一般裂隙中液态包裹体强及同时可见由油产生的干涉色不匀的斑迹。

（5）染色处理：染色处理的本质与充填处理基本相同，主要区别在于所使用的物质具有颜色，且能够改善宝石的颜色特征，其内含物特征如下：

① 颜色分布：是染色处理最重要的内含物特征，颜色通常分布在开放裂隙、矿物颗粒间，形成蛛网状或丝瓜瓤状。

② 其他：若所使用的染剂为有色的玻璃、有色的有机物等，具有与充填处理相似的鉴定

特征，如流动状构造、包裹的气泡、表面光泽的差异等。

（6）高温高压处理：例如钻石，可见内部纹理、常见伴有反光且常出露到钻石表面的羽毛状裂隙、部分愈合裂隙、解理以及形状异常的包裹体。

（7）激光处理：例如钻石，激光钻孔可产生激光孔道，KM 处理可产生到达表面的裂隙，经过激光处理的钻石，常伴有内部暗色包体的处理过程，可消除暗色包体对硬度的影响。

四、不定项选择题

1. ABCE　EFGHLMN　EHMN　J

【答案解析】详见例题 2。

2. ABEFG　ABCDEFGH

【答案解析】详见例题 2 和例题 5。

3. CDG　BCD　BCD　CD　AC　H

【答案解析】（1）可使宝石出现异常多色性的方法包括扩散处理、染色处理、覆膜处理等。

① 扩散处理红宝石常出现模糊的二色性，有时表现出一种特殊的黄-棕黄色的二色性。

② 经染色和覆膜（尤其是有色膜）处理的宝石常显示异常二色性，通常表现为颜色浓郁，但多色性不明显。

（2）宝石的颜色分布特征可能与琢型有关的优化处理包括辐照处理、扩散处理、覆膜处理等。

① 经辐照处理的钻石，若辐照方向为圆明亮琢型的亭部时，可观察辐照形成的颜色呈伞状围绕亭部分布，若为阶梯琢型，则显示靠近底尖的长方形色带。

② 经扩散处理（尤其是表面扩散处理）的宝石，颜色主要沿刻面棱分布，显示与琢型有关的颜色分布特征，即蛛网状。

③ 覆膜处理常表现为颜色均匀，但膜的破损常首先沿刻面棱分布，会显示出刻面棱位置颜色与刻面中心的颜色不同。

（3）颜色分布特征仅出现在宝石表面的优化处理方法包括辐照处理、扩散处理、覆膜处理等。

① 经辐照处理的钻石颜色分布在表面，其色带分布位置及形状与琢形形状及辐照方向有关。

② 经表面扩散处理的宝石常表现为颜色分布在宝石表面，明显深于宝石内部。

③ 覆膜处理的颜色仅分布在宝石最外层的膜中，即宝石表面。

（4）常表现出异常折射率的方法包括扩散处理、覆膜处理、（漂白）充填处理、热处理等。

① 扩散处理常使宝石的折射率偏高，例如扩散处理的红宝石和 Co 扩散的蓝宝石，折射率可高达 1.80。

② 经覆膜处理的宝石所测定的折射率为膜的折射率，而非宝石本身的折射率，例如覆膜翡翠的折射率为 1.56 左右，天然翡翠的折射率为 1.66。

③ 漂白充填处理的翡翠折射率可低至 1.65，天然翡翠的折射率多为 1.66。

④ 经热处理的琥珀，折射率可升至 1.57 左右。

（5）宝石的盘状裂隙往往与宝石经过“加热”过程有关，包括热处理和扩散处理，主要原因是宝石的热膨胀系数与寄主宝石之间存在一定的差异，从而导致盘状裂隙的出现，盘状裂隙中可能由于包裹体的熔融而发生充填，使部分发生愈合，也可发生重结晶作用；另外，琥珀中气泡的爆炸也是形成盘状裂隙的一个重要原因。

（6）降低宝石耐久性的为激光处理，尤其是 KM 处理方法，诱发钻石裂隙的出现。

4. C　E　BD　FH　D

【答案解析】详见例题 5。

5. ABCDG　EFHK

【答案解析】详见例题 2。

6. ABCD

【答案解析】（1）样品为焰熔法合成红宝石，因此具有焰熔法生长宝石的鉴定特征，包括弯曲生长纹、气泡、未熔粉末、较强的红色荧光等现象。但需要注意的是，生长线的轮廓变粗、变模糊，观察更加困难。

（2）经过淬裂的合成红宝石，其加工过程为再次加热、然后冷却，因此表面可能出现熔蚀现象。

（3）宝石产生裂隙后，将宝石投入到乙酸苯胺等树脂溶液中，可产生一种假的指纹状包体。

7. C

【答案解析】详见例题 6。

8. AC

【答案解析】（1）传统的激光打孔技术应用的是钻石的可燃性，利用激光在高温下对钻石进行激光打孔，然后使用药品沿空洞灌入，将钻石中的有色包体溶解清除。为了掩盖激光孔道，常充填玻璃或其他无色透明的物质。

（2）KM 利用激光将钻石内含物加热使之膨胀，产生足够的压力，形成延伸至钻石表面的次生裂隙，然后灌入酸清洗包裹体。

9. ABD

10. ABE

【答案解析】9 ~ 10 题详见例题 5。

11. ABCD

【答案解析】红宝石热处理可消除褐色色调、蓝色色调、去除包体，详见例题 2。

此外，红宝石的热处理可用于裂隙的愈合，是一种新型的刚玉热处理方法：将红宝石在常压下加热至接近其熔点，红宝石内部尤其是裂隙和缺陷处会部分熔融，熔融物质进入裂隙，随温度降低，结晶并对裂隙愈合修补；此外，在宝石热处理过程中还可添加辅助材料，如硼砂、无水硼砂、氟化钠、多聚磷酸盐等化合物，起到类似助熔剂的作用。由于冷却过程中一些熔融物不能完全结晶（可能因冷却速度快），以玻璃态形式被包裹于红宝石中。

根据《热处理红宝石的分类与鉴定》（T/CAQI 132—2020），结合红宝石内、外部特征以及红外光谱仪和拉曼光谱仪等测试结论，对红宝石的热处理情况可分为热处理无残留物和热处理有残留物两大类（见表 3-10）。

热处理红宝石不同类别镜下特征详见表 3-11。

表 3-10 热处理无残留物和热处理有残留物

热处理类别		分类依据
热处理无残留物		红宝石内部矿物包裹体发生了不同程度的热相变，并且其内部不具有开放性裂隙；或具出露表面的开放裂隙，且裂隙内未见次生熔融体残留物
热处理有残留物	热处理少量残留	宝石内部裂隙中有少量残留物，表面特征不明显
	热处理中量残留	宝石内部裂隙有较多残留物，表面裂隙中有较明显的残留物
	热处理大量残留	宝石内部裂隙中有很多残留物，表面裂隙和（或）凹坑中有明显的残留物

表 3-11 热处理红宝石不同类别镜下特征

类别	镜下特征
未经热处理	1. 单相、多相流体包裹体形态较规则，相态完整、透明、边界清晰； 2. 透明矿物包裹体晶形较规则、完整，晶面平滑，透明度高，未见熔蚀迹象； 3. 针、片状金红石包裹体边界清晰，突起高，多伴有色散或晕彩； 4. 含结构水的矿物包裹体（硬水铝石、白云母、角闪石、磷灰石等）晶形则、连续、完整，晶面平滑，未见熔蚀迹象； 5. 色带边界清晰且连续； 6. 多数样品开放裂隙面内相对干净，有时沿裂隙面伴有晕彩； 7. 部分样品开放裂隙面内充填铁的氢氧化物（如针铁矿）、水钠锰矿、黏土矿物（如高岭石）等表生矿物
热处理（无次生熔融体残留物）	1. 流体包裹体受热炸裂，多伴有外形呈团絮状、放射状的微裂隙面群； 2. 粒柱状矿物包裹体外形呈浑圆状、雪球状，或呈熔融假象包裹体，晶面具不同程度熔蚀，透明度降低，伴有片状、环状、盘状张性应力裂隙面； 3. 似针状金红石假象包裹体呈断续点状定向分布，边界模糊，突起低； 4. 似针管状、针絮状硬水铝石假象包裹体呈灰白色、微粒状断续定向分布，边界模糊； 5. 半透明棕黄色针铁矿包裹体热相变成不透明褐红色赤铁矿； 6. 锆石包裹体不同程度热相变至斜锆石（含过渡相）包裹体
热处理（有次生熔融体残留物）	1. 次生熔融体残留物多呈气-固两相（玻璃体＋收缩泡），形态各异，透明度较高，边界圆滑； 2. 次生熔融体残留物多沿红宝石原开放裂隙面内呈面状分布，部分出露表面的次生熔融体残留物（具光泽差异）呈斑点状断续线状分布

12. E

【答案解析】经染色处理的宝石，典型的鉴定特征为颜色沿着裂隙分布，在常规仪器中，最有效的鉴定仪器为显微镜。

此外，二色镜也可做辅助鉴定，经过染色处理的红宝石常表现为颜色浓郁，但二色性不明显的现象。

紫外荧光灯也可做辅助鉴定，染色物质可呈现出与宝石本体不同的颜色特征，可见与裂隙有关的荧光特征。

五、问答题

1. 热处理是一种常用的优化处理方法，请回答以下问题：

（1）热处理方法的主要机理是什么？请举例说明。

答：热处理是通过人工控制温度和氧化还原环境等条件，对珠宝玉石进行加热，以改善或改变珠宝玉石颜色、净度和/或特殊光学效应。主要机理如下：

（1）改变过渡致色杂质离子的价态：含过渡离子杂质的宝石可通过控制温度、氧化还原气氛等改变致色离子价态。例如深色蓝宝石在氧化条件下，将 Fe^{2+}转变为 Fe^{3+}，降低 Fe^{2+}-Ti^{4+}对数量，从而使颜色变浅；相反，浅色蓝宝石在还原条件下，可将 Fe^{3+}转变为 Fe^{2+}，提高 Fe^{2+}-Ti^{4+}对数量，使颜色加深。

（2）消除不稳定色心：例如经辐照处理后的托帕石产生褐色，该褐色由黄色不稳定色心和蓝色的稳定色心组成，热处理可消除不稳定的黄色色心，稳固蓝色色心。

（3）脱水作用：例如黄色玉髓、褐色翡翠的颜色与褐铁矿、氢氧化铁等杂质矿物有关，经热处理后发生脱水作用，褐铁矿或氢氧化铁转变为赤铁矿，使黄色色调转变为红色、褐红色等。

（4）蜕晶质结构的逆转：例如锆石中含有 U、Th 等放射性元素，由于放射性衰变释放的粒子，晶体结构发生破坏，由晶体向非晶体转变。热处理有助于锆石由非晶体向晶体转化，可使褐色、褐红色低型锆石转变为无色-粉色的高型锆石，在还原条件下，可转变为蓝色锆石。

（5）老化作用：例如琥珀，热处理可使宝石表面颜色变深，达到做旧或仿古的效果。

（6）净化作用：例如琥珀，热处理去除其中的大量的气泡，提高琥珀的透明度；也可使气泡爆裂，诱发琥珀中盘状张性裂隙，俗称太阳光芒，形成“花珀”。

（7）消除丝状物及不完美的星光：例如红宝石的热处理可将金红石熔融，进入刚玉晶格中形成固溶体，从而消除丝光和不完美星光。

（8）产生星光效应或猫眼效应：例如红宝石，热处理后缓慢降温，使样品内以固溶体形式存在的 Ti 分离，形成金红石包体，从而产生星光。再如，锆石的热处理引起的重结晶还可产生纤维状微晶，形成猫眼。

（2）如何鉴定热处理的宝石？

答：宝石热处理从以下几个方面进行鉴定：

（1）颜色特征：例如经过热处理的红蓝宝石中可有颜色不均匀现象，包括特征的格子状色块、不均匀的扩散晕等；色带的清晰度变得模糊；宝石表面可见白色丝斑，是金红石高温破坏后的产物；经热处理的琥珀红色呈斑点或斑块状，分布不均匀。

（2）内含物特征：宝石中的低熔点包体发生熔融现象，边缘变得圆滑，针状、丝状包体随溶解程度的不断加强转变为断续的丝状、微小的点状等形态；固体包体周围产生盘状裂隙，包体熔融后可进入裂隙中，使部分发生愈合、重结晶等作用；流体包体发生膨胀，流体进入新膨胀的裂隙中；热处理的琥珀产生叶状纹理，或气泡已全部爆裂，已不存在独立的气相包体。

（3）表面特征：经热处理的宝石表面可产生麻点，常经二次抛光消除，因此可见双腰棱、多面腰等现象。此外，宝石表面可见附晶生长，凹坑内附着细小六边形的板状物，并有玻璃质残余充填。

（4）吸收光谱特征：例如经热处理的黄色和蓝宝石缺失 450 nm 的吸收带。

（5）荧光特征：例如某些经热处理的蓝色蓝宝石在短波下显示弱的淡绿色或淡蓝色荧光。

（6）折射率：例如经热处理的琥珀折射率可升至 1.57。

（3）人工宝石经热处理的作用包括哪些？

答：详见是非题 25 题

2. 扩散处理是一种常用的优化处理方法，请回答以下问题：

（1）扩散处理的主要机理是什么？

答：扩散处理是指在一定温度条件下，使外来元素进入珠宝玉石，以改变珠宝玉石颜色或产生特殊光学效应的一种优化处理方法。其主要的机理如下：

（1）将过渡族致色元素扩散至宝石内部：例如在加热条件下使 Cr、Fe+Ti、Co 等元素扩散至刚玉内，替代刚玉内的 Al^{3+}，可分别产生红色、蓝色和钴蓝色等颜色薄膜；

（2）Be 扩散处理：在高温条件下将 O 和 Be 扩散至蓝宝石晶格内，Be^{2+}不等价替代刚玉中的 Al^{3+}，产生阳离子空位，诱发晶格缺陷，将浅色蓝宝石改善为橙黄色-橙红色系列蓝宝石，或将暗蓝色-深蓝色蓝宝石变为艳蓝色。

（3）产生星光效应：在高温条件下，使 TiO_2 与 Al_2O_3 结合形成 Ti-Al 化合物，并呈纤维状、针丝状析出且定向排列，进而产生星光效应。

（2）如何鉴别扩散处理？

答：扩散处理宝石可从以下几个方面进行鉴定：

（1）颜色分布特征：表面扩散处理的宝石，颜色分布在宝石表面，并且沿刻面棱和腰棱分布，呈蛛网状；若宝石存在开放裂隙，也可观察到裂隙处颜色加深的现象。Be 扩散处理的蓝宝石颜色区域呈现黄色、橘红色、偶尔产生白色，被色域包裹的中心一般呈粉红、红色或无色、蓝色及其他颜色，有时铍扩散的颜色叠加在天然色带上；对于使颜色过深的蓝宝石，经铍扩散处理后，在二碘甲烷中可见蓝色体色的外围有一层无色-黄色的色域包围整颗宝石。

（2）多色性观察：经扩散处理的宝石可出现异常的多色性，例如扩散处理红宝石有模糊的二色性，常表现出一种特殊的黄-棕黄色二色性。

（3）折射率：表面扩散处理的宝石可出现异常高的折射率，例如 Cr 扩散处理红宝石和 Co 扩散处理的蓝宝石折射率可高达 1.80。

（4）荧光观察：如经表面扩散处理的红宝石在短波紫外光下可有斑块状蓝白色磷光；经表面扩散处理蓝宝石在短波紫外光下可有白垩状蓝色或绿色荧光，部分在长波下可有蓝色、绿色或橙色荧光；Co 扩散能处理蓝宝石呈现亮红色荧光，若宝石存在开放裂隙，也可见沿裂隙分布的荧光特征。

（5）吸收光谱观察：例如 Co 扩散处理蓝宝石呈现钴的吸收光谱特征，可见橙、黄、绿区三条明显的吸收带；Fe、Ti 扩散处理的蓝宝石常缺失 450 nm 吸收线。

（6）滤色镜观察：经 Co 扩散处理的蓝宝石在滤色镜下变红，若存在开放裂隙，也可见红色沿裂隙分布的特征。

（7）内含物特征：气液包体炸裂或固态包体周围产生盘状裂隙，类似于热处理宝石的鉴定特征；固体包体在高温下发生熔融和重结晶，例如刚玉中锆石包体在高温下变为不规则的白色小点，常含气泡，或相变为熔融斜锆石，熔融的锆石流入周围盘状裂隙，并随温度降低重结晶，重结晶的锆石或斜锆石小晶体在裂隙中形成不透明度蕨叶状、麦穗状图案等。

（8）内扩散现象：例如扩散处理刚玉中，原金红石晶体周围出现一个蓝色晕圈或金红石先前的所在位置出现蓝色斑点现象，常出现在红宝石和黄至橙色蓝宝石中。

（9）表面特征：例如 Be 扩散处理的蓝宝石表现为数量较多的新生附晶呈细小的板状存在表面的空洞、裂隙或其他瑕疵处，并伴有次生玻璃质残余充填；透射光下，这些附晶外观混浊，定向随机，正交偏光下可见与主晶消光方位不同；另外，经扩散处理的宝石常经二次抛光，可出现双腰棱、多面腰棱的现象。

（10）成分测定：例如，Be 扩散处理的蓝宝石表面具有较高的 Be 含量，并呈现自宝石表面向中心浓度逐渐降低的趋势。表面扩散的宝石，表面的致色剂明显高于宝石内部。

3. 辐照处理可以很好地改善宝石的颜色，请回答如下问题：

（1）辐照处理的基本原理是什么？常用的辐照源有哪些？

答：（1）辐照处理是通过辐射源发出的带电粒子（质子、电子）、中子或 γ 射线与宝石中的原子、离子或电子相互作用，使宝石产生结构缺陷，出现色心，从而产生颜色或使原来的颜色发生变化。

① 带电粒子与宝石相互作用：当带电粒子接近宝石原子时与原子核外电子发生静电作用，电子获得足够能量后逸出，使原子电离。被电离的电子仍具有足够大的动能，进一步引起另一个原子核外电子的激发和电离，进而引起宝石中原子的位移和相应的化学变化。

② 快中子与宝石的相互作用：快中子与原子核可直接发生弹性碰撞、非弹性碰撞、核反应、俘获反应等，产生新的带电粒子或引起粒子位移，这些粒子或离子将引起另外的原子或离子电离或激发，产生被电离的位移原子。

（2）常用的辐照源包括带电粒子、中子以及电磁辐射等（详见例题 6）。

（2）常见的辐射损伤色心有哪些？

答：详见填空题 15 题。

（3）经辐照处理的托帕石，为什么要经过热处理？

答：详见是非题 26 题。

（4）合成紫水晶为什么要经过辐照处理？

答：详见是非题 25 题。

4. 充填处理可很好地改善宝石的外观，请回答以下问题：

（1）充填处理属于优化还是处理？如何进行划分？

答：详见例题1。

（2）常用的充填物质有哪些？如何鉴别经充填处理的宝石？

答：（1）充填物主要包括无色油、天然树脂、蜡、人工树脂、玻璃、含Pb或Bi玻璃等；

（2）充填处理的宝石具有如下鉴定特征：

① 放大观察：可见薄膜干涉作用引起的闪光效应，例如充填处理的钻石暗域下显紫红色、橙黄色闪光，亮域照明下为蓝绿色闪光；可见充填物质的流动构造、扁平状气泡、絮状结构。

② 光泽观察：经充填部位的光泽与寄主宝石不同，通常弱于寄主宝石。

③ X光照相：例如钻石在X光下呈高度透明，Pb、Bi玻璃等则不透明，充填区域在X光摄片中呈白色轮廓。

④ 成分测试：利用电子探针、X射线荧光光谱仪，可测定出寄主宝石不常见的元素特征，例如经铅玻璃充填的钻石含有天然钻石中有的Pb元素。

⑤ 红外及拉曼光谱测试：红外光谱可测定宝石出现玻璃、有机物质的存在。例如经漂白、充填处理的翡翠1100 cm^{-1}以上有六条强拉曼谱带，分别是1114 cm^{-1}、1183 cm^{-1}、1606 cm^{-1}、2869 cm^{-1}、2905 cm^{-1}、和3070 cm^{-1}。

⑥ 紫外-可见光光谱测试：如Pb玻璃充填红宝石显示典型的Cr^{3+}和Fe^{3+}致吸收光谱特征。在可见光区域内，两个强而宽的Cr^{3+}致吸收谱带分别位于558 nm和409 nm处。由Fe^{3+}致3个弱-中强吸收谱带分别出现在377 nm、388 nm和450 nm处，并与Cr^{3+}吸收谱带和铅玻璃充填物中的Pb^{2+}致377 nm吸收弱谱带相互包络，且Pb^{2+}致吸收截止边随w（PbO）的递增而明显红移。

⑦ 荧光测试：充填物质与寄主宝石的荧光特征往往存在差异，例如铅玻璃可呈亮蓝色荧光，而红宝石则呈现红色荧光。

5. 染色处理是常用的优化处理方法，请问哪些宝石的染色处理属于优化，哪些属于处理？如何鉴别经颜色处理的宝石？

答：（1）玛瑙、玉髓、碧石的染色属于优化，其他宝石的染色属于处理。

（2）染色处理的宝石具有如下鉴定特征：

① 放大观察：宝石的颜色主要沿着矿物颗粒边界以及宝石的裂隙分布；若染色剂为有色油、有色树脂、有色玻璃等，可见流动状构造、气泡等鉴定特征。

② 多色性特征：经染色处理的非均质体宝石，常显示颜色浓郁，但多色性较弱的特点。

③ 热针测试：例如经有色油染色的祖母绿，可见“出油”现象。

④ 擦拭测试：利用沾有酒精或丙酮的棉球擦拭样品，棉球可被染色。

⑤ 吸收光谱特征：经染色的宝石显示染剂的光谱特征，与天然宝石具有一定的差异，例如铬盐染色翡翠显示650 nm的宽吸收带，天然翡翠显示630 nm，660 nm，690 nm三条吸收线。

⑥ 荧光特征：宝石可显示染剂的荧光特征，如有些染色翡翠在紫外光的照射下显示黄绿色或橙红色（染红色翡翠）荧光，染色祖母绿在长波紫外光下可呈黄绿色荧光。

⑦ 查尔斯滤色镜观察：如铬盐染色翡翠的在绿色镜下变红，天然翡翠则无变化。

⑧ 红外光谱测试：红外光谱可检测染剂物质的存在。

6. 关于覆膜处理，请回答如下问题：

（1）覆膜处理能够改善宝石的哪些性质？

答：覆膜是通过不同手段在宝石的表面附着一层其他材料的优化处理方法，属于一种表面处理技术，该方法能够改善宝石的如下性质：

（1）改善宝石的光洁度、增强光泽：对于一些光泽度较差的宝石，通过覆膜处理掩盖表面瑕疵、减少表面漫反射，可很好地改善宝石的光洁度，增强光泽，例如琥珀表面涂覆无色或有色树脂膜，可宝石表面更光洁，再如，一些光泽较差的珍珠表面常被覆上一层二甲基硅氧烷膜改善表面光洁度等。

（2）改善颜色：对颜色等级较低宝石，通过覆有色膜可改善宝石的颜色，例如灰白或绿灰色翡翠表面涂上艳绿色树脂膜仿高档绿色翡翠；色级偏低的微黄色钻石戒面的亭部覆上一层类似照相机镜头表面的蓝色薄膜，通过增加补色，抵消黄色调。

（3）产生特殊光学效应：通过在宝石表面喷镀金属膜，通过薄膜干涉作用可产生晕彩，如虹彩托帕石、晕彩石英。

（4）提升宝石的耐久性：由于有机宝石硬度相对较低，通过覆膜可提升宝石的耐久性，例如琥珀常通过覆无色膜提高其耐久性。

（2）覆膜处理属于哪种优化处理类别？请举例说明。

答：覆膜处理分为两类，分别为优化和处理，详见例题 1。

（3）如何鉴定经覆膜处理的宝石？

答：覆膜处理的宝石常具有如下鉴定特征：

① 放大检查：可见膜表面的划痕、破损以及覆膜时产生的气泡等特征，有时会出现膜层损坏或分离形成的晕彩；在破损处可观察宝石颜色仅分布在宝石表面，光泽与寄主宝石存在差异；无寄主宝石常见的表面特征，覆膜翡翠表面光滑，无天然翡翠特有的苍蝇翅和橘皮效应等特征。

② 多色性异常：经覆有色膜的彩色宝石，常显示颜色浓郁但多色性较弱的特点。

③ 折射率异常：所测折射率为膜的折射率，与寄主宝石折射率具有较大差异，如覆膜翡翠折射率为 1.56 左右，天然翡翠折射率为 1.66 左右。

④ 荧光异常：可出现与宝石本体不同的荧光，且荧光仅分布在宝石表面，并可呈现与宝石琢型有关的荧光分布特征。

⑤ 紫外-可见光吸收光谱：可见膜的吸收光谱叠加在寄主宝石之上，出现吸收光谱的异常特征。

⑥ 红外与拉曼光谱：具有膜本身的红外光谱与拉曼光谱特征。

7. **给出下列宝石的一种处理方法，并给出鉴定特征。**

（1）无色蓝宝石→深蓝色蓝宝石。

答：将无色蓝宝石处理成深蓝色蓝宝石可使用热处理、扩散处理、染色处理等方法（选择其中一个），具体的鉴定特征如下：

（1）热处理：

① 颜色分布不均匀，出现格子状色块，不均匀扩散晕，色带清晰度变弱；白色荧光，偶尔呈暗红色荧光。

② 放大检查可见包裹体熔融现象，晶棱变得圆滑，并伴随盘状裂隙出现，原有气液包体发生爆裂，流体浸入新生的裂隙中；针状或丝状金红石包体熔融呈断续的丝状、微小的点状等形态，在宝石表面呈现白色丝斑。

③ 宝石表面出现熔蚀作用引起的麻点，经过二次抛光后消失，伴有多面腰、双腰棱现象。

④ 经热处理的蓝色蓝宝石在短波紫外光下显示弱的淡绿色或淡蓝色荧光。

（2）扩散处理：

① 颜色仅分布在宝石表面，并在刻面棱及裂隙处浓集，呈蛛网状。

② Co 扩散处理蓝宝石折射率可高达 1.80。

③ Co 扩散处理蓝宝石橙、黄、绿区有三条明显的吸收带；Fe、Ti 扩散处理的蓝宝石缺失 450 nm 吸收线。

④ Co 扩散处理蓝宝石紫外荧光灯下具有红色荧光，且在滤色镜下变红；Fe、Ti 扩散处理蓝宝石在短波紫外光下可发弱的浅蓝白或浅绿。

⑤ 放大检查可见包裹体熔融现象，晶棱变得圆滑，并伴随盘状裂隙出现，原有气液包体发生爆裂，流体浸入新生的裂隙中；针状或丝状金红石包体熔融呈断续的丝状、微小的点状等形态（注：此类特征与热处理蓝宝石的特征相近）。

（3）染色处理

① 放大检查颜色沿宝石裂隙分布，远离裂隙处显示宝石本身的颜色；可见染色物质的流动状构造、气泡等特征。

② 用沾有酒精或丙酮的棉球擦拭，棉球可被染色。

③ 红外光谱显示染色剂的吸收峰。

④ 模糊的二色性，显示为颜色浓郁，但二色性较弱。

⑤ 显示与染剂有关的荧光特征。

（2）浅绿色祖母绿→深绿祖母绿。

答：将浅色祖母绿转化为深绿色祖母绿的方法包括染色处理和覆膜处理（选择一个进行回答即可），具体鉴定特征如下。

（1）染色处理：

① 放大检查，颜色沿宝石裂隙分布，远离裂隙处时为宝石本体的颜色；有色油染色处理的祖母绿可见绿色油沿裂隙分布，油干涸后在裂隙处留下绿色染料；可见油中包裹的气泡特征；其他有机染剂可出现流动状构造及包裹的气泡。

② 热测试：宝石受热后可渗出，在包装纸上显示的油剂呈绿色。

③ 荧光特征：在长波紫外光下可呈黄绿色荧光，并出现与染剂有关的荧光特征。

④ 吸收光谱：红区可出现 630 ~ 660 nm 吸收带。

⑤ 红外光谱：可见染剂的吸收峰。

（2）覆膜处理：

① 放大检查，可见宝石表面的划痕，膜的破损以及膜内部的气泡等特征，磨损处可见颜色仅分布在宝石表面，并且膜与祖母绿的光泽存在差异。

② 多色性检查：宝石显示较为浓郁的颜色，但二色性较弱。

③ 折射率测定：显示为单折射，且与祖母绿的折射率差异较大。

④ 吸收光谱测定：无铬的吸收谱，或膜的吸收光谱叠加在祖母绿吸收光谱之上。

⑤ 红外光谱测定：显示膜的特征红外光谱特征。

⑥ 荧光测试：显示膜的荧光特征，且仅分布在宝石表面，若膜有破损，显示与宝石琢型相关的荧光分布特征。

（3）无色珊瑚→粉红色珊瑚。

答：将无色珊瑚转变为粉红色珊瑚的方法为染色处理，其鉴定特征如下。

放大检查，颜色分布不均匀，外部颜色深于内部，可见染料集中在孔洞或裂隙中，用丙酮擦拭掉色。

8. 宝石的优化处理对宝石的内含物特征有何影响？

答：详见是非题 29 题。